Automobiltechnische Bibliothek Band XIII

Die elektrische Ausrüstung des Kraftfahrzeuges

Zweiter Teil

Automobiltechnische Bibliothek

Die Automobiltechnik in Einzeldarstellungen

Band XIII

Die elektrische Ausrüstung des Kraftfahrzeuges

Herausgegeben von

Dr. Friedrich Trautmann

I. Teil: **Zündung** von *Erich Klaiber*

II. Teil: **Lichtmaschine und Batterie**
von *Emil Blaich*, *Walter Härlin*, *Karl Hoyer* und *Friedrich Trautmann*

III. Teil: **Stromverbraucher**
von *Walter Härlin*, *Eugen Kienle*, *Johannes Rebentisch* und *Karl Volk*

Technischer Verlag Herbert Cram / Berlin W 35

Die elektrische Ausrüstung
des Kraftfahrzeuges

Zweiter Teil

Lichtmaschine und Batterie

Von

Dr. Emil Blaich, Walter Härlin, Karl Hoyer
und Dr. Friedrich Trautmann

Zweite, völlig neubearbeitete Auflage

Mit 193 Abbildungen

1952

Technischer Verlag Herbert Cram / Berlin W 35

Printed in Germany
Druck: Achilles u. Schwulera (Pächter Georg Krautwald), Berlin SW 61

Vorwort

Der Anfang 1950 in dritter Auflage erschienene erste Teil unseres Werkes über die elektrische Ausrüstung des Kraftfahrzeuges behandelte unter dem Titel „Die Zündung“ die gesamte Hochspannungsanlage. Ihm soll sich wie früher die Besprechung der übrigen elektrischen Ausrüstung, die wir kurz als „Niederspannungsanlage“ bezeichnen können, in zweiter Auflage anschließen. Sie wird wieder in zwei Bänden behandelt, von denen hiermit der zweite Teil des Gesamtwerkes, „Lichtmaschine und Batterie“, also die Besprechung der Niederspannungs-Erzeugungsanlage, vorliegt. Der dritte Teil, „Stromverbraucher“, soll im Laufe dieses Jahres folgen.

Die Richtlinien für die Bearbeitung des Stoffes sind im Vorwort zum ersten Teil ausführlich dargelegt. Die seit Erscheinen der ersten Auflage eingetretenen wesentlichen Fortschritte der Technik machten eine völlige Neubearbeitung nötig. Es erschien uns angebracht, in gedrängter Form auch auf die wichtigeren allgemein elektrotechnischen Fragen einzugehen, weil unter den heutigen Verhältnissen zu erwarten ist, daß manchem in den elektrotechnischen Grundlagen nicht oder nicht mehr bewanderten Leser nicht auch gleich ein entsprechendes ergänzendes Werk zur Verfügung steht. Vielleicht kann das Buch damit in manchen Fällen sogar einen zweiten Zweck, überhaupt als Einführung in die Grundlagen von Aufbau und Wirkungsweise der Gleichstrommaschine und des Sammlers (Akkumulators) zu dienen, erfüllen.

Soweit uns bekannt ist, behandelt unser Buch erstmalig das Zusammenspiel zwischen dem geregelten Gleichstromgenerator, dem als Pufferbatterie arbeitenden Sammler und dem gegen Spannungsschwankungen empfindlichen Lichtnetz. Dieses Zusammenspiel, das Verhalten des Sammlers bei Ladung und Entladung sowie die Regelung von Gleichstromgeneratoren mit außergewöhnlich großem Drehzahlbereich sind Probleme, die nicht nur im Kraftfahrzeug eine große Rolle spielen, sondern auch auf andern Gebieten der Elektrotechnik immer wieder auftreten. Als Beispiele seien Windkraftanlagen, Notstrom- und Kleinstromerzeuger genannt. Viele Parallelen bestehen naturgemäß auch zu den elektrischen Stromerzeugungsanlagen in Schiffen, Flugzeugen und Eisenbahnen.

Dem kritischen Leser wird auffallen, daß die herkömmliche Betrachtungsweise des Ladevorganges einer Batterie — verhältnismäßig kleiner und im wesentlichen gleichbleibender S t r o m über eine gewisse Zeit — nicht mehr anwendbar ist. Bei den hier in erster Linie behandelten Anlagen bleibt die S p a n n u n g nahezu gleich, und der anfangs große Strom geht mit steigendem Ladezustand zurück.

Mit der Besprechung dieser Zusammenhänge hoffen wir eine gewisse Lücke in der Literatur geschlossen zu haben.

Wir dürfen wieder für die uns vielfach durch Überlassung von Unterlagen und guten Rat erwiesene Unterstützung danken, wie wir auch dem Verlag wiederum Dank sagen dürfen für die gute Ausstattung des Buches und für das bereitwillige Eingehen auf unsere Vorschläge und Wünsche.

Möge nun dieser zweite Teil unseres Werkes dieselbe freundliche Aufnahme finden wie der erste Teil!

Herausgeber und Verfasser.

Inhaltsverzeichnis

I. Allgemeines über die Niederspannungsanlage im Kraftfahrzeug

1. Geschichtliches

Auf den ersten Blick mag es überraschen, daß die elektrische Beleuchtung erst verhältnismäßig spät eine umfangreiche Verwendung an Kraftfahrzeugen fand. Der Grund liegt wohl in der Tatsache, daß das Kraftfahrzeug zunächst eine lange Reihe von Entwicklungsjahren durchzumachen hatte, in denen man das ganze Augenmerk auf die Entwicklung der unbedingt notwendigen Teile richtete. Solange der Einführung des Kraftfahrzeugs als allgemeines Verkehrsmittel Hindernisse grundsätzlicher Art entgegenstanden und nur geringe Geschwindigkeiten erreicht wurden, war das Bedürfnis nach einer stark wirkenden Beleuchtung nicht besonders groß und damit auch der Antrieb für die Durchbildung von einwandfrei arbeitenden stromerzeugenden Maschinen nur gering.

Auch die Verwendung von Sammler-Batterien, die an ortsfesten Anlagen wieder aufgeladen wurden, oder gar von galvanischen Batterien kam nicht in Frage, solange als Lichtquelle für die elektrische Beleuchtung nur die Kohlenfadenlampe mit ihrem hohen Stromverbrauch zur Verfügung stand. Durch die Entwicklung der Metallfadenlampe mit ihrem erheblich verminderten Stromverbrauch wurden die Verhältnisse für eine elektrische Beleuchtung mit Speisung aus Batterien aussichtsreicher, wenn auch von einer weitgreifenden Einführung wegen der unbedingt nötigen dauernden Überwachung des Ladezustandes der Batterie und des Gebundenseins an eine ortsfeste Ladevorrichtung noch nicht die Rede sein konnte. Diese Nachteile machten sich besonders fühlbar bei dem praktisch unbeschränkten Aktionsradius, der sich bei dem mit Verbrennungsmotor ausgerüsteten

Fahrzeug mit wachsender Betriebssicherheit ergab. So sehr bei der fortschreitenden Entwicklung des Kraftfahrzeugs, der Steigerung der Fahrgeschwindigkeit und dem erhöhten Bedürfnis nach Verkehrssicherheit der Wunsch nach Verbesserung der Beleuchtung laut wurde, und so sehr die Überlegenheit der elektrischen Beleuchtung gegenüber anderen Beleuchtungsarten hinsichtlich Zuverlässigkeit, Einfachheit der Wartung, Ausbildung der Beleuchtungskörper für günstigste Fahrbahnbeleuchtung die Einführung der elektrischen Beleuchtung als erwünscht erscheinen ließ, konnte doch durch die Verwendung von Sammler-Batterien allein den Bedürfnissen nicht entsprochen werden.

So entstand mit der wachsenden Einführung des Kraftfahrzeugs als Verkehrsmittel, die sich mit der zunehmenden Betriebssicherheit ergab, die Forderung nach in sich abgeschlossenen elektrischen Beleuchtungseinrichtungen, die nur durch die Verwendung einer vom Verbrennungsmotor angetriebenen stromerzeugenden Maschine in Zusammenarbeit mit der für die Beleuchtung bei stehendem Motor nach wie vor nötigen Batterie erfüllt werden konnte. Verstärkt wurde das Bedürfnis nach einer solchen Maschine noch durch den Nachteil des Verbrennungsmotors, nicht mit eigener Kraft anlaufen zu können. Die in beschränktem Maße eingeführten Feder-, Druckluft- und Hebel-Anlaßvorrichtungen konnten nicht befriedigen. Am aussichtsreichsten war die Benutzung von Anlaß-Elektromotoren, die aus einer Batterie gespeist werden konnten. Bei dem verhältnismäßig hohen Stromverbrauch solcher Motoren konnte erst recht nicht eine Speisung aus Batterien, die zur Aufladung an ortsfeste Anlagen angeschlossen werden mußten, in Frage kommen. Auch für die Ausbildung einer einfachen und wirksamen Anlaßvorrichtung war daher die Einführung von stromerzeugenden Maschinen Voraussetzung.

Diese Maschinen heißen noch heute nach ihrer ursprünglich ausschließlichen Verwendung für die Beleuchtung des Kraftfahrzeugs „Lichtmaschinen“. Ihre Entwicklung stellte dem Elektromaschinenbau ganz neue Aufgaben, von denen die wichtigste wohl die Schaffung einer einwandfreien Regelung war, durch die die Einflüsse der besonderen Betriebsverhältnisse des Kraftfahrzeugs — stark wechselnde Drehzahl, Belastung und Temperatur, geringe Wartung, Witterungseinflüsse — ausgeglichen wurden. Bevor wir aber über Bau, Regelung und Verwendung der Lichtmaschine im Zusammenhang mit der Batterie berichten, seien hier einige Daten aus der Geschichte der Einführung der elektrischen Ausrüstung genannt:

Interessant sind die Angaben, die Towle[1]) über die Entwicklung der elektrischen Lichtanlagen in Amerika macht. Nach ihm entstanden die elektrischen Lichtmaschinen einfach aus den Zünddynamos, mit denen man seit 1896 Versuche machte. Im Jahre 1907 baute die General Electric Co. auf Drängen von Vincent Apple einige Wolframglühlampen von 40 Kerzen für 6 Volt. Diese bewährten sich so gut, daß die Firma schon im nächsten Jahre die Herstellung von derartigen Lampen für Automobilscheinwerfer allgemein aufnahm. Apple gründete 1908 die Apple Electric Comp., deren Erzeugnisse unter dem Namen Aplco bekannt geworden sind. Die Firma verkaufte in den ersten beiden Jahren schon Hunderte von Ausrüstungen, bestehend aus einer kleinen Dynamo mit Riemenantrieb und Regelung durch Schleifkupplung sowie aus einer Akkumulatoren-Batterie. Die Kraftfahrzeughersteller, die ihr ganzes Augenmerk auf die Entwicklung ihrer Fahrzeuge als solcher richteten, hatten damals noch kein Interesse für elektrische Ausrüstungen. Viele Wagenbesitzer aber ließen sie nachträglich einbauen. Daher kommt es, daß derartige Ausrüstungen in den Statistiken dieser Jahre noch nicht oder doch nur in geringer Zahl erscheinen.

Erst aus dem Jahre 1912 liegen statistische Unterlagen vor, die bereits eine ziemliche Verbreitung der elektrischen Beleuchtung erkennen lassen. Z. B. gibt „The Horseless Age“ am 10. 1. 1912 für die damals in New York ausgestellten Personenwagen die aus Bild 1 ersichtliche Verbreitung der Lichtquellen an.

Scheinwerfer	Seitenlampen	Schlußlampen	%
Gas	Öl	Öl	33
Gas	Öl u. Elektr.	Öl u. Elektr.	40
Elektr.	Elektr.	Elektr.	14
Gas	Elektr.	Elektr.	2
Gas	Öl u. Elektr.	Öl	2
Verschiedene Systeme			9

Bild 1. Lichtquellen an den amerikanischen Personenwagen im Jahre 1912

[1]) Herbert L. Towle: The Development of Ignition, Lighting and Starting. Aut. Trade Journal, 1. 12. 24, Nr. 6, S. 303 ff.

Die zweite Gruppe ist am stärksten vertreten, weil sie nach „Horseless Age“ vor allem für die billigeren, für den Stadtbetrieb bestimmten Wagen in Betracht kam. Diese durften ihre Scheinwerfer im allgemeinen nicht gebrauchen und verwendeten daher elektrisches Licht nur in den Seitenlaternen und Schlußlampen. Diese wurden dann durchweg aus Batterien gespeist; die Ölbeleuchtung diente als Notbehelf. Die 14% der Wagen, welche mit rein elektrischer Beleuchtung ausgestattet waren, waren teurere Fahrzeuge. Sie hatten meist eine Lichtmaschine, denn hier stieß wegen des großen Stromverbrauchs der Scheinwerfer die Stromlieferung nur aus Batterien bereits auf Schwierigkeiten.

Die Einführung elektrischer Licht- und Anlaßanlagen als normale Wagenausrüstung in Amerika geht nach „The Automobile“[1]) auf das Jahr 1912 zurück. Im Jahre 1913 hatten schon 37% der auf der New Yorker Automobilausstellung ausgestellten Wagen elektrische Licht- und Anlaßanlagen, im Jahre 1914 waren es 87% und 1916 98,8%.

In Europa setzte die Entwicklung bedeutend später ein als in Amerika. Es ist nicht möglich, über die ersten Anfänge etwas Zuverlässiges zu sagen, doch darf man annehmen, daß in Deutschland in den Jahren 1905/06 Versuche mit elektrischen Glühlampen für die Fahrbahnbeleuchtung und vor allem für die Hilfsleuchten (Rücklicht, seitliche Begrenzung) einsetzten. Da brauchbare Lichtmaschinen fehlten, war man für die Speisung der Lampen auf Sammlerbatterien angewiesen, doch konnte das, wie schon gesagt, zu keiner endgültigen Lösung führen. Die Firma Robert Bosch begann daher im Jahre 1910 mit der Entwicklung einer Lichtmaschine. Aus ihrer Erfahrung mit der Magnetzündung heraus und unter dem Einfluß eines gewissen Mißtrauens gegen die Batterie, die als für die Verwendung im Kraftfahrzeug noch recht ungeeignet erscheinen mußte, suchte sie die Lösung zunächst in einem entsprechend ausgebildeten Magnetzünder, der Wechselstrom für die Lampen lieferte. Eine solche Anlage wurde im Jahre 1911 auf der französischen Automobilausstellung, dem „Pariser Salon“, gezeigt, konnte sich aber nicht einführen, weil man bei Stillstand des Motors für die dann nötigen Lichter doch eine Batterie brauchte, die aber wiederum von der Wechselstrommaschine nicht ohne weiteres geladen werden konnte. Deshalb

---

[1]) The Automobile, Bd. XXXIII, 30. 12. 15, S. 1179.

ging die Firma Bosch zur Entwicklung einer Nebenschlußdynamo mit Spannungsregler, dem sog. Kohlekörnerregler (vgl. Seite 170) über und brachte im Jahre 1913 die erste derartige Lichtmaschine heraus. Diese führte sich recht gut ein, obwohl nur nachträglicher Einbau in bereits fertige Fahrzeuge in Frage kam, und schon im März 1914 konnte die tausendste Lichtmaschine geliefert werden. Natürlich widmeten sich auch andere Firmen der verlockenden Aufgabe, doch waren keine bemerkenswerten Ergebnisse zu verzeichnen.

Für einen Anlasser, der den Kraftfahrer des manchmal recht mühseligen „Ankurbelns" des Motors enthob, zeigte sich in Europa zum ersten Male im Jahre 1905 lebhafteres Interesse im Anschluß an ein Preisausschreiben, das der Automobilklub von Frankreich für eine Anlaßvorrichtung erließ, die die unbeliebte Handkurbel ersetzen konnte. Neben mechanischen Vorrichtungen verschiedenster Art wurden damals besonders auch solche gezeigt, die mit verdichteter Kohlensäure oder Luft arbeiteten. Erste Preise erhielten eine mit Kohlensäure arbeitende und eine Vorrichtung, bei der die Zylinder durch eine Pumpe mit brennbarem Gemisch gefüllt wurden, das dann durch eine Batterie-Summerzündung gezündet wurde. Nur ein elektrischer Anlasser, ein Lichtanlasser von Pellorce, war beteiligt und erhielt einen Trostpreis.

Aus Deutschland ist bekannt, daß man sich bei der Firma Bosch nach dem Entschluß zur Gleichstromlichtmaschine von 1912 ab zunächst mit dem Bau eines Schwungkraftanlassers beschäftigte, bei dem die Schwungmasse durch einen Elektromotor auf hohe Drehzahl gebracht wurde. Im Jahre 1913 ging man dazu über, den Fahrzeugmotor unmittelbar durch einen elektrischen Hauptstrommotor anzudrehen, der über ein Planetengetriebe und eine Freilaufkupplung auf die Kurbelwelle oder eine andere geeignete Welle wirkte. Nach dem Anspringen des Verbrennungsmotors wurde die Verbindung zwischen Anlasser und Kurbelwelle durch den Freilauf selbsttätig gelöst. Einbauschwierigkeiten und hoher Preis verhinderten eine umfassende Einführung dieses Anlassers. Im Jahre 1914 erwarb die Firma Bosch deshalb die Rushmore-Patente, nach denen seit 1913 in Amerika Anlasser gebaut wurden. Damit wurde die Einführung der heute allgemein gebräuchlichen, auf den Schwungradzahnkranz arbeitenden Anlasser eingeleitet.

Zu der Verwendung elektrischer Licht- und Anlaßanlagen in Deutschland sind einige Daten interessant, die die Zeitschrift „Motor“ gibt. Diese schreibt z. B. im Oktober 1913, daß sich noch keine europäische Automobilfabrik habe entschließen können, eine elektrische Beleuchtungseinrichtung als Zubehör für ihre Fahrzeuge vorzusehen. Doch schon die folgenden Jahre zeigten trotz des Krieges eine schnell zunehmende Verbreitung der Lichtmaschinen. Nach Dierfeld[1]) hatten im Jahre 1922 von den auf der Berliner Automobilausstellung ausgestellten Personenwagen 94,5% elektrische Lichtausrüstung. Im Jahre 1926 waren 100% erreicht.

Die Ausrüstung mit elektrischen Anlassern schritt etwas langsamer voran. Nach derselben Quelle hatten im Jahre 1922 67,2% der in Berlin ausgestellten Personenwagen elektrische Anlasser. Dieser Anteil stieg bis zum Jahre 1926 auf 97%. Sehr bald kam kein Personenwagen mehr ohne elektrischen Anlasser in Verkehr.

Etwas später zwar, dafür dann aber umso schneller, führte sich die elektrische Licht- und Anlasserausrüstung in Deutschland an Lastfahrzeugen ein. Nach den Feststellungen von Dierfeld hatten im Jahre 1922 58% der in Berlin ausgestellten Lastwagen elektrische Lichtausrüstung und 50% elektrische Anlasser. Bei 5% der Lastwagen war der Einbau eines elektrischen Anlassers vorgesehen. Im Jahre 1923 hatten 75,7% der Lastwagen elektrische Beleuchtung und 63% elektrische Anlasser, während bei 14% der Einbau von Anlassern vorgesehen war. Im Jahre 1926 waren 100% der Lastwagen mit elektrischen Licht- und Anlaßanlagen ausgerüstet.

In Frankreich war die elektrische Ausrüstung von Lastwagen nach der statistischen Ausgabe von „Automotive Industries“ vom 18. 2. 1928 ebenso verbreitet wie in Deutschland, dagegen war sie im Jahre 1928 in England und Amerika noch nicht so allgemein eingeführt.

Verhältnismäßig spät erst hat sich die elektrische Beleuchtung beim Kraftrad einführen können. Der Grund

---

[1]) Dierfeld: Deutscher Kraftfahrzeugbau im Jahre 1923, Der Motorfahrer 1923, Nr. 10, S. 167 ff.

Deutscher Kraftfahrzeugbau im Jahre 1924 u. 1925, Motor, Dez. 1924, S. 185 ff.

Deutscher Kraftfahrzeugbau im Jahre 1926, Motor, Febr. 1926, S. 73 ff.

ist vermutlich einmal in den besonders hohen mechanischen Anforderungen zu suchen, die das Kraftrad an die elektrische Anlage, insbesondere die Batterie, stellt, und zweitens hauptsächlich darin, daß der Preis einer guten elektrischen Anlage einen verhältnismäßig hohen Anteil des Preises für das Kraftrad ausmachte. Seit Jahren ist aber elektrisches Licht und Horn auch am Kraftrad die Regel. Angeworfen wird das Kraftrad allerdings nach wie vor mit dem bewährten Kickstarter.

Im Laufe der Zeit hat die Verwendung der Elektrizität im Kraftfahrzeug immer größeren Umfang angenommen, da gerade auf elektrischem Wege eine besonders zweckmäßige Ausführung und einfache Bedienung aller möglichen Hilfseinrichtungen des Kraftfahrzeuges zu erzielen ist.

2. Leistungsbedarf der Verbraucher, Lichtmaschinenleistung und Batteriekapazität

Um einen Überblick zu gewinnen, welche Leistung von der Lichtmaschine zu fordern ist und welche Energie in der Batterie aufspeicherbar sein muß, ist zunächst der Leistungsbedarf der an die Niederspannungsanlage angeschlossenen Stromverbraucher festzustellen. Zahl und Art der Stromverbraucher sind je nach Größe und Verwendungszweck des Fahrzeugs sehr verschieden. Bild 2 zeigt die bei einem Personenkraftwagen mittlerer Größe und Ausstattung, Bild 3 die bei einem mit Dieselmotor ausgerüsteten Omnibus in der Regel eingebauten Verbraucher.

Die Lichtmaschine hat die Aufgabe, den für die Niederspannungsanlage nötigen elektrischen Strom zu erzeugen. Ihre Leistung ist so zu bemessen, daß sie bei einer Fahrgeschwindigkeit von etwa 30—35 km/h im direkten Gang ausreicht, den Bedarf der bei Nachtfahrt auf längere Zeit eingeschalteten Verbraucher zu decken. Bei höherer Fahrgeschwindigkeit liefert sie dann einen gewissen Leistungsüberschuß für die Aufladung der Batterie.

Die Tafel Bild 4 gibt einen Überblick über den Leistungsbedarf der in der Niederspannungsanlage vorkommenden Verbraucher, unterteilt nach solchen Geräten, die für die Bemessung der Lichtmaschine von Bedeutung sind, und nach solchen, die nur kurzseitig oder gelegentlich ein-

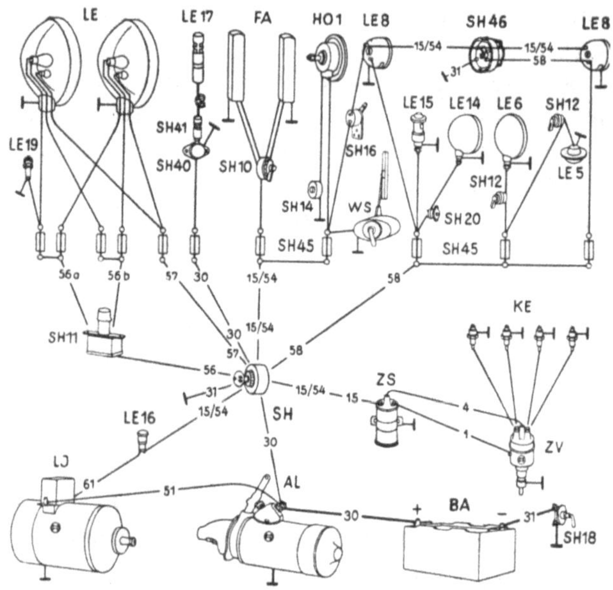

Bild 2. Elektrische Anlage eines Kraftwagens mit Ottomotor

Zeichenerklärung zu Bild 2 u. 3:

AL	Anlasser	LE 14	Rückfahrleuchte	SH 12	Ein- u. Ausschalter
BA	Batterie	LE 15	Schaltbrettleuchte	SH 14	Druckknopf
FA	Fahrtrichtungs-anzeiger	LE 16	Lade-Anzeige-leuchte	SH 16	Bremslichtschalter
HO 1	Tellerhorn	LE 17	Handleuchte	SH 18	Batterie-Haupt-schalter
KE	Zündkerzen	LE 19	Fernlicht-Anzeige-leuchte	SH 19	Glühkerzenschalter
KE 10	Glühkerzen	LE 20	Dreieckzeichen	SH 20	Rückfahrschalter
KE 11	Glühüberwacher	LJ	Lichtmaschine	SH 40	Steckdose
KE 12	Glühkerzen-Widerstand	RS	Reglerschalter	SH 41	Stecker
LE	Scheinwerfer	SH	Schaltkasten	SH 45	Sicherungen
LE 4	Seitenleuchte	SH 10	Fahrtrichtungs-anzeigerschalter mit Anzeigeleuchte	SH 46	Steckdose für An-hängerkabel
LE 5	Deckenleuchte	SH 11	Fuß-Abblend-schalter	SH 47	Anlaß-Umschalter
LE 6	Breitstrahler			WS	Wischer
LE 8	Brems-Schluß-Nummerleuchte			ZS	Zündspule
				ZV	Zündverteiler

geschaltet werden und daher für die Bemessung außer acht gelassen werden können.

Die Nennleistung der Lichtmaschine sollte nach Möglichkeit etwas größer sein als der gesamte Leistungsbedarf der im Fahrzeug eingebauten Dauerverbraucher. Es ist dann genügend Leistungsreserve für das Laden der Batterie vorhanden, da die Höchstleistung der Lichtmaschine in der Regel 50% höher liegt als die Nennleistung. Geht die Überlastungsfähigkeit der Lichtmaschine nicht aus dem Leistungsschild hervor, so muß man sich

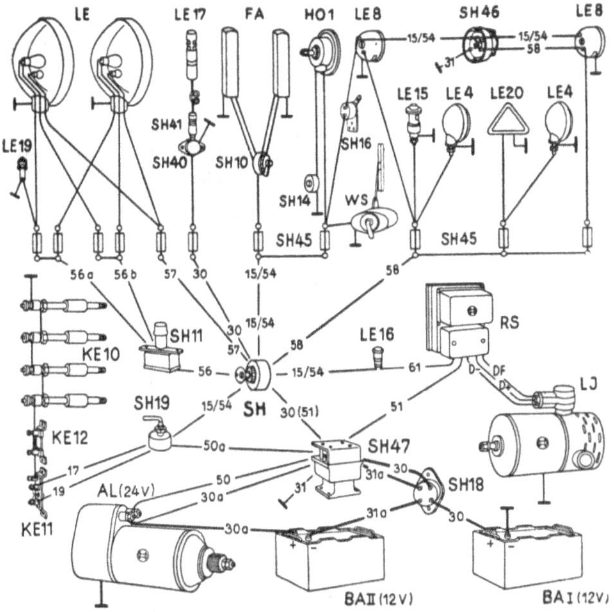

Bild 3. Elektrische Anlage eines Kraftwagens mit Dieselmotor
(Zeichenerklärung siehe Bild 2)

bei der Herstellerfirma erkundigen, denn es besteht dafür leider keine Einheitlichkeit. Insbesondere bei Lichtmaschinen höherer Leistung ist die Überlastbarkeit fast durchweg kleiner; bei manchen Maschinen wird auch die Höchstlast als Nennleistung angegeben.

Die Kapazität der Batterie ist bei üblichen Kraftwagen und spannungsregelnder Lichtmaschine[1]) im allgemeinen bestimmt durch die Forderung einwandfreien Anlassens auch unter ungünstigen Verhältnissen. Zwar ist der Anlaßmotor in der Regel jeweils nur wenige Sekunden beim Anlassen in Tätigkeit; er erfordert aber dafür zum genügend raschen Durchdrehen des Verbrennungsmotors ziemlich starke Stromstöße, besonders bei niedrigen Temperaturen, strammer Lagerung des Motors und schlechter Vergasung. Genauere Angaben über die Bemessung der Batterie mit Rücksicht auf das Anlassen können erst bei Besprechung der Anlasser im dritten Teil dieses Werkes gemacht werden. Die mit Rücksicht auf das Anwerfen bemessene Batterie ist im allgemeinen ohne weiteres

[1]) Siehe Abschnitt III, Seite 112.

Betriebsdauer	Gerät	Leistungsbedarf
Dauerverbraucher	Batteriezündung Scheinwerfer-Fernlicht „ Abblendlicht „ Standlicht Schlußbeleuchtung Instrumentenbrett- beleuchtung	15 W 70 W 50—70 W 6—10 W 10 W 10—20 W
Je nach Betriebsverhältnissen ebenfalls als Dauerverbraucher anzusprechen	Rundfunkempfänger Zusatzscheinwerfer Frostschutzscheibe Wagenheizer Scheibenwischer Innenbeleuchtung	25—30 W je 35 W 30—70 W 50 W 15 W je Lampe 5—15 W
Kurzverbraucher	Horn Winker Bremslicht Zigarrenanzünder Glühkerzen Anlasser bei PKW Anlasser bei LKW	25—40 W 28—36 W 30 W 100 W je 60—70 W 0,8— 3 kW 2,2—12 kW

Bild 4. Leistungsbedarf der elektrischen Geräte im Kraftfahrzeug

imstande, den bei Stillstand des Fahrzeugs für die Beleuchtung erforderlichen Strom über genügend lange Zeit zu liefern.

Die Kapazität der Batterie sollte jedoch nur dann in der Hauptsache nach dem Bedarf des Anlassers bemessen werden, wenn durch die Art der Regelung günstige Ladebedingungen für die Batterie gegeben sind, wie dies bei der Spannungsregelung der Fall ist. Bei Stromregelung[1]) ist man dagegen mit Rücksicht auf die Lebensdauer der Batterie wegen der häufigen Überladung meist gezwungen, eine größere Kapazität zu wählen. Deshalb hatten auch die früher durchweg mit stromregelnden Lichtmaschinen ausgestatteten amerikanischen Wagen in der Regel größere Batterien als die europäischen.

Wie erwähnt, gelten die bisher entwickelten Gesichtspunkte für die Bemessung der Anlage eines üblichen Gebrauchswagens unter üblichen Betriebsverhältnissen, wobei kurze Fahrstrecken in der Stadt mit längeren, auf freier Straße zurückgelegten abwechseln und die

[1]) Siehe Abschnitt III, Seite 187.

Batterie nicht durch übermäßig lange Benutzung des Standlichtes und häufiges Anlassen zu sehr beansprucht wird.

Bei ungünstigen Betriebsverhältnissen, bei denen die regelmäßig in dem betreffenden Fahrzeug verwendete Lichtmaschine die Batterie nicht genügend auflädt, weil sie häufig mit zu geringer Drehzahl oder zu hoher Belastung betrieben wird, ist eine Lichtmaschine höherer Leistung vorzusehen. Kennzeichnende Ausnahmefälle sind z. B. der Wagen eines in der Stadt praktizierenden Arztes oder der Lieferwagen eines städtischen Geschäftes, insbesondere natürlich im Winter. Bei solchen Wagen ist von vornherein mit langer Benutzung des Standlichtes und häufigem Anlassen bei gleichzeitig nur kurzen Fahrstrecken und mäßiger Fahrgeschwindigkeit, also kurzen Ladezeiten zu rechnen. Bei Verwendung der sonst für Wagen derselben Größe üblichen Lichtmaschine wird meist eine rasche Erschöpfung der Batterie mit den daraus erwachsenden Anständen die Folge derartiger Betriebsverhältnisse sein. In solchen Fällen ist daher dafür zu sorgen, daß die Lichtmaschine die für die Versorgung der Verbraucher erforderliche Leistung einschließlich eines Überschusses für die Batterieladung bereits bei Fahrgeschwindigkeiten unter 30 km/h zu liefern vermag. Zu diesem Zweck ist entweder die Übersetzung zwischen Motor und Lichtmaschine zu erhöhen, sofern dies aus mechanischen und elektrischen Gründen möglich ist (siehe Abschnitt II, Seite 96), oder es ist eine größere Lichtmaschine zu wählen, die schon bei niederer Drehzahl die erforderliche Leistung abgibt. Gleichzeitig empfiehlt sich meist der Einbau einer größeren Batterie, um in dieser von vornherein eine größere Reserve zu haben. Trotz dieser Vorkehrungen wird es aber immer wieder einzelne Fälle geben, in denen die Fahrzeiten im Verhältnis zu den Zeiten, in denen Strom aus der Batterie verbraucht wird, so gering sind, daß von Zeit zu Zeit die Batterie an einer Stromquelle außerhalb des Wagens aufgeladen werden muß.

Ein ähnlicher, aber nicht ganz so ungünstiger Fall liegt vor bei dem Wagen eines Reisevertreters, der ein größeres Gebiet zu bearbeiten hat. Bei seinen Besuchsfahrten im Stadtgebiet liegen die Verhältnisse ähnlich wie bei dem oben erwähnten Arztwagen; dagegen bieten die dazwischen liegenden Reisefahrten von Stadt zu Stadt, besonders wenn sie häufiger bei Tage durchgeführt werden, wohl meist Gelegenheit zu genügender Nachladung der Batterie, so daß bei guter Batteriepflege die übliche Anlage ausreicht, während in anderen Fällen eine Vergrößerung der Batterie zu befriedigenden Verhältnissen führt. Allerdings muß man sich dabei in den Grenzen halten, die wiederum durch die Lichtmaschine gezogen sind.

Läßt sich aus der Erfahrung heraus der Bedarf nicht im voraus einigermaßen sicher festlegen, so führt nur der Versuch zum Ziel. Die Batterie soll so groß sein, daß sie nur selten unter die Hälfte ihrer Kapazität entladen wird, so daß für unvorhergesehene Zwischenfälle eine ausreichende Reserve vorhanden ist und auch für das Anlassen stets genügend Leistung zur Verfügung steht. In diesem Fall kann mit rascher und genügender Aufladung der Batterie gerechnet werden, vorausgesetzt, daß das Verhältnis von Lichtmaschinenleistung zu Batteriekapazität richtig gewählt ist. Ist die Batterie selten ganz aufgeladen, so reicht die Lichtmaschine für den Bedarf des Wagens nicht aus; schwankt der Ladezustand der Batterie häufig zwischen Voll und Leer, so ist die Batterie zu klein.

Beim Stadtomnibus liegen die Verhältnisse hinsichtlich Beleuchtung bei Stillstand, kurzen Ladezeiten und niedriger Fahrgeschwindigkeit ähnlich wie beim Arzt- oder Lieferwagen. Zu beachten ist vor allem der sehr große Verbrauch der auch bei Stillstand des Fahrzeugs meist eingeschalteten Innenbeleuchtung. Bei Bemessung der Batterie ist dieser Bedarf unter Umständen ausschlaggebend gegenüber der Rücksicht auf das Anlassen. Es empfiehlt sich deshalb, die Batterie so groß zu wählen, wie es im Hinblick auf die Erwärmung der Lichtmaschine möglich ist.

Dieser schon früher erwähnte Zusammenhang zwischen Lichtmaschinenleistung und Batteriegröße ist auch bei besonders großen Anlasserleistungen zu beachten. Z. B. würde man bei großen Lastwagen mit Dieselmotoren zu einer verhältnismäßig kleinen Lichtmaschine kommen, wenn man diese der früher gegebenen Grundregel entsprechend nur nach dem Leistungsverbrauch der dauernd eingeschalteten Verbraucher bemessen wollte. Hier erfordert der große Anlasser eine große Batterie, und diese führt wiederum zur Wahl einer größeren Lichtmaschine, als nach der Grundregel nötig wäre.

Beim Kraftrad ist als Dauerverbraucher bei Tagfahrt lediglich die Batteriezündung vorhanden, sofern kein Magnetzünder eingebaut ist; bei Nachtfahrt kommen noch der Scheinwerfer und das Schlußlicht hinzu. Daraus ergibt sich, daß je nach Größe des Scheinwerfers entweder eine 30 W- oder eine 45 W-Lichtmaschine verwendet wird. Die Kapazität der Batterie beträgt beim Kraftrad meist 7 Ah, in selteneren Fällen auch 14 Ah. (Vgl. Abschnitt IV, 4 a, Seite 210).

3. Besondere Anforderungen im Kraftfahrzeugbetrieb

Die Eigenart des Fahrbetriebes stellt an die Stromerzeugungsanlage des Kraftfahrzeuges Anforderungen, die wesentlich von denen abweichen, unter denen andere Anlagen zur Erzeugung elektrischer Energie arbeiten.

Während bei den ortsfesten Anlagen die Drehzahl der Dynamomaschine, von geringen betriebsbedingten Schwankungen abgesehen, gleichbleibt, schwankt die Drehzahl der Lichtmaschine im Kraftfahrzeug mit der Motordrehzahl ständig in weiten Grenzen, da die Lichtmaschine entweder direkt oder unter Zwischenschaltung einer Übersetzung vom Fahrzeugmotor angetrieben wird. Die Lichtmaschine ist nun so zu bemessen oder die Übersetzung ihres Antriebes so zu wählen, daß bei der kleinsten Fahrgeschwindigkeit, die im direkten Gang in der Ebene möglich ist, die Nenndrehzahl der Lichtmaschine erreicht wird. Dabei darf die Höchstdrehzahl der Lichtmaschine, die aus mechanischen und elektrischen Gründen festgelegt werden muß, bei hohen Motordrehzahlen nicht überschritten werden. Zu dieser wichtigen Frage des Übersetzungsverhältnisses bei den verschiedenen Fahrzeug- und Motorarten wird in Abschnitt II, 6e, Seite 96 ff. noch eingehend Stellung genommen.

Das Verhältnis zwischen Höchstdrehzahl und Nenndrehzahl kann auf 7 : 1 ansteigen. Trotz dieser starken Drehzahlschwankungen der Lichtmaschine muß aber die auf die Verbraucher wirkende Spannung, die sog. Netzspannung, in sehr engen Grenzen gleichbleiben (vgl. Abschnitt III, 1 b, Seite 109 ff.), die Stromwendung muß sich im gesamten Drehzahlbereich einwandfrei vollziehen und die Erwärmung der Maschine darf das durch Betriebssicherheit und hohe wartungsfreie Lebensdauer gegebene Maß nicht überschreiten. Der Forderung nach nahezu gleichbleibender Netzspannung steht die Tatsache entgegen, daß die in der Regel als Gleichstrom-

Nebenschlußmaschine gebaute Lichtmaschine ihre Spannung annähernd im gleichen Maße wie die Drehzahl ändert, wenn nicht entsprechende Gegenmaßnahmen getroffen werden. Heute wird fast ausnahmslos die Spannung der Maschine und damit zugleich die Netzspannung durch elektromagnetische Regler in den erforderlichen engen Grenzen gehalten. Damit werden dann zugleich gute Ladebedingungen für die Batterie geschaffen. Diese Spannungsregler, die im III. Abschnitt (Seite 119) ausführlich behandelt werden, müssen auch bei Belastungs- und Temperaturänderungen im gleichen Sinne wirken.

Bis vor wenigen Jahren war neben dieser Spannungsregelung in größtem Umfange auch die sog. Stromregelung in Gebrauch, bei der man sich mit einer erträglichen Gleichhaltung der Netzspannung durch die Batterie begnügte und durch eine mit einfachen Mitteln erreichte Begrenzung des Maschinenstromes eine Gefährdung von Maschine und Batterie bei höheren Drehzahlen vermied. Auf diese Regelung kommen wir im Abschnitt III, 6 (Seite 174) zurück.

Beim Aufbau der Niederspannungsanlage des Kraftfahrzeugs ist noch zu berücksichtigen, daß die Lichtmaschine wie jeder derartige Stromerzeuger erst von einer gewissen Drehzahl ab auf eine genügend hohe Spannung kommt, so daß sie Strom in die Batterie liefern kann. Daher muß sie unterhalb dieser Drehzahl zur Vermeidung von Rückstrom aus der Batterie von dieser getrennt werden. Dazu ist ein Schalter nötig, der wie der Regler völlig selbsttätig arbeitet, denn eine Bedienung durch den Fahrer kommt bei dem ständigen Wechsel der Betriebsverhältnisse selbstverständlich nicht in Frage. Auch über den Schalter bringen wir Näheres in Abschnitt III, Seite 115.

Ungünstige Verhältnisse ergeben sich für die Lichtmaschine häufig auch in thermischer Hinsicht durch den Einbau am Motor. Zwar wird schon bei der Konstruktion der Maschine einer gewissen Wärmeübertragung durch Strahlung oder Leitung vom Motor her Rechnung getragen, doch muß durch zweckmäßigen Einbau auch noch dafür gesorgt werden, daß diese Einflüsse von der Lichtmaschine möglichst ferngehalten werden und ihr außerdem noch möglichst kühle Luft zugeführt wird.

Sehr zu beachten sind die hohen mechanischen Anforderungen, die an die Fahrzeuglichtmaschine gestellt werden. Dabei spielt die Art des Fahrzeuges mitunter eine große Rolle. Durch den Einbau der Lichtmaschine in starrer Verbindung mit dem Verbrennungsmotor werden die von diesem ausgehenden in verhältnismäßig schneller Folge auftretenden Schüttelschwingungen auf die Lichtmaschine übertragen. Dazu kommen die niederfrequenten Schüttelschwingungen, die bei Fahrt auftreten und von der Beschaffenheit der Fahrbahn abhängen. Diese Schwingungen sind naturgemäß am stärksten bei Sonderfahrzeugen mit harter Bereifung, z. B. bei Ackerschleppern. Die Bauteile der Lichtmaschine müssen so beschaffen sein, daß sie diesen Schüttelschwingungen standhalten und durch lange wartungsfreie Lebensdauer hohe Betriebssicherheit gewähren.

Zu diesen Schüttelschwingungen treten noch Drehschwingungen, die vom Antrieb herrühren und besonders den Anker mit Wicklung und Stromwender beanspruchen. Die Übertragung von Drehschwingungen wird am größten bei direktem Antrieb über eine Kupplung; sie müssen durch eine geeignete elastische Ausbildung der Kupplung nach Möglichkeit gedämpft werden.

Als besondere Beanspruchung der Fahrzeuglichtmaschine ist noch zu beachten, daß sie im Betrieb dauernd der Verstaubung und Verschmutzung sowie Feuchtigkeitseinflüssen ausgesetzt ist. Gegen diese Einflüsse sollte die Maschine weitgehend geschützt werden, doch läßt sich das oft schwer mit einer guten Belüftung vereinbaren.

Eine bekannte Anforderung an den Fahrzeugmotor ist heute die nach fast völliger Geräuschlosigkeit, besonders wenn er in Personenwagen eingebaut wird. Dieser Forderung muß selbstverständlich auch die Lichtmaschine entsprechen, und es müssen bei ihr mancherlei Vorkehrungen getroffen werden, um Geräusche, die sowohl mechanischer wie auch elektrischer Herkunft sein können, zu unterdrücken.

Erschwert wird die Erfüllung aller dieser Forderungen durch das in der Regel gestellte Verlangen nach möglichst kleinen Einbaumaßen, geringem Gewicht und billigem Preis. Damit kommt man zu außergewöhnlich hoher Werkstoffausnutzung. Alles aber führt dazu, daß man an den Wirkungsgrad der Lichtmaschine bei weitem nicht den von ortsfesten Maschinen her gewohnten Maßstab anlegen kann. (Näheres darüber s. Seite 48). Besonders beachtet werden muß noch bei all diesen Anforderungen an die elektrische Anlage im Kraftfahrzeug, daß mit einer Bedienung und Wartung der Anlage durch den Fahrer nur in geringem Umfange gerechnet werden kann.

Bei der Batterie führt die Forderung nach möglichst kleinem Gewicht und niedrigem Preis erst recht zu weitgehender Ausnutzung der Werkstoffe. Dabei sind die beim Anwerfen entnommenen starken Stromstöße, bei denen gleichzeitig günstige Spannungslage gefordert wird, besonders zu berücksichtigen. Auch den beträchtlichen mechanischen Erschütterungen, denen die Batterie im Kraftfahrzeug ausgesetzt ist, muß bei Konstruktion und Herstellung Rechnung getragen werden.

Preis und Gewicht der Batterie lassen von vornherein für die Verwendung im Kraftfahrzeug eine weitgehende Beschränkung der Zellenzahl der Batterie erwünscht erscheinen. Damit kommt man zu einer verhältnismäßig niedrigen Spannung der elektrischen Niederspannungsanlage im Kraftfahrzeug. Diese ist aber auch entwicklungsmäßig begründet. Man konnte zur Zeit der Einführung der elektrischen Beleuchtung am Kraftfahrzeug in Amerika Glühlampen mit genügender Lebensdauer bei derartiger Beanspruchung nur für eine Spannung bis zu etwa 6 Volt herstellen, und auch heute gilt noch, daß die Erschütterungsfestigkeit und übrigens zugleich die Lichtausbeute der Glühlampen um so größer ist, je niedriger die Spannung ist. Als sich in Amerika später auch der elektrische Anlasser einführte, hatte das 6 Volt-System schon wesentliche Verbreitung gefunden und wurde daher auch für Anlagen mit Anlasser fast durchweg beibehalten, obwohl bei den hohen Anlaßstromstärken die Spannungsabfälle (z. B. unter den Bürsten des Anlassers, an Schalterkontakten und Anschlüssen sowie bei nicht genügend großen Leiterquerschnitten auch in den Leitungen) im Verhältnis zur Nennspannung so groß werden, daß eine Spannung von 12 Volt zweckmäßiger wäre. Diese findet man daher auch infolge der später einsetzenden Entwicklung vielfach in europäischen Kraftwagen; bei großen Leistungen ist man sogar auf 24 Volt übergegangen. Jedenfalls muß der Anlasser bei der Spannungswahl in der Regel vor allen anderen Geräten berücksichtigt werden. Es wird daher auf diese Frage im III. Teil dieses Werkes, Abschnitt „Anlasser“, ausführlich eingegangen. Im Laufe der Entwicklung haben sich gewisse Grenzen für die verschiedenen Spannungen als zweckmäßig erwiesen, doch sind diese Grenzen keineswegs als starr anzusehen. Sie sind in der Tafel Bild 5 zusammengestellt.[1])

Nenn-spannung V	Lichtmaschinen-Nennleistung W	Anlasser-Nennleistung PS
6	etwa 30— 150	etwa 0,3— 0,8
12	„ 75— 700	„ 1 — 4
24	„ 300—2000	„ 4 —15

Bild 5. Aufteilung der im Kraftfahrzeug gebräuchlichen drei Spannungen nach Lichtmaschinen- und Anlasser-Nennleistung

Am Kraftrad verwendet man heute ausschließlich das 6 Volt-System; an schwächeren Rädern war früher auch das 4 Volt-System in Gebrauch.

[1]) Zur Frage der Spannung und zu anderen grundsätzlichen Fragen bezgl. der elektrischen Ausrüstung von Kraftfahrzeugen sind beachtenswert: W. Kendall, Electrical Equipment, Automobile Engineer, Vol. 50, No. 250, March 1950, S. 114. — J. H. Bolles, Electrical Equipment and its Application, SAE Quarterly Transactions, April 1949, S. 240. — W. H. Foland, Heavy Duty Electrical Equipment, Service and Maintenance, SAE Quarterly Transactions, April 1949, S. 248.

II. Die Lichtmaschine

1. Physikalische Grundlagen

Da vielleicht nicht jedem Leser die physikalischen Grundlagen für das Entstehen der elektromotorischen Kraft (EMK) in einer elektrischen Maschine geläufig sind, werden hier einige einführende Betrachtungen vorausgeschickt, die im Rahmen dieses Buches allerdings nur kurz gehalten werden können.[1])

a) Magnetisches Feld

Der Raum um einen Magnet, um einen von elektrischem Strom durchflossenen Draht und innerhalb einer von Strom durchflossenen Spule befindet sich in einem eigentümlichen Zustand. Dieser offenbart sich dadurch, daß auf andere Magnete Kräfte ausgeübt werden, und daß alle Stoffe, die in diesen Raum gebracht werden, magnetisch werden. Es wird in ihnen Magnetismus induziert, dessen Wirkungen sich denjenigen der erregenden Ursache überlagern. Den Raum, in dem magnetische Wirkungen zu beobachten sind, nennt man ein magnetisches Feld. Dieses macht sich, wie schon oben festgestellt, durch seine Induktionswirkung und durch seine Kraftwirkung bemerkbar. Die Kraftwirkung läßt sich in bekannter Weise dadurch zeigen, daß man auf ein Blatt Papier, das auf den Polen eines Hufeisenmagnets liegt, Eisenfeilspäne fallen läßt. Diese werden im Feld des Magnets selbst magnetisch und ordnen sich unter der vom Magnet auf sie ausgeübten Kraft auf dem Papier in Linien an. Im Anschluß an diesen Versuch denkt man sich jedes magnetische Feld aus Kraftlinien bestehend, die ohne Unterbrechung als geschlossene Kurvenzüge in sich selbst zurücklaufen. Diese Linien geben zunächst nur die Richtung der Kraft an. Als positiv gilt dabei im Raum der Verlauf vom Nordpol zum

---

[1]) Näheres z. B. in: L. Bergmann u. Cl. Schäfer, Lehrbuch der Experimentalphysik, Bd. II, Verlag Walter de Gruyter u. Co., Berlin, 1950. Über die später behandelten mehr elektrotechn. Fragen unterrichtet u. a.: Richter, Kurzes Lehrbuch der elektrischen Maschinen, Verlag Springer, 1949.

Südpol eines Magnets. Man kann sich aber zugleich die Größe der Kraft dadurch veranschaulichen, daß man je Einheit der Kraft eine Kraftlinie zeichnet. Damit verlaufen dann die Linien an den Stellen großer Kraft in engen Abständen, an den Stellen geringer Kraft in weiten Abständen. Man bezeichnet die Kraft allgemein als Feldstärke H. Als Einheit dient das Feld, das auf einen Magnetpol von der Stärke 1 die Kraft 1 Dyn ausübt. Dabei ist der Einheitspol dadurch bestimmt, daß er auf einen in 1 cm Entfernung aufgestellten gleichen Pol mit der Kraft 1 Dyn wirkt.

Wichtiger als die Kraftwirkung des Feldes ist die Induktionswirkung. Sie kann durch Induktionslinien veranschaulicht werden, für die durch Versuch festgestellt werden kann, daß sie in ihrer Richtung mit den Kraftlinien zusammenfallen. Die positive Richtung bestimmt sich daher auch wie bei diesen. Zeichnet man wieder je Einheit der Induktion eine Linie, so geben die Induktionslinien zugleich eine Anschauung von der Größe der Induktion B an den verschiedenen Stellen des Feldes. Die Einheit der Induktion herrscht im Abstand 1 cm vom Einheitspol. Diese Einheit nennen wir 1 Gauß.

Die Gesamtzahl der Induktionslinien, die eine gewisse Fläche q senkrecht durchsetzen, bezeichnet man als den Induktionsfluß Φ durch diese Fläche. Die Einheit ist der Fluß durch 1 cm² bei einer zu dieser Fläche senkrechten Induktion von 1 Gauß, also 1 Induktionslinie je cm²; sie heißt 1 Maxwell.

Aus diesen Festsetzungen ergibt sich die Gleichung:

$$B = \frac{\Phi}{q} \text{(Gauß)}. \tag{1}$$

Von hervorragender Bedeutung für die Elektrotechnik ist nun das Verhältnis, in dem B und H zueinander stehen je nach dem Stoff, in dem das magnetische Feld verläuft. Für den leeren Raum ist dies Verhältnis nach unserer Festlegung der Einheiten $\frac{1}{1}$. Wie durch Versuch nachgewiesen werden kann, gilt dies sehr angenähert auch für Luft und für viele andere Stoffe, dagegen im besonderen nicht für Eisen, bei dem dieses Verhältnis $\frac{B}{H}$, die magnetische Durchlässigkeit oder Permiabilität μ nach der allgemein üblichen Bezeichnung, sehr viel größer ist. Für den praktischen Gebrauch wird die Beziehung zwischen den Größen meist durch die Gleichung

$$B = \mu \cdot H \tag{2}$$

ausgedrückt.

Unterwirft man nun Eisen — am einfachsten in einer von Gleichstrom durchflossenen Spule — der Magnetisierung in einem von H = 0 ansteigenden Felde, so zeigt sich beim Messen von B und Auftragen der erhaltenen Werte über H in der **Magnetisierungskurve** (Bild 6), daß B bei kleineren Werten von H

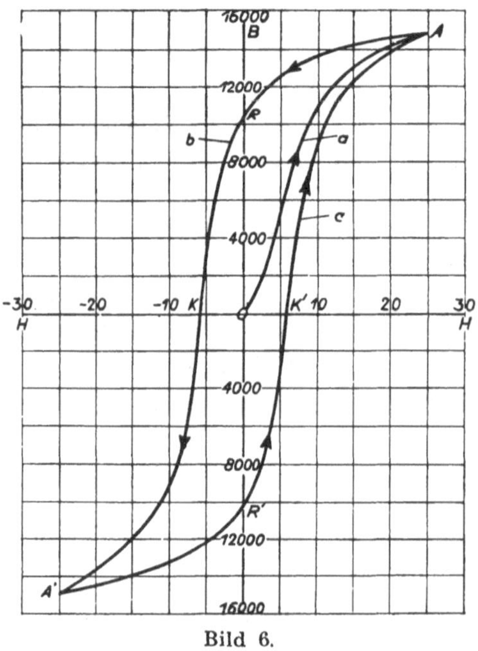

Bild 6.
Magnetisierungskurve (Hysteresisschleife)
für einen Eisenstab

sehr viel stärker als im Verhältnis 1 : 1 zunimmt, und zwar, wenn man die leichte Krümmung der Kurve vernachlässigt, annähernd proportional. Mit wachsender Magnetisierung des Eisens wird der Anstieg der Induktion langsamer; es bildet sich das sogen. **Knie der Magnetisierungskurve** aus, hinter dem nach vollständiger Magnetisierung des Eisens, auch Sättigung genannt, die Induktion nur noch unwesentlich mit der Feldstärke H wächst. (Kurve a). Verringert man nunmehr die Feldstärke, so folgt die Induktion nicht derselben Kurve, sondern sie bleibt durchweg höher (Kurve b). Ist die Feldstärke wieder 0 geworden, so ist in dem Eisen noch ein Restmagnetismus OR vorhanden, der je nach der Eisensorte verschieden groß ist. Um diesen Restmagnetismus (Remanenz) zum Verschwinden zu bringen, muß man eine entmagnetisierende Feldstärke OK aufbringen. Man bezeichnet sie als Koerzitivkraft. Steigert man die Feldstärke in der negativen Richtung noch mehr, so kehrt auch die magnetische Induktion im Eisen ihre Richtung um und erreicht schließlich im Punkt A′ dieselbe Stärke wie vorher in der anderen Richtung. Dasselbe wiederholt sich nun im rückwärtigen Kurvenzug c. Einen derartigen magnetischen Kreisprozeß durchläuft das Eisen immer, wenn die magnetisierende Feldstärke zwischen positiven und negativen Werten wechselt. Man bezeichnet diese Abhängigkeit der Induktion von der Vormagnetisierung als Hysteresis. Die Fläche der sogenannten Hysteresisschleife ist ein Maß für die zur Ummagnetisierung notwendige Arbeit, die als Hystereseverlust bezeichnet wird. Diese Fläche soll bei den Eisensorten, mit denen die elektrischen Maschinen aufgebaut werden (Dynamoblech, Dynamoeisen), möglichst klein sein, um geringe Verluste zu erhalten; bei Dauermagneten hingegen soll die Fläche möglichst groß sein.

b) Entstehung der elektromotorischen Kraft

Bewegt man einen Leiter in einem magnetischen Feld, so daß der Leiter und die Induktionslinien einander schneiden, so wird in dem Leiter eine elektromotorische Kraft (EMK) induziert. Diese läßt sich durch die zwischen den Enden des Leiters meßbare Spannung nachweisen. Es ist dabei gleichgültig, ob das magnetische Feld oder der Leiter bewegt wird; wesentlich ist nur, daß Induktionslinien und Leiter einander schneiden. Ist l die Länge (in cm) des die Induktionslinien schneidenden Leiters und v (in cm/s) die Schnittgeschwindigkeit, so ist die im Leiter entstehende EMK

$$E = B \cdot l \cdot v \cdot 10^{-8} \text{ Volt.} \tag{3}$$

Diese Erscheinung der elektromagnetischen Induktion wird in elektrischen Maschinen in größtem Ausmaße zur Umwandlung von mechanischer Energie in elektrische ausgenützt. Das Schneiden von Leiter und Induktionslinien wird dabei vielfach, besonders auch bei den Kraftfahrzeuglichtmaschinen, dadurch bewirkt, daß man den Leiter in Form einer Spule im Magnetfeld dreht.

Bild 7a zeigt eine solche Anordnung in einfachster Darstellung. Die Spule hat die Gestalt einer einfachen Drahtschleife, doch ändert sich an den Erscheinungen grundsätzlich nichts, wenn die Spule zur Erzielung einer größeren induzierten Leiterlänge mehrere Windungen erhält. Es ist aber wohl zu beachten,

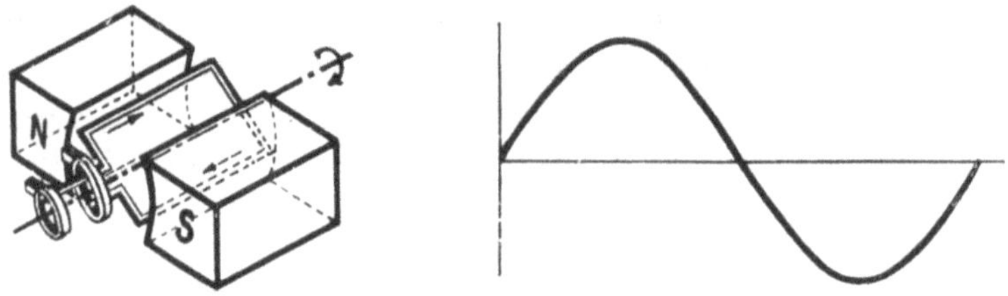

a) Bild 7. b)
a) Im Magnetfeld umlaufende Drahtschleife
b) Spannungsverlauf an den Bürsten während einer Umdrehung

daß elektromotorische Kräfte nur in den zur Drehachse parallelen Spulenteilen, den sogen. Spulenseiten entstehen können, denn nur diese *schneiden* die Induktionslinien. Die zur Drehachse senkrechten Spulenteile, die Spulenköpfe, werden nicht induziert, weil die Induktionslinien parallel zu den Ebenen verlaufen, die die Spulenköpfe beim Umlauf beschreiben. Die Richtung der in den

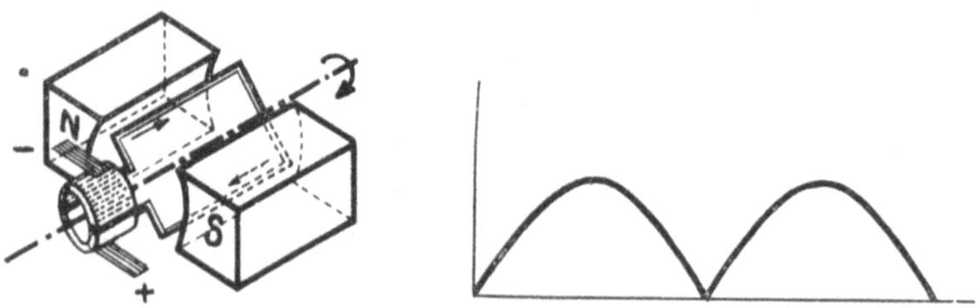

a) Bild 8. b)
a) Drahtschleife mit zweiteiligem Stromwender
b) Spannungsverlauf an den Bürsten während einer Umdrehung

Spulenseiten induzierten elektromotorischen Kräfte ist nach der „Rechtehandregel“ (legt man die rechte Hand so an den Leiter, daß der Induktionsfluß in die innere Handfläche eintritt und der abgespreizte Daumen in die Bewegungsrichtung des Leiters weist, so geben die Fingerspitzen die Richtung der EMK an) leicht zu bestimmen. Daraus ergibt sich einmal, daß die in den Spulenseiten induzierten EMKe entgegengesetzt gerichtet sind, sich also im Sinne des Spulenumlaufs addieren, daß sie aber bei jedem Umlauf zweimal die Richtung wechseln. Außerdem ist leicht einzusehen, daß die EMKe auch in der Größe schwanken müssen, weil die Spulenseiten einmal das volle Feld schneiden, wenn sie unter der Mitte der Pole laufen, dann aber wieder keine Linien schneiden, sobald sie zwischen den Polen in der sogen. neutralen Zone laufen. Man erhält infolgedessen an den Spulenenden eine Wechselspannung, die man an zwei Schleifringen mittels Schleifbürsten abnehmen kann. Ihr Verlauf ist in Bild 7b dargestellt. Will man an den Bürsten eine in der Richtung stets gleiche Spannung erhalten, so muß man mit Hilfe eines Stromwenders (auch Kommutator oder Kollektor genannt) den Anschluß der Spulenenden an die Bürsten in dem Augenblick umkehren, in dem die EMK in der Spule die Richtung wechselt, d. h. in dem die Spule sich in der neutralen Zone befindet. (Näheres über die Stromwendung siehe Seite 54). Ein solcher

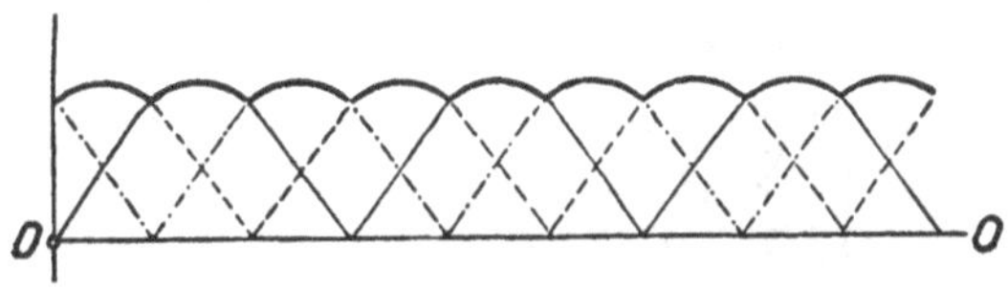

Bild 9. Bürstenspannung bei drei räumlich um 120° gegeneinander versetzten Ankerspulen, die mit Anfang und Ende je zu einem besonderen Stromwendersteg geführt sind

zweiteiliger Stromwender und der Verlauf der mit einer solchen Anordnung erzielten Bürstenspannung ist in Bild 8 dargestellt. Da eine derartig abgehackte Gleichspannung nicht brauchbar ist, ordnet man bei den praktisch verwendeten Maschinen eine größere Zahl von gleichartigen, räumlich gegeneinander versetzten Spulen auf dem umlaufenden Teil, dem Anker, an. Der Übersichtlichkeit halber mögen nur drei Spulen angenommen werden, deren Anfang und Ende je zu einem besonderen Stromwendersteg geführt sind. Dann erhält man an den Bürsten eine in der Größe nur noch wenig schwankende gleichgerichtete Spannung, die dadurch zustande kommt, daß an jeder Spule nur ein bestimmter Teil ihrer Spannung herausgegriffen wird, wie Bild 9 zeigt. Eine solche Anordnung hätte aber neben anderen den großen Nachteil, daß immer nur die Spule für kurze Zeit wirksam wäre, deren Stromwenderstege gerade unter den Bürsten durchliefen; die anderen Spulen liefen gewissermaßen tot mit. Um nun die auf dem Anker angeordneten Spulen stets sämtlich zur Spannungserzeugung heranzuziehen, verbindet man das Ende jeder Spule mit dem Anfang der folgenden und gleichzeitig mit einem Stromwendersteg und schafft dadurch eine fortlaufende Wicklung.

Trägt ein so bewickelter Anker beispielsweise 6 Spulen, so liegen diese, wie auf Seite 26 ff. näher erläutert wird, in zwei parallel geschalteten Zweigen zwischen den Bürsten. In jedem Zweig sind 3 Spulen hintereinandergeschaltet, die räumlich um 60° gegeneinander verdreht sind. Infolgedessen sind die in ihnen induzierten EMKe auch um 60° in der Phase gegeneinander ver-

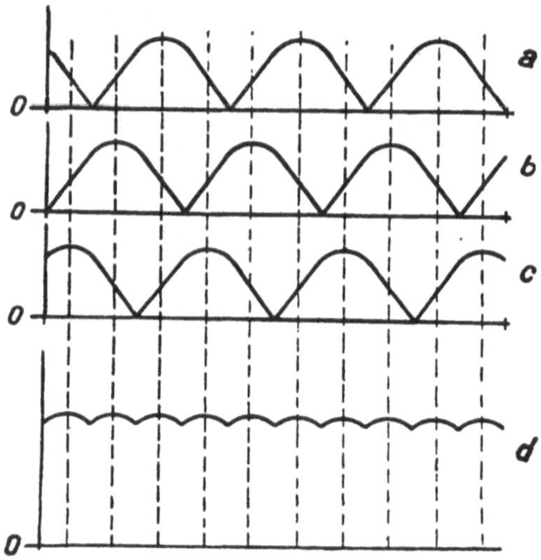

Bild 10. Bürstenspannung einer zweipoligen Gleichstrommaschine. Fortlaufende Ankerwicklung mit sechs räumlich um 60° gegeneinander versetzten Spulen in zwei Zweigen

schoben und addieren sich nach Bild 10 zu einer Gesamt-EMK, welche die durch den Kurvenzug d dargestellte Bürstenspannung ergibt.

c) Das dynamoelektrische Prinzip

Das Magnetfeld einer stromerzeugenden Maschine kann entweder durch einen Dauermagnet oder einen Elektromagnet erzeugt werden; die letztere Anordnung wird im Elektromaschinenbau am häufigsten angewandt. Nach einer durch Werner von Siemens im Jahre 1866 gemachten Entdeckung wird der für die Erregung der Elektromagnete erforderliche Gleichstrom dem Anker der Maschine selbst entnommen. Diese sogenannte Selbsterregung wird ermöglicht durch den im Eisen nach einmaliger Erstmagnetisierung verbleibenden remanenten Magnetismus. Die Entdeckung von Siemens bedeutete den größten Fortschritt im Bau elektrischer Maschinen. Die Wirkungsweise dieses dynamoelektrischen Prinzips ist folgende: Der geringe Restmagnetismus eines einmal magnetisierten Magnetsystems erzeugt beim Anlaufen der Maschine eine geringe EMK, die einen solchen Strom durch die Erregerwicklungen treibt, daß der erzeugte Induktionsfluß dieselbe Richtung wie der Restfluß hat. Dadurch steigt der Gesamtfluß und damit die EMK, und als Folge dieser Steigerung steigt wiederum der Erregerstrom, der seinerseits das Magnetfeld abermals verstärkt. Durch den Einfluß der Sättigung wird jedoch verhindert, daß der Induktionsfluß und der Erregerstrom ins Unendliche ansteigen. Der Gleichgewichtszustand stellt sich ein, wenn die erzeugte EMK gleich den durch den Erregerstrom hervorgerufenen Spannungsabfällen in Anker- und Feldwicklung zusätzlich dem Spannungsabfall unter den Bürsten geworden ist.

2. Die Gleichstrommaschine

a) Aufbau der Gleichstrommaschine

Die Gleichstrommaschine besteht aus zwei Hauptteilen:

1. Dem **Magnetsystem,** in welchem der magnetische Fluß erzeugt wird. Es besteht aus den eine Erregerwicklung tragenden Polen mit dem sie verbindenden Joch und umfaßt naturgemäß mindestens zwei Pole, einen Nordpol und einen Südpol. Es ist aber ohne Änderung der grundsätzlichen Wirkungsweise der Maschine möglich, den Erregerfluß auf mehrere Polpaare zu verteilen (vgl. Seite 42). Das Joch bildet in der Regel zugleich einen wesentlichen Teil des Gehäuses der Maschine.

2. Dem **Anker,** der die in Nuten eingebetteten Leiter trägt, in welchen durch Umlauf im Magnetfeld die EMK induziert wird. Der unter ihrem Einfluß fließende Strom wird durch den auf der Ankerwelle sitzenden Stromwender gleichgerichtet. Das Magnetsystem ist bei der Gleichstrommaschine in der Regel der feststehende, der Anker der umlaufende Teil der Maschine.

In weiterer Verfolgung der auf Seite 24 in Verbindung mit Bild 10 gebrachten Ausführungen zeigt Bild 11a den grundsätzlichen Aufbau einer Gleichstrommaschine gewissermaßen im Querschnitt. Der Anker hat die Form des bei Lichtmaschinen fast ausschließlich verwendeten Trommelankers, der auch sonst bei Gleichstrommaschinen heute die Regel bildet. Die Grundlage eines solchen Ankers bildet ein zylindrischer Eisenkörper. Die Spulen werden je von einem Stromwendersteg auf der Stirnfläche der Trommel bis zum Umfang geführt, dann auf dem Trommelmantel zur hinteren Stirnfläche. Über diese geht die Wicklung wieder zum Umfang und auf dem Mantel zurück zur vorderen Stirn. Je nachdem die Spule eine oder mehrere Windungen bekommen soll, wird jetzt der Draht gleich mit dem entsprechenden nächsten Stromwendersteg verbunden, oder aber

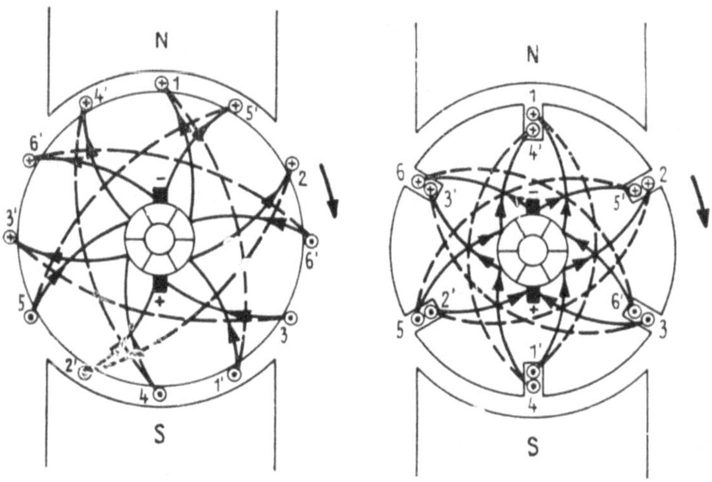

a) b)

Bild 11. Grundsätzlicher Aufbau einer zweipoligen Gleichstrommaschine mit Trommelanker. Fortlaufende Ankerwicklung mit sechs räumlich um 60° gegeneinander versetzten Spulen in zwei Zweigen

a) Spulen auf dem Ankerumfang b) Spulen in Nuten

es werden zunächst die weiteren Windungen entlang der ersten auf die Trommel gebracht und dann erst das Ende angeschlossen. Das Bild zeigt der Einfachheit halber nur eine Windung. Durch diesen Aufbau der Wicklung sind stets ebensoviele Spulen oder Wicklungselemente vorhanden wie Stromwenderstege.

In dem dargestellten Beispiel sind 6 Spulen auf dem Anker angenommen; bei den in der Praxis verwendeten Maschinen sind es in der Regel erheblich mehr. Die Spulen werden gleichmäßig auf dem Ankerumfang verteilt, und zwar so, daß Hin- und Rückleiter derselben Spule annähernd um eine Polteilung auseinander liegen. Spulenanfang und

Spulenende werden an zwei benachbarte Stromwenderstege angeschlossen. Durch diese Spulenanordnung wird erreicht, daß die in den Hin- und Rückleitern induzierten elektromotorischen Kräfte im Sinne des Spulenumlaufs hintereinander geschaltet sind und sich also addieren, und ferner, daß die Stromwendung in dem Zeitpunkt stattfinden kann, in dem die daran beteiligte Spule möglichst genau in der neutralen Zone zwischen zwei Polen läuft. Aus dieser Anordnung ergibt sich von selbst, daß Hin- und Rückleiter auf dem Ankerumfang regelmäßig miteinander abwechseln. Die Hinleiter beziffern wir 1—6, die Rückleiter entsprechend 1′—6′.

Läuft nun der Anker im Uhrzeigersinn um, so werden in den Spulenseiten elektromotorische Kräfte induziert, deren Richtung sich nach der „Rechtehandregel“ (vgl. Seite 22) leicht feststellen läßt. Sie ist in Bild 11 a in den als Querschnitte der Spulenseiten aufzufassenden kleinen Kreisen am Ankerumfang durch Kreuze und Punkte angegeben, wobei in üblicher Weise ein Kreuz den Blick auf das Schaftende eines Pfeiles, also die Richtung in die Papierfläche hinein, ein Punkt den Blick auf eine Pfeilspitze, also die Richtung aus der Papierfläche heraus bedeutet. Die vorderen Stirnverbindungen, die zu Stromwenderstegen führen, sind ausgezogen, die rückwärtigen gestrichelt. Man sieht, daß jeweils Ende und Anfang von zwei am Ankerumfang aufeinanderfolgenden Spulen an einem Stromwendersteg verbunden sind. In den Stirnverbindungen werden natürlich keine elektromotorischen Kräfte induziert, da sie keine Induktionslinien schneiden. Die in Bild 11 a in die vorderen Stirnverbindungen eingezeichneten Pfeile sind als Richtung des Stromes aufzufassen, der in diesen Drähten fließt, sobald der Maschine Strom entnommen wird. Auch in den Spulenseiten 3′ und 6′ werden keine EMKe induziert, weil sie in der neutralen Zone laufen. Bei ihnen sind Pfeilende und Pfeilspitze ebenfalls als die Richtung des Stromes andeutend aufzufassen, der in diesen Spulenseiten als Teilen der fortlaufenden Ankerwicklung fließt. Zeichnet man in die vorderen Stirnverbindungen die Strompfeile ein, die der für die entsprechenden Spulenseiten gefundenen EMK entsprechen, so zeigt sich, daß an zwei Stellen die Stromrichtung in den an einem Stromwendersteg liegenden beiden Stirndrähten entgegengesetzt ist, während sie an den andern Stegen gleichsinnig ist. Auf die beiden zuerst genannten Stege legt man die den Strom vom Stromwender auf die äußeren Leitungen überführenden Bürsten. Die untere Bürste ist nach den allgemein üblichen Grundsätzen die positive, weil von ihr aus der Strom in die äußere Leitung geht (innerhalb der Maschine fließt der Strom natürlich umgekehrt von der negativen zur positiven Bürste!). Verfolgt man innerhalb der Maschine den Stromlauf, so findet man, daß er sich an der negativen Bürste in zwei Zweige teilt, die sich in folgendem einfachen Bild aufzeichnen lassen:

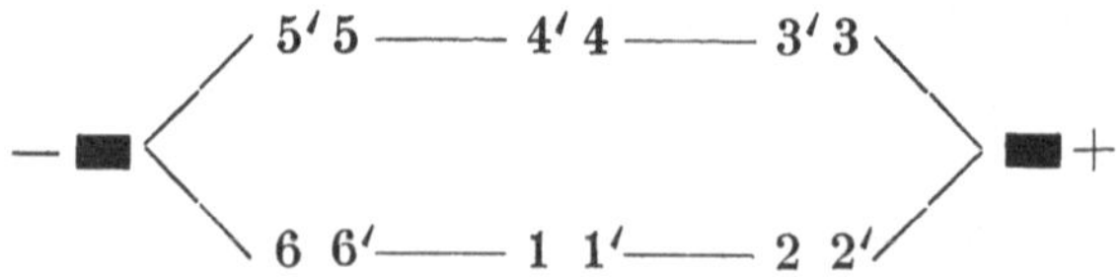

Es ergibt sich daraus, daß in jedem Zweig drei Spulen hintereinandergeschaltet sind und die in ihnen induzierten elektromotorischen Kräfte sich also addieren müssen. Entsprechend der Verteilung der Spulen auf dem Ankerumfang sind die elektromotorischen Kräfte in den Spulen um 60° gegeneinander verschoben, so daß sich nach Bild 10 die EMKe von drei Spulen a, b, c, zu der Gesamt-EMK d addieren.

Bei den heutzutage gebauten Stromerzeugern liegen nun allerdings die Wicklungen nicht mehr auf der Ankeroberfläche, sondern nach Bild 11 b in Nuten. Um nicht zu viel Nuten und damit verhältnismäßig schwache Ankerzähne mit verschiedenen Nachteilen zu bekommen, faßt man nicht nur wie in Bild 11 b je einen Hin- und Rückleiter in einer Nute zusammen, sondern meist mehrere (vgl. Bild 14 u. 17, Seiten 31 u. 34), und zwar so, daß die Hinleiter oben, die Rückleiter unten in der Nut liegen und die nebeneinander liegenden Leiter auch zu nebeneinander liegenden Stromwenderstegen geführt werden. Bei Bild 11 b ergibt sich natürlich dasselbe Stromlaufbild wie bei 11 a. Dreht sich der Anker aus der gezeichneten Stellung um 30° weiter, so liegen die Bürsten gerade auf dem Schlitz zwischen zwei Stromwenderstegen, schließen also die an diese angeschlossenen Spulen kurz. Das Stromverlaufbild erhält dann die Form

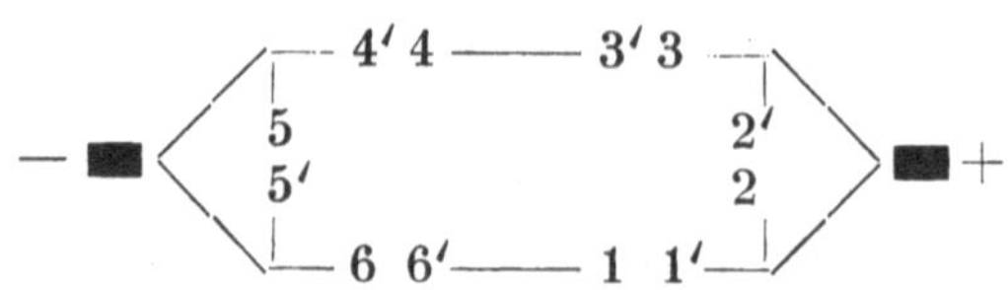

Man sieht, daß die Bürsten richtig liegen, denn die kurzgeschlossenen Spulen laufen gerade in der neutralen Zone.

In der gleichen Art wie hier der Anker einer zweipoligen Maschine bewickelt wurde, kann auch der Anker einer vier- oder mehrpoligen Maschine bewickelt werden. Ist in Bild 12 der Leiter 1 ein Hinleiter unter einem Nordpol, so muß als Rückleiter ein ähnlich liegender Leiter unter einem Südpol genommen werden. Im Beispiel ist der Leiter 1′ unter dem rechten Südpol gewählt. Sein Ende wird wie beim Beispiel Bild 11 zusammen

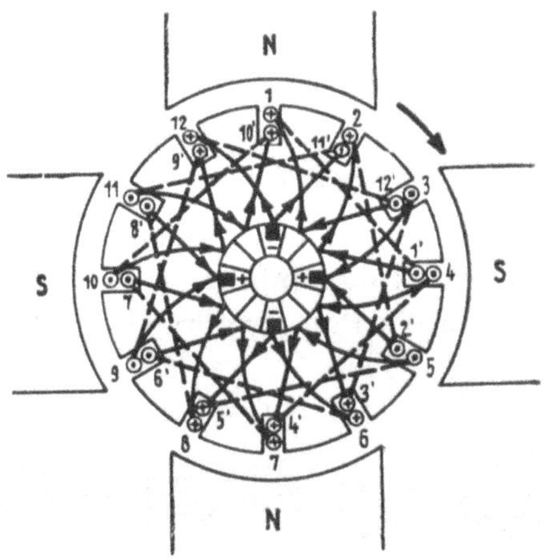

Bild 12. Grundsätzlicher Aufbau einer vierpoligen Gleichstrommaschine mit 12 Ankerspulen. Schleifenwicklung

mit dem Anfang der Spule 2 an einen geeignet liegenden Stromwendersteg angeschlossen. Der Hinleiter der Spule 2 liegt wieder neben dem Leiter 1 unter dem ersten Nordpol. Der zweite Teilschritt 1′—2 geht also gegenüber dem ersten Teilschritt 1—1′ nach rückwärts. In dieser Weise wird der Anker am Umfang fortschreitend bewickelt. Die Lage der Bürsten läßt sich nach dem zu Bild 11 Gesagten leicht ermitteln. Es ergibt sich dann folgender Stromverlauf:

— ■ < 11′ 11 — 10′ 10 — 9′ 9 — > ■ +

— ■ < 12 12′— 1 1′— 2 2′ > ■ +

— ■ < 5′ 5 — 4′ 4 — 3′ 3 > ■ +

— ■ < 6 6′— 7 7′— 8 8′ — > ■ +

Hat sich der Anker um 15° weitergedreht, so werden durch die Bürsten 4 Spulen, die gerade in den neutralen Zonen laufen, kurzgeschlossen. Der Stromverlauf ist dann folgender:

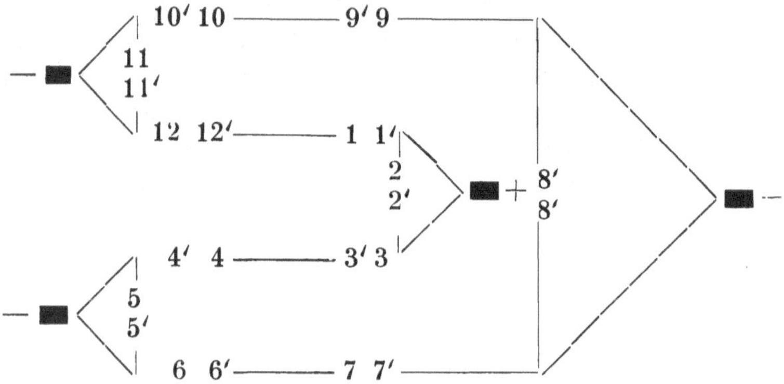

Einen näheren Einblick in den Aufbau der Wicklung gewährt Bild 13 a, in dem der Ankerumfang in die Ebene abgerollt zu denken ist. Es ist nur ein Polpaar dargestellt. Aus der schleifen-

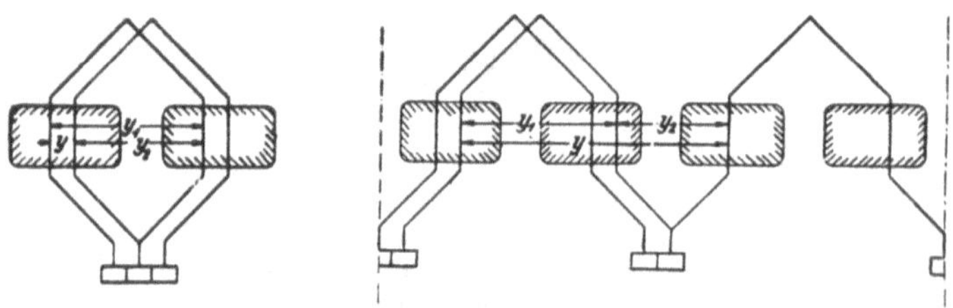

a) b)

Bild 13. Grundsätzlicher Aufbau von Ankerwicklungen

a) Schleifenwicklung b) Wellenwicklung

y = Wickelschritt, y_1 = erster Teilschritt, y_2 = zweiter Teilschritt

artigen Gestalt der Wicklungselemente entstand die Bezeichnung „Schleifenwicklung“ für diese Wicklungsart. Man sieht, wie nach dem ersten Teilschritt y_1 der zweite Teilschritt y_2 nach rückwärts geht, so daß sich der Wickelschritt $y = y_1 - y_2$ ergibt. Dieser Schritt wird bei der Schleifenwicklung in der Regel gleich 1 gewählt, so daß in einem Umgang sämtliche Nuten und entsprechend die Stromwenderstege belegt sind. Die Wicklung wird demgemäß eingängig genannt. Ist p die Zahl der Polpaare und 2 a die Zahl der Ankerstromzweige, so wird $a = p$ für $y = 1$. Man erhält also ebensoviele parallele Stromzweige auf dem Anker wie Pole und nennt daher diese Wicklung auch

P a r a l l e l w i c k l u n g. Wie man leicht einsieht, erfordert sie a = p Bürstenpaare.

Es bleibt noch etwas zu der Wahl von y_2 zu bemerken. Dieser Schritt soll so bemessen werden, daß der Stromwendersteg, an den das Spulenende gelegt wird, dem Steg des Spulenanfangs benachbart ist. Damit hat man noch die Wahl zwischen den links und rechts vom Anfang liegenden Stegen, d. h. man kann $y_2 = y_1 \pm 1$ nehmen. Bei $y_2 = y_1 + 1$ kreuzt das Spulenende den Anfang; es ergibt sich eine g e k r e u z t e Wicklung. Bei $y_2 = y_1 - 1$ dagegen erhält man eine u n g e k r e u z t e Wicklung wie in den Bildern 11, 12, 13 und 14. Wie später in Abschnitt 2 h (Seite 60)

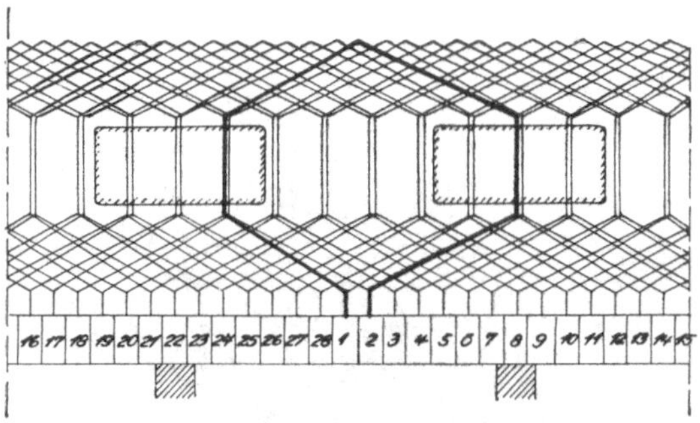

Bild 14. Schleifenwicklung einer zweipoligen Lichtmaschine
Nutzahl N = 14; Nutschritt y_N = 6; Wickelschritt y = 1;
Zahl der Stromwenderstege k = 28

noch gezeigt wird, ist es wichtig, für die räumliche Stellung der Bürsten in Verbindung mit der Drehrichtung der Maschine zu wissen, ob eine gekreuzte oder eine ungekreuzte Wicklung vorliegt.

Man verwendet Schleifenwicklungen bei allen zweipoligen Lichtmaschinen und bei mehrpoligen Lichtmaschinen dort, wo man bei Stabwicklung mit 2 Leitern je Nut wegen des großen Stromes noch zur Parallelschaltung gezwungen ist. Bei normalen Fahrzeuglichtmaschinen kommt dieser Fall kaum vor. Bild 14 zeigt das vollständige Schema einer zweipoligen Schleifenwicklung für eine normale 130 W Lichtmaschine.

Bei der v i e r - u n d m e h r p o l i g e n M a s c h i n e ist eine zweite Wicklungsart möglich. Legt man nach Bild 15 den Anfang der Spule 2 nicht wie in Bild 12 unter den Pol des Spulenanfangs 1, sondern unter den folgenden gleichnamigen Pol, macht man also den zweiten Teilschritt nach vorwärts, so entsteht eine Wicklung, die, wie die Abrollung in Bild 13b zeigt, ein wellenartiges Aussehen hat und deshalb auch Wellenwicklung genannt wird. Der Wickelschritt ist $y = y_1 + y_2$ Wählt man diese Größen so, daß man wie in Bild 15 nach einem Umgang an die dem Ausgangspunkt benachbarte Stelle kommt, so ist die Wicklung eingängig. Man verwendet diese Wicklungsart fast stets bei vier- oder mehrpoligen Lichtmaschinen. Wie eine einfache Überlegung zeigt, geht die Wellenwicklung bei zwei Polen in die Schleifenwicklung über.

Bei der eingängigen Wellenwicklung sind zwei Ankerzweige parallel geschaltet; es ist also a = 1. Man kommt daher auch mit

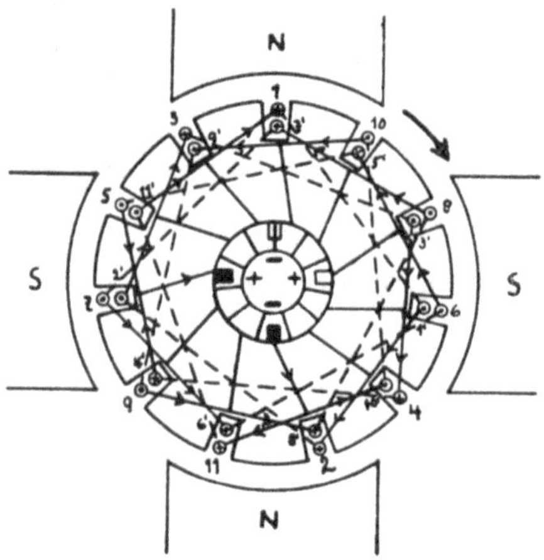

Bild 15. Grundsätzlicher Aufbau einer vierpoligen Gleichstrommaschine mit 11 Ankerspulen. Wellenwicklung

2 Bürsten aus, falls dies mit Rücksicht auf die Stromstärke zulässig oder zweckmäßig ist. Sieht man demgemäß nur die beiden in Bild 15 schwarz ausgefüllten Bürsten vor, so ergibt sich der Stromverlauf

11 11′ — 1 1′ — 2 2′ — 3 3′ — 4 4′
— ■ < > ■ +
10′ 10 — 9′ 9 — 8′ 8 — 7′ 7 — 6′ 6 — 5′ 5

Legt man 4 Bürsten auf, die natürlich paarweise verbunden sind, so kommt man zu folgendem Stromlauf:

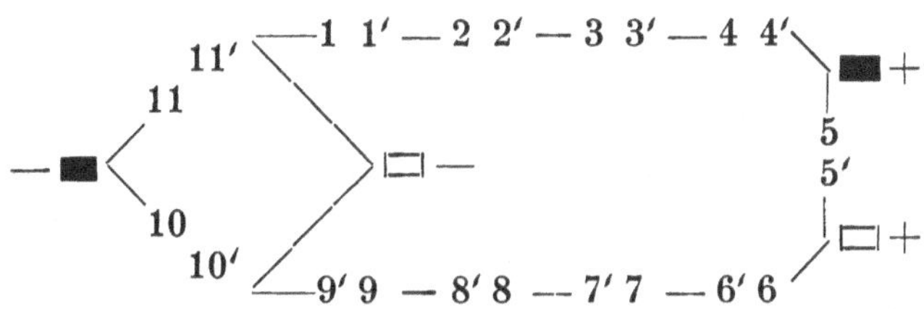

Es bleibt also bei zwei Stromzweigen. In der gezeichneten Stellung schließen die beiden +-Bürsten das Wicklungselement 5—5′ und die zweite —-Bürste die beiden Wicklungselemente 10—10′ und 11—11′ kurz. Diese Elemente liegen dann allerdings vor der ersten — -Bürste, doch wird dadurch die gleichmäßige Stromverteilung auf beide Bürsten kaum beeinflußt, weil der Widerstand der Wicklungselemente im Verhältnis zum Bürstenwiderstand sehr klein ist. Bild 16 zeigt das Schema einer normalen Wellenwicklung mit je 1 Hin- und Rückleiter je Nut, d. h. einem Stromwendersteg je Nut (u = 1).

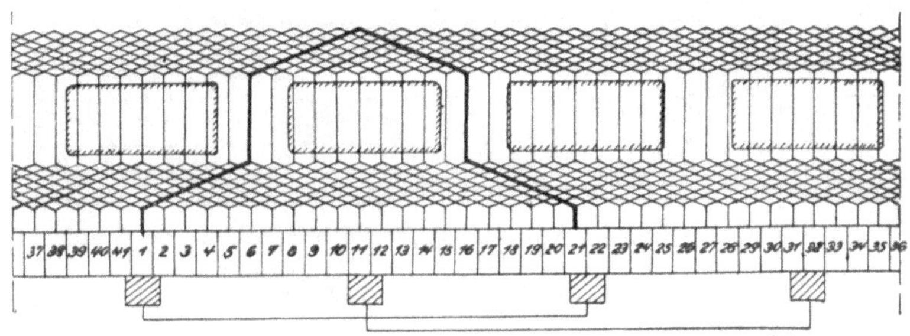

Bild 16. Wellenwicklung einer vierpoligen Lichtmaschine

Nutzahl N = 41; Nutschritt y_N = 10; Wickelschritt y = 20;
Zahl der Stromwenderstege k = 41

Bei der Wellenwicklung ist noch zu beachten, daß sie im Gegensatz zur Schleifenwicklung nicht für jede Stromwenderstegzahl und damit für jede Spulenzahl ausführbar ist. Ist k die Zahl der Stromwenderstege, so ist für die eingängige Wellenwicklung nach der zu Bild 15 gegebenen Erläuterung

$$p \cdot y = k \pm 1; \; y = \frac{k \pm 1}{p} . \tag{4}$$

Hierin gilt das + Zeichen für die gekreuzte, das — Zeichen für die ungekreuzte Wicklung (vgl. Seite 31). Da sowohl y als auch k und p ganze Zahlen sein müssen, kann k nicht beliebig gewählt werden. Für die vierpolige Maschine muß k stets ungerade sein.

Will man nun bei einer solchen Maschine in jeder Nut 4 Spulenseiten (je 2 Hin- und Rückleiter) unterbringen, muß man also je Nut u = 2 Stromwenderstege vorsehen, so muß schließlich für eine Nut 1 Steg fehlen. Hat man z. B. eine Lichtmaschine mit 17 Ankernuten, so müßte bei u = 2 k = 34 sein, wenn der Raum in den Nuten voll ausgenutzt und alle Spulen angeschlossen werden sollten. Die volle Ausfüllung aller Nuten ist vor allem zum Vermeiden von besonderen Maßnahmen für das Auswuchten des Ankers nötig. Mit k = 34 läßt sich aber die Formel (4) nicht erfüllen. Man macht daher k = 33 und schließt eine Wicklungsspule nicht am Stromwender an. Sie heißt deshalb Blindspule oder tote Spule (Bild 17). Will man eine solche tote Spule vermeiden, so kann man k = 35 machen und in einer Nut die

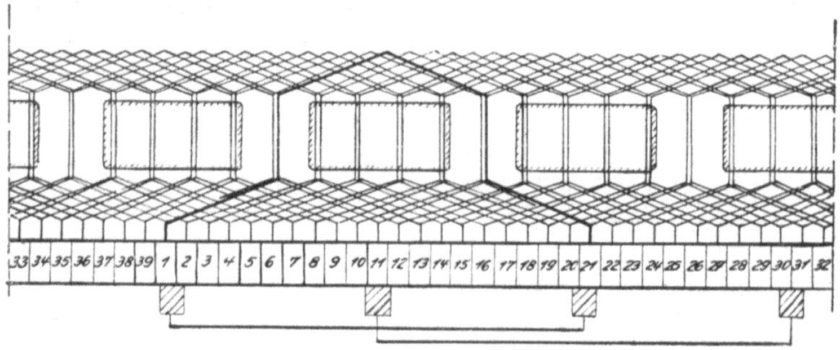

Bild 17. Wellenwicklung einer vierpoligen Lichtmaschine mit Blindspule
Nutzahl N = 20; Nutschritt y_N = 5; Wickelschritt y = 20;
Zahl der Stromwenderstege k = 39

Leiter in 3 Einzelspulen aufteilen. Damit sind dann alle Stromwenderstege belegt und das gesamte Ankerkupfer ist ausgenutzt. Es ist eine Sonderheit der Lichtmaschinen, daß derartige Wicklungen häufig nötig werden.

Über die praktische Ausführung der Ankerwicklungen als Stabwicklung, Schablonen- oder Maschinenwicklung wird im Abschnitt über den konstruktiven Aufbau der Lichtmaschinen noch eingehend gesprochen (Seite 73 ff.).

b) Schaltung der Gleichstrommaschine und deren Kennlinien

Je nachdem die Erregerwicklung zum Anker geschaltet wird, sind im wesentlichen vier Maschinenbauarten möglich, die bezüglich ihrer Strom-Spannungscharakteristik große Unterschiede aufweisen. Legt man die Erregerwicklung parallel zum Anker, so erhält man den Nebenschlußgenerator (Bild 18b), bei Reihenschaltung von Anker und Feldwicklung den Reihenschlußgenerator (auch Hauptstromgenerator genannt) (Bild 18c) und bei Vereinigung von beiden Schaltungen den Verbundgenerator (Bild 18d). Als vierte Hauptbauart kommt noch die fremderregte Maschine (Bild 18a) hinzu, zu welcher auch die mit permanenten Magneten ausgerüstete Maschine zu zählen ist.

Die charakteristischen Strom-Spannungs-Kennlinien dieser vier Maschinengattungen sind ebenfalls in Bild 18 dargestellt.

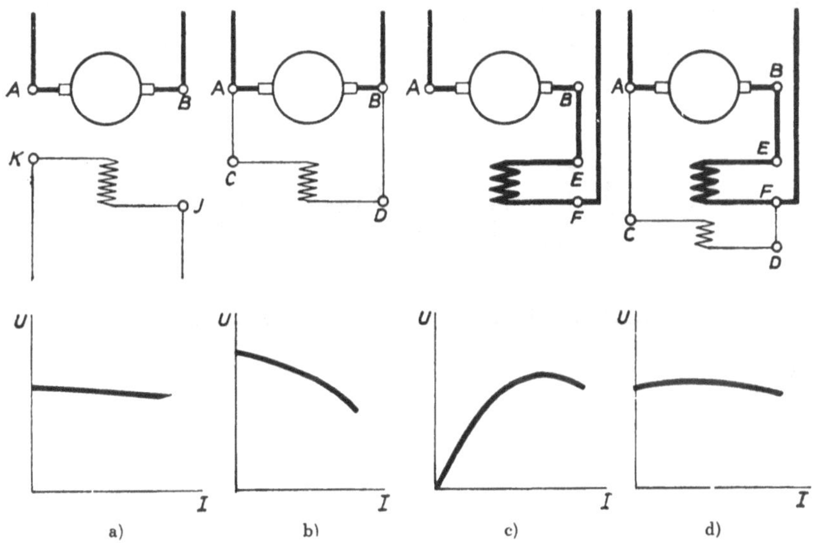

Bild 18. Schaltung der Gleichstrommaschine und deren charakteristische Strom-Spannungskennlinien

a) Fremderregte Maschine c) Reihenschlußmaschine
b) Nebenschlußmaschine d) Verbundmaschine

Bei der fremderregten Maschine bleibt das Magnetfeld stets gleich und unabhängig von der Ankerspannung. Unter dem Einfluß des Spannungsabfalls im Anker und des Spannungsverlustes durch die Feldverzerrung bei Belastung (vgl. Seite 52), erhält man eine mit zunehmendem Strom leicht abfallende Spannung (Bild 18a). Beim Nebenschlußgenerator fällt die Spannung steiler ab, da mit der abfallenden Spannung zugleich der Erregerstrom und somit das Magnetfeld schwächer wird

(Bild 18 b). Beim Reihenschlußgenerator steigt die Spannung von Null anfangend mit dem Belastungsstrom an, da Erregerstrom und Belastungsstrom derselbe ist. Im Bereich der Sättigung fällt die Spannung unter dem Einfluß der Spannungsabfälle wieder ab (Bild 18 c). Beim Verbundgenerator können die Wicklungen so bemessen werden, daß eine von der Belastung genügend unabhängige Spannung der Maschine entnommen werden kann (Bild 18 d). Alle diese Betrachtungen gelten für gleichbleibende Maschinendrehzahl. Diese Voraussetzung ist jedoch für die in Fahrzeugen eingebaute Lichtmaschine nicht gegeben, so daß sich die Spannung der Maschine auch mit der veränderlichen Drehzahl ändern würde. Es ist deshalb eine Regelung der Maschinenspannung erforderlich, worüber ausführlich im

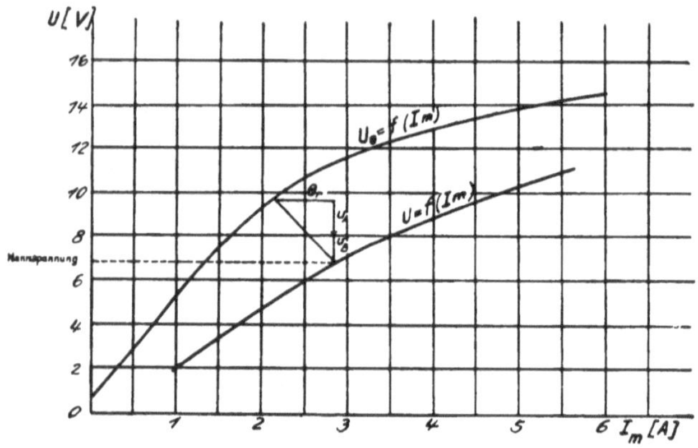

Bild 19. Magnetisierungskennlinien einer Nebenschlußmaschine im Leerlauf und bei Belastung

U_A = Spannungsabfall im Anker, hervorgerufen durch den Ankerstrom
U_B = erforderliche Mehrerregung infolge Ankerrückwirkung
Θ_r = Spannungsabfall unter den Bürsten

Abschnitt III des Buches berichtet wird. Für diese Regelung eignet sich die Nebenschlußmaschine am besten, und es kommen für die Lichtmaschinen in der Hauptsache reine Nebenschlußmaschinen in Frage. Deshalb wird im Folgenden auf die Kennlinien dieser Maschinen bei den verschiedenen Betriebszuständen näher eingegangen. Es werden im Verlauf des Buches die Verhältnisse an dem praktischen Fall einer 130 W Lichtmaschine für 6 V mit einer Nenn-Drehzahl von 2000 U/m betrachtet und an den für diese geltenden Kennlinien erläutert.

Zunächst wird die in Bild 18 b dargestellte Spannungs-Strom-Kennlinie, die sogenannte äußere Charakteristik der Maschine näher betrachtet. Zum vollen Verständnis ist noch eine zweite Kennlinie, die sogenannte Magnetisierungskurve erforderlich. Wird ein Gleichstromgenerator mit gleichbleibender Drehzahl angetrieben und die Feldwicklung fremd erregt, so steigt die Klemmenspannung am Anker mit zunehmendem Erregerstrom nach einer Kurve, die einen ähnlichen Charakter hat wie die Magnetisierungskurve, die auf Seite 20 bei der Magnetisierung eines Eisenstabes beschrieben wurde. Man nennt sie auch Leerlaufcharakteristik der Maschine (Kurve $U_0 = f(I_m)$ in Bild 19). Wird nun der Anker mit einem gleichbleibenden Strom belastet, so ist unter sonst gleichen Verhältnissen die

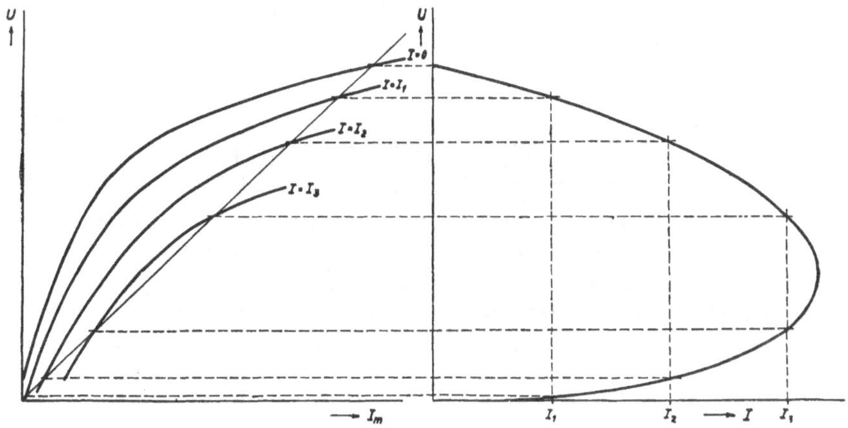

Bild 20. Ableitung der äußeren Kennlinie eines Nebenschlußgenerators aus den Magnetisierungskennlinien

Klemmenspannung geringer, und zwar unter zwei Einflüssen. Der Strom bewirkt einen Spannungsverlust U_A in der Ankerwicklung und U_B unter den Bürsten, der von der Leerlauf-Spannung abgezogen werden muß. Außerdem ist wegen der Rückwirkung des Ankerfeldes auf das Erregerfeld eine Mehrerregung Θ_r bei Belastung notwendig (vgl. Seite 52). Diese beiden Faktoren sind in Bild 19 eingetragen; man erhält mit der Kurve $U = f(I_m)$ die Kennlinie bei gleichbleibendem Belastungsstrom. Man kann diese Kennlinien nun für verschiedene Belastungsströme aufnehmen und erhält dann eine Kurvenschar, aus der die Spannungskennlinie als Funktion des

Belastungsstromes (äußere Charakteristik) wie folgt abgeleitet werden kann. Zeichnet man in Bild 20 die Widerstandsgerade des Erregerkreises $U = I_m \cdot R_m$, (R_m= Widerstand des Erregerstromkreises), so geben die Schnittpunkte mit den Span-

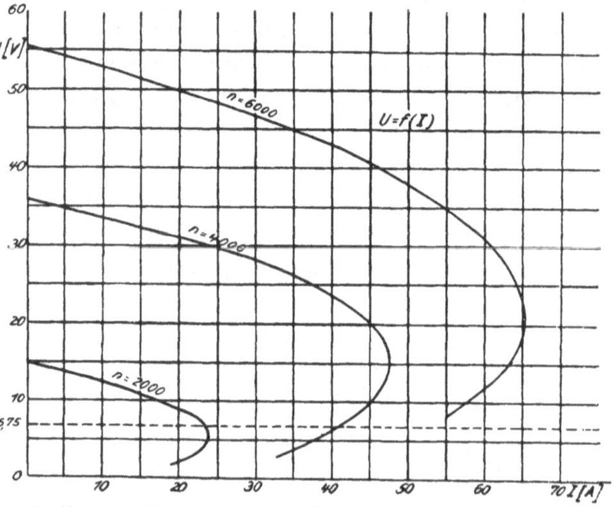

Bild 21. Äußere Kennlinie eines Nebenschlußgenerators (130 W-Lichtmaschine) bei verschiedenen Drehzahlen

nungskennlinien die Betriebsspannungswerte, die sich mit dieser Erregerwicklung einstellen. Man erkennt, daß für jeden Belastungsstrom zwei Spannungswerte möglich sind und ferner,

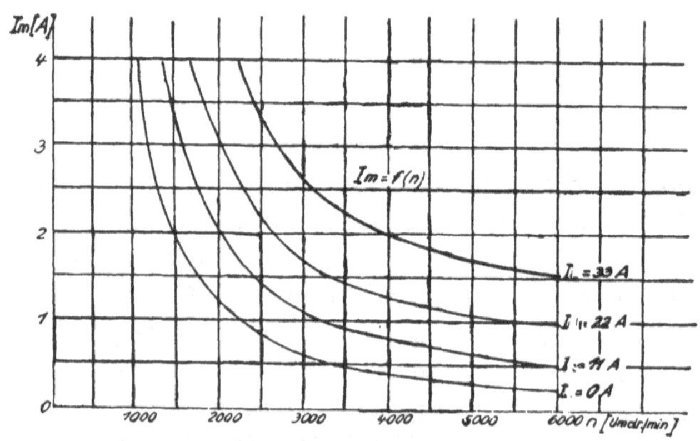

Bild 22. Verlauf des Erregerstromes bei gleichbleibender Spannung in Abhängigkeit von der Drehzahl bei verschiedenen Belastungen einer 130 W-Lichtmaschine

daß über einen bestimmten Ankerstrom kein Schnittpunkt mehr möglich ist. Es ist dies der Punkt, in dem die Spannungskennlinie der äußeren Charakteristik jäh abfällt und ihre Richtung umkehrt. Diese Betrachtungen gelten für eine gleichbleibende Antriebsdrehzahl der Maschine. Mit höherer Drehzahl wird auch die Spannung größer, und zwar — gleiches Feld vorausgesetzt — steigt die EMK proportional mit der Drehzahl. Die äußeren Kennlinien des Gleichstrom-Nebenschlußgenerators bei verschiedenen Drehzahlen sind in Bild 21 dargestellt, und zwar

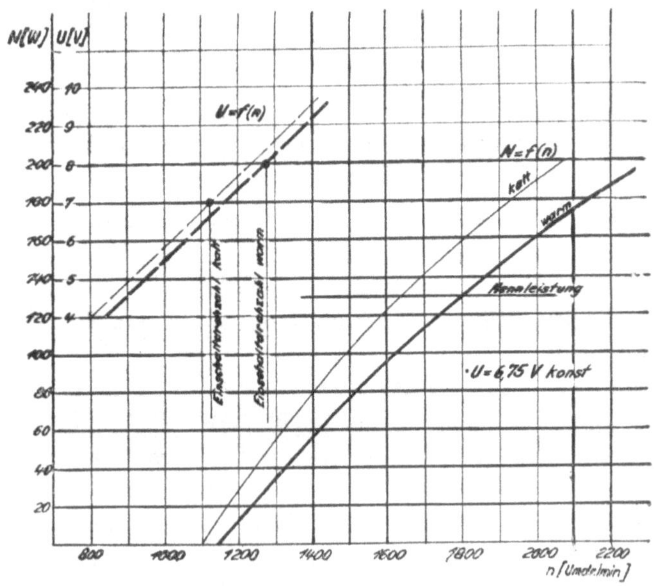

Bild 23. Leistungslinien einer 130 W-Lichtmaschine

unten: Leistung N = f (n) in Abhängigkeit von der Drehzahl bei gleichbleibender Klemmenspannung und bei kalter und warmer Maschine
oben: Leerlaufspannung U = f (n) in Abhängigkeit von der Drehzahl bei kalter und warmer Maschine

wieder an dem Beispiel einer 130 W-Lichtmaschine. Nach diesen Kurven ist die größte Spannung bei höchster Drehzahl n = 6000 und ohne Belastung U = 56 Volt; bei kleinster Drehzahl n = 2000 und normaler Belastung mit 22 A ist die Spannung U = 8 Volt. Diese Kennlinien zeigen also deutlich die Notwendigkeit einer Regelung. Diese geschieht dadurch, daß der Erregerstrom mit steigender Drehzahl verringert wird. Die Kurven in Bild 22 zeigen den Verlauf des Erregerstromes in Abhängigkeit von der Antriebsdrehzahl für gleichbleibende Klemmenspannung bei verschiedener Belastung der Maschine.

Für die praktische Beurteilung der Lichtmaschine wählt man eine andere Darstellung der Kennlinie, und zwar die sogenannte Leistungslinie Bild 23. Bei dieser ist die Klemmenspannung als gleichbleibend vorausgesetzt; sie zeigt den Verlauf der Leistung N in Abhängigkeit von der Drehzahl bei voller Selbsterregung. Es ist üblich, diese Leistungslinien für kalte und warme Maschinen aufzunehmen. In diese Kurven wird auch die Klemmenspannung U bei Leerlauf in Abhängigkeit von der Drehzahl eingezeichnet, um auf diese Weise zugleich die Einschaltdrehzahl der Lichtmaschine, d. i. die Drehzahl, bei welcher die Lichtmaschine mit der Batterie verbunden wird, zu kennen.

c) Zusammenhang zwischen Aufbau und Abmessungen der Maschine und erzeugter EMK und Leistung

Die im Anker einer Gleichstrommaschine induzierte Leistung ist

$$N_i = E \cdot I \ [W] \qquad (5)$$

worin E die induzierte EMK und I der im Anker fließende Gesamtstrom ist.

In dem auf Seite 21 angeführten Induktionsgesetz

$$E = B \cdot l \cdot v \cdot 10^{-8} \ [V]$$

ist nun $l \cdot v$ die durch den induzierten Leiter von der Länge l in einer Sekunde bestrichene, von Induktionslinien mit der Dichte B durchsetzte Fläche und somit $E = B \cdot l \cdot v$ die Zahl der von dem Leiter in einer Sekunde geschnittenen Induktionslinien. Der Faktor 10^{-8} dient lediglich zur Überführung aus CGS-Einheiten in Volt.

In der Maschine ist Φ die Zahl der Induktionslinien je Polpaar. Jeder Ankerleiter schneidet diese Linien bei einer Ankerumdrehung zweimal. Bei n_s Umdrehungen in der Sekunde und einem Polpaar wird daher die mittlere EMK im Anker

$$E = 2 \cdot \Phi \cdot n_s \cdot 10^{-8} \ [V].$$

Bei p Polpaaren wird die induzierte EMK p mal, bei z Ankerleitern z mal größer. Da diese z Leiter aber in 2 a Ankerzweigen parallel geschaltet sind, wird die EMK 2 a mal kleiner, so daß die Gleichung die Form

$$E = \frac{2 \cdot \Phi \cdot n_s \cdot p \cdot z}{2a} \cdot 10^{-8} \ [V]$$

annimmt.

Setzt man statt der Umlaufzahl je Sekunde die Umlaufzahl je Minute ein, so ergibt sich die bekannte Formel für die EMK einer Gleichstrommaschine

$$E = \frac{p \cdot \Phi \cdot n \cdot z}{a \cdot 60} \cdot 10^{-8} \text{ [V]} \tag{6}$$

Der Induktionsfluß eines Polpaares ist nach Glchg. (1)

$$\Phi = B \cdot q.$$

Hierin ist B die Induktion und q die vom Induktionsfluß durchsetzte Fläche im Luftspalt der Maschine. Diese Fläche ist praktisch die vom Pol wirksam bedeckte Fläche auf dem Anker, d. h. gleich dem Produkt aus der sog. ideellen Ankereisenlänge l_i und der Breite des Polbogens. Diese ergibt sich bei einem Ankerdurchmesser D aus dem auf jeden Pol entfallenden Teil des Ankerumfanges $\tau = \frac{D \cdot \pi}{2\,p}$, der Polteilung, durch Multiplikation mit dem Polbedeckungsfaktor α, so daß also

$$q = \alpha \frac{D \cdot \pi}{2\,p} \cdot l_i$$

und damit

$$\Phi = B \cdot \alpha \cdot \frac{D \cdot \pi}{2\,p} \cdot l_i \tag{7}$$

wird.

Mit diesem Ausdruck für Φ nimmt Glchg. (6) folgende Gestalt an

$$E = \frac{p}{a} \cdot \frac{B \cdot \alpha \cdot D \cdot \pi \cdot l_i \cdot n \cdot z}{2 \cdot p \cdot 60} \cdot 10^{-8} \text{ [V]} \tag{8}$$

In Glchg. (5) wird I noch durch den Strombelag A des Ankers ausgedrückt, d. h. durch die Zahl der Amperestäbe je cm Ankerumfang als Kennzeichen für die elektrische Belastung des Ankers. Es ist

$$A = \frac{I \cdot \frac{z}{2\,a}}{D \cdot \pi}$$

und daraus

$$I = A \cdot \frac{D \cdot \pi}{\frac{z}{2\,a}} = A \cdot \frac{D \cdot \pi \cdot 2\,a}{z}. \tag{9}$$

Mit Glchg. (8) und (9) ergibt sich dann aus (5) die induzierte Maschinenleistung

$$N_i = \frac{p}{a} \cdot \frac{B \cdot \alpha \cdot D \cdot \pi \cdot l_i \cdot n \cdot z}{2p \cdot 60} \cdot A \cdot \frac{D \cdot \pi \cdot 2 \cdot a}{z} \cdot 10^{-8} \text{ [W]}$$

und nach den üblichen Umformungen

$$N_i = \frac{\pi^2}{60} \cdot \alpha \cdot A \cdot B \cdot D^2 \cdot l_i \cdot n \cdot 10^{-8} \text{ [W]}. \qquad (10)$$

Diese Gleichung besagt, daß die induzierte Leistung der Gleichstrommaschine abhängig ist von der elektrischen Beanspruchung A des Ankerkupfers und der magnetischen Beanspruchung B des Eisens einerseits sowie von den Abmessungen der Maschine $D^2 \cdot l_i$ und der Drehzahl andrerseits. Aufgabe des Konstrukteurs ist es, diese Faktoren in ein den vorliegenden Bedingungen entsprechendes Verhältnis zu bringen. Bei der Kraftfahrzeuglichtmaschine ist das besonders schwierig, denn ihre Drehzahl muß dem Drehzahlbereich des Fahrzeugmotors angepaßt sein, und bei der Wahl der anderen Faktoren ist man durch die Größen-, Einbau- und Kühlungsverhältnisse und nicht zuletzt durch die Forderung einer wirtschaftlichen Fertigung stark eingeengt. Diese Fragen werden an passender Stelle weiter behandelt.

Aus der Glchg. (6) ergibt sich noch die wichtige Folgerung, daß die induzierte EMK und damit natürlich auch die induzierte Leistung unter anderem abhängig vom Gesamtfluß $p \cdot \Phi$ ist. Es ist also, wie schon auf Seite 25 kurz erwähnt wurde, grundsätzlich gleichgültig, ob der Gesamtfluß von einem oder von mehreren Polpaaren erzeugt wird. Die mehrpolige Maschine stellt gewissermaßen dem Ankerumfang entlang eine Wiederholung der zweipoligen dar, allerdings mit einer der Polzahl entsprechend geänderten Polteilung von beispielsweise $90^0 = \left(\frac{\pi}{2}\right)$ bei der vierpoligen Maschine.

Wie die Ausführungen auf Seite 29 ff. gezeigt haben, ist bei der mehrpoligen Maschine die Weite der Ankerspule nicht mehr ungefähr gleich dem Ankerdurchmesser wie bei der zweipoligen, sondern ungefähr gleich der Polteilung. Daher ist wegen der kleineren Spulenweite die mittlere Windungslänge der einzelnen Ankerspule und damit das Gewicht der ganzen Spule geringer.

Da ferner der magnetische Fluß auf mehrere Pole verteilt ist (Bild 24), kann der Querschnitt des als Joch dienenden Gehäuses und der des Ankerkernes kleiner gewählt und damit an Gewicht und Raum gespart werden.

Die Unterteilung der Pole führt auch zu einer Verkleinerung der mittleren Windungslänge der Erregerwicklung, bedingt aber nur unter bestimmten Umständen eine Verminderung des gesamten Erregerkupfers, da die Zahl der Erregerspulen mit der Polzahl wächst und bei gleichem Luftspalt zur Überwindung des magnetischen Widerstandes im Eisen und hauptsächlich im Luftspalt von jedem Pol dieselbe magnetomotorische Kraft aufzu-

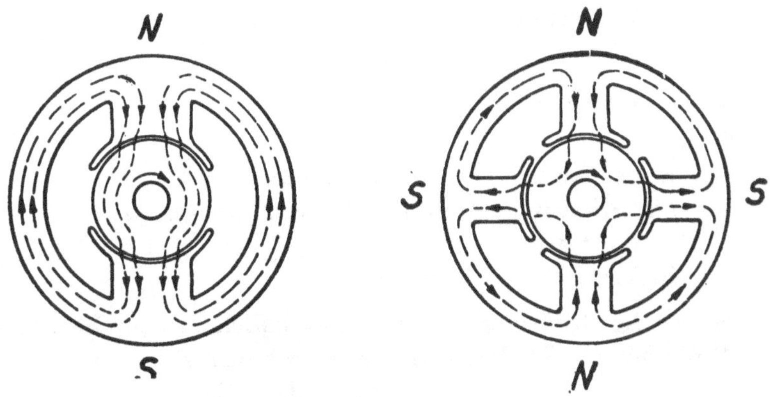

Bild 24. Erregerfluß in einer zweipoligen und einer vierpoligen Lichtmaschine

bringen ist wie bei der zweipoligen Maschine. Innerhalb gewisser Grenzen werden mit zunehmender Polzahl die Kosten für Baustoffe geringer, die Kosten für Bearbeitung dagegen größer, weil mehr Einzelteile herzustellen sind. Der Hauptvorteil der größeren Polzahl liegt neben der Gewichtsverminderung in der kleineren Ankerrückwirkung und Feldverzerrung und den dadurch bedingten günstigeren Verhältnissen für die Stromwendung (vgl. Seite 51 ff.). Andrerseits ist aber zu beachten, daß bei größerer Polzahl die Pollücke zwischen zwei aufeinander folgenden Polen kleiner ausfällt und daher ein allmählicher Verlauf des magnetischen Feldes in der neutralen Zone, wie er für gute Stromwendung anzustreben ist, schwerer erreicht wird. Die Einstellung der Bürsten wird dann hinsichtlich funkenfreien Laufs empfindlicher.

d) Verluste, Wirkungsgrad, Antriebsleistung

Beim Betrieb einer elektrischen Maschine treten Verluste auf, die in drei Klassen eingeteilt werden können:

Stromwärmeverluste,
Eisenverluste,
Mechanische Verluste.

Die **Stromwärmeverluste,** auch Kupfer- oder ohmsche Verluste genannt, entstehen, wenn ein Leiter vom Strom durchflossen wird. Der Spannungsabfall — in einer Wicklung beispielsweise — ist

$$u = I \cdot R$$

und die Verlustleistung

$$N_v = u \cdot I \text{ oder } N_v = I^2 \cdot R.$$

Die Kupferverluste nehmen also mit dem Quadrat des Stromes zu.

Stromwärmeverluste treten auf:

in der Anker- und Feldwicklung,
am Stromwender infolge des Spannungsabfalles unter der Bürste,
in Verbindungsleitungen.

Da die Stromwärmeverluste hauptsächlich bei der Belastung der Maschine in Erscheinung treten, werden sie auch Lastverluste genannt, im Gegensatz zu den Eisen- und Reibungsverlusten, die Leerlaufverluste genannt werden, da sie auch beim Leerlauf der Maschine vorhanden sind.

Die **Eisenverluste** entstehen hauptsächlich im Anker und setzen sich zusammen aus:

den Hystereseverlusten und
den Wirbelstromverlusten.

Die Hystereseverluste entstehen durch die bei der Drehung des Ankers eintretende fortlaufende Ummagnetisierung. Die dabei auftretenden Erscheinungen wurden auf Seite 21 schon behandelt. Die Hystereseverluste sind abhängig von der Frequenz der Ummagnetisierung, der Blechsorte, aus welcher der Anker aufgebaut ist und dem Gewicht des Eisens. Sie steigen etwa quadratisch mit der Induktion im Eisen.

Die Wirbelstromverluste entstehen durch die Drehung des Eisenkörpers im Magnetfeld. Es wird dabei im Eisen wie in einem Ankerleiter eine EMK induziert, die senkrecht zur Induktion und senkrecht zur Bewegungsrichtung, also in Längsrichtung des Ankers wirkt und recht starke sogen. Wirbelströme hervorrufen kann, wenn diese sich in geschlossenen Metallmassen auswirken können. Die Wirbelstromverluste nehmen mit der Induktion, der Frequenz und der Blechdicke quadratisch zu. Durch Vergrößerung des Widerstandes des Eisenweges, der sich den Wirbelströmen bietet, kann man die Verluste herabsetzen. Man unterteilt deshalb den Ankerkörper in der Längsrichtung in dünne Bleche, die durch Papier, Lack oder eine Oxydschicht elektrisch gegeneinander isoliert sind. Ferner kann man die elektrische Leitfähigkeit des Eisens durch Legierung mit Silizium herabsetzen, ohne dadurch die magnetischen Eigenschaften nennenswert zu verschlechtern.

Man kennzeichnet die im Elektromaschinenbau verwendeten Eisenbleche durch ihre Verlustziffer, das ist der in Watt ausgedrückte Gesamtverlust für 1 kg Eisen bei einer Wechselfrequenz des Induktionsflusses von 50 Hz und einer Induktion von 10000 Gauß. Es werden vier verschiedene Blechsorten unterschieden, die bei 0,5 mm Dicke folgende Verlustziffern aufweisen:

Normales Dynamoblech	3,6 W/kg
Schwach legiertes Dynamoblech	3,0 „
Mittelstarklegiertes Dynamoblech	2,3 „
Hochlegiertes Dynamoblech	1,7 „

Außer im Ankereisen entstehen, herrührend von dem im Nutenraum vorhandenen magnetischen Feld, auch in den Kupferleitern des Ankers Wirbelstromverluste, die, obwohl sie im Kupfer auftreten, ebenfalls zu den Eisenverlusten gezählt werden. Die Größe dieser Wirbelstromverluste hängt von dem Querschnitt und der Form der Ankerleiter sowie von der Änderung der Feldstärke im Nutenraum ab.

Als weitere Eisenverluste sind außer den im umlaufenden Anker auftretenden, auch noch Verluste in der Polschuhoberfläche zu verzeichnen. Diese rühren von Induktionsschwankungen her, die durch die Ankernutung hervorgerufen werden. Aus diesem Grunde werden bei größeren Maschinen auch die Polschuhe, ähnlich wie der Anker, aus Blechen zusammengesetzt, wobei jedoch besonders darauf geachtet werden muß, daß die Polschuhinnenfläche nicht bearbeitet wird, da durch den dabei entstehenden Grat die Wirkung der Blätterung praktisch aufgehoben würde.

In Bild 25 sind die Eisenverluste einer 130 W-Lichtmaschine bei verschiedenen Drehzahlen in Abhängigkeit vom Erregerstrom dargestellt. Mit steigender Drehzahl nimmt der Erregerstrom gemäß Bild 22 ab, so daß solch hohe Eisenverluste wie in Bild 25 gezeigt in Wirklichkeit nicht auftreten. Die tatsächliche Größe

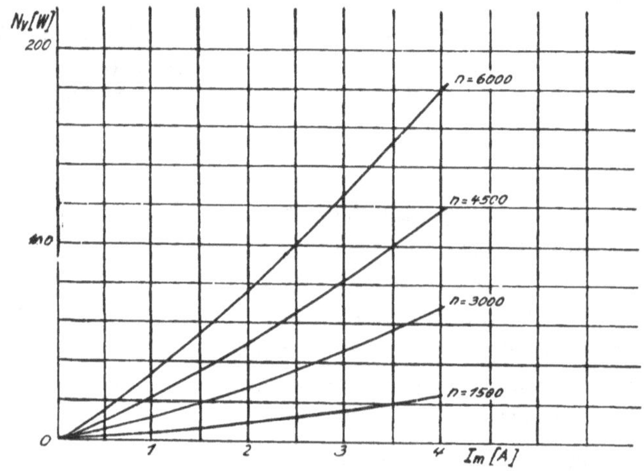

Bild 25. Eisenverluste einer 130 W-Lichtmaschine in Abhängigkeit vom Erregerstrom bei verschiedenen Drehzahlen

der Eisenverluste unter Berücksichtigung des für jede Drehzahl gültigen Erregerstromes kann aus dem Diagramm Bild 26 entnommen werden, bei welchem die gesamten Verluste einer 130 W-Lichtmaschine aufgeteilt sind und zwar für die untere, eine mittlere und die höchste Drehzahl der Maschine.

Die **mechanischen Verluste** entstehen durch Reibung, und zwar:

Lagerreibung,
Bürstenreibung,
Luftreibung (Lüfterverluste).

Die Größe dieser Verluste ist aus dem Bild 27 zu ersehen. Während die Lagerreibung und Luftreibung nicht so sehr ins Gewicht fallen, ist die Bürstenreibung deshalb von Bedeutung, weil die Bürstenreibungsverluste zusammen mit den Stromwärmeverlusten am Stromwender dessen Erwärmung bestimmen.

Die Betrachtungen über die Eisenverluste und die gezeigten Kurven bezogen sich auf den Leerlauf der Maschine,

d. h. auf stromlosen Anker. Wie man später sieht (Seite 51), wird durch den Ankerstrom eine Feldverzerrung hervorgerufen, die stellenweise höhere Induktionen zur Folge hat. Als Folge davon treten bei der Belastung **zusätzliche Verluste** auf, die bei der Gesamtverlust-Berechnung berücksichtigt

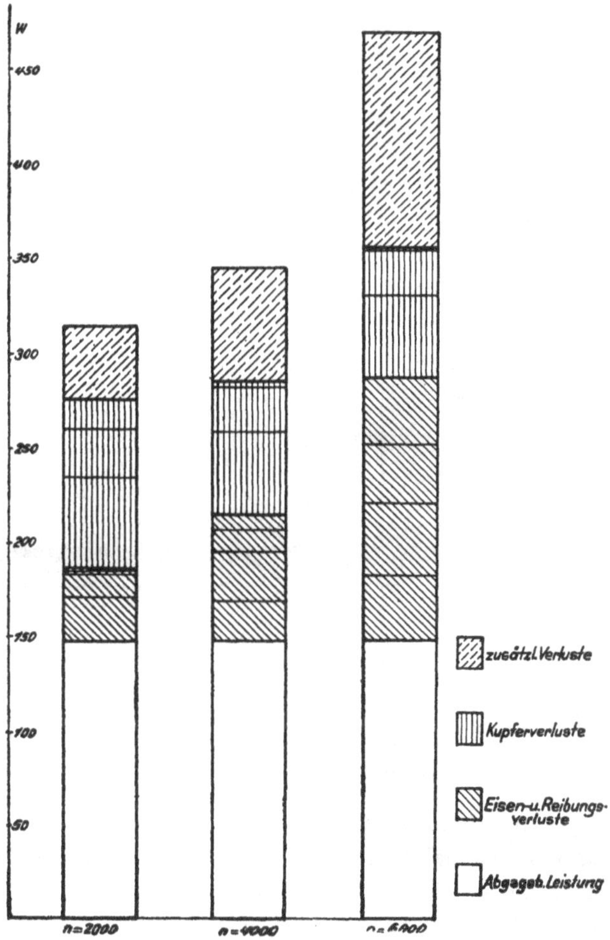

Bild 26. Verlustdiagramm einer 130 W-Lichtmaschine bei verschiedenen Drehzahlen

werden müssen. Dies wirkt sich besonders stark bei hohen Drehzahlen aus, da wegen der Regelung auf gleichbleibende Spannung das Primärfeld schon stark geschwächt ist. Auch am Stromwender treten zusätzliche Verluste infolge der Querströme in den Bürsten auf. Die Größe der gesamten Zusatzverluste läßt sich schlecht vorausberechnen; sie wird daher als ein Erfahrungswert in % der Maschinenleistung angegeben. Sie sind in dem Diagramm Bild 26 als besondere Säule dargestellt.

Bei Kenntnis der Summe aller Verluste (ΣV) kann man den **Wirkungsgrad** η und die **Antriebsleistung** N_1 der Maschine bestimmen.

Es ist
$$N_1 = N + \Sigma V$$
und der Wirkungsgrad
$$\eta = \frac{N}{N_1} = \frac{N}{N + \Sigma V}.$$

Bild 28 zeigt Antriebsleistung und Wirkungsgrad einer 130 W-Lichtmaschine abhängig von der Drehzahl. Der Wirkungsgrad ist

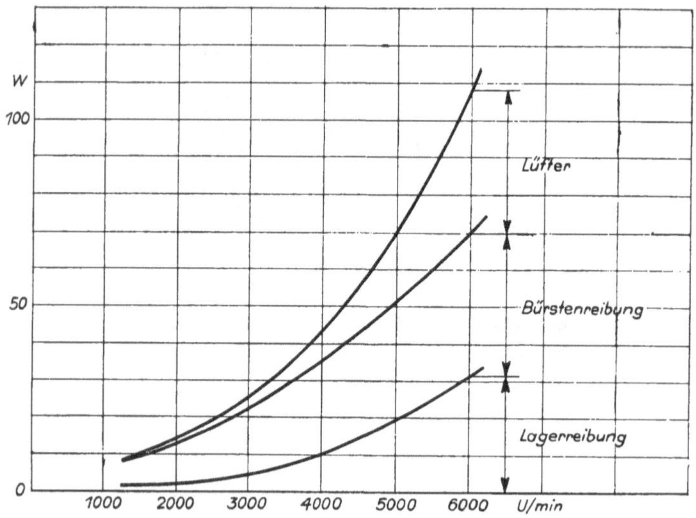

Bild 27. Reibungsverluste einer 130 W-Lichtmaschine

abhängig von der Maschinengröße; er schwankt in der Größenordnung von 0,4 bei kleinen bis 0,8 bei großen Lichtmaschinen bei Vollast. Die Bedeutung des Wirkungsgrades, insbesondere bei den kleinen Maschinen, ist aber gering, denn die für sie beanspruchte Antriebsleistung ist nur klein und z. B. häufig kleiner als die für den Ventilator des Motors beanspruchte, vor allem bei größeren Wagen. Bei einem mittleren Motor hat eine Verschlechterung des Wirkungsgrades der Lichtmaschine um 10% eine Erhöhung des gesamten Kraftstoffverbrauches um bei weitem noch nicht 1% zur Folge. Das ist ein Einfluß, der neben den Auswirkungen der Fahrweise des Fahrers, des Motorzustandes usw. verschwindet. Der Wirkungsgrad ist aber ein Ausdruck für die Verluste in der Lichtmaschine und damit für ihre Erwärmung und Überlastbarkeit. Mit Rücksicht auf die Erwärmung der Maschine ist man bestrebt, einen möglichst guten Wirkungsgrad zu erreichen, doch sind auch hier noch andere Gesichtspunkte, wie rationelle Fertigung und Preis maßgebend, zu

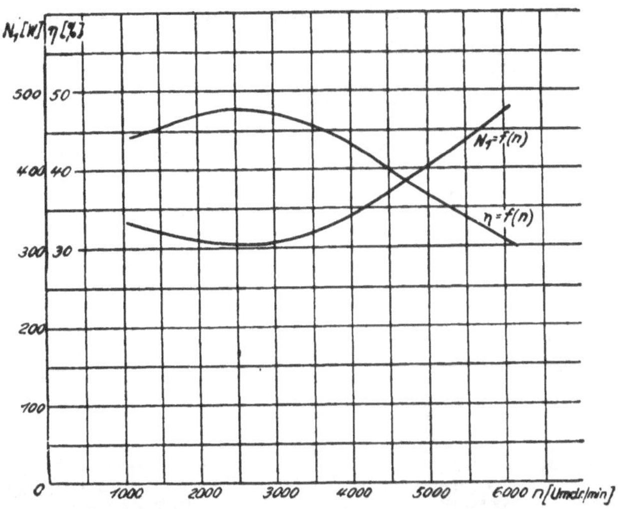

Bild 28. Antriebsleistung und Wirkungsgrad einer Lichtmaschine bei 148 W abgegebener Leistung

deren Gunsten man auf einen günstigsten Wirkungsgrad häufig bewußt verzichtet.

e) Erwärmung

Die gesamten in der Maschine entstehenden Verluste werden in Wärme verwandelt, die sich in einer Temperaturerhöhung der Maschine gegenüber der Umgebung auswirkt. Diese Temperaturerhöhung ist umso größer, je höher die Verluste sind und je kleiner die Wärmeabgabefähigkeit an die Umgebung ist. Für die Wärmeabgabe an die Umgebung kommt in erster Linie die Konvektion, d. h. Wegführen der Wärme durch bewegte Luft in Frage. Die Wärmeabgabe durch Leitung und Strahlung ist gering; beim Anbau in der Nähe des heißen Verbrennungsmotors wird der Lichtmaschine häufig sogar noch Wärme von außen zugeführt, was natürlich durch die

Art des Einbaues verhindert werden soll. Während bei vollkommen geschlossenen Maschinen an der Wärmeabfuhr nur das Gehäuse teilnimmt, sind bei durchlüfteten Maschinen auch das aktive Eisen, die Wicklungen und der Stromwender an der Konvektion beteiligt. Die Konvektion wird ferner dadurch erhöht, daß die Lichtmaschine dem durch die Fahrtgeschwindigkeit des Fahrzeugs erzeugten Luftstrom möglichst allseitig ausgesetzt wird. Eine noch wirksamere Wärmeabfuhr wird durch eine Durch-

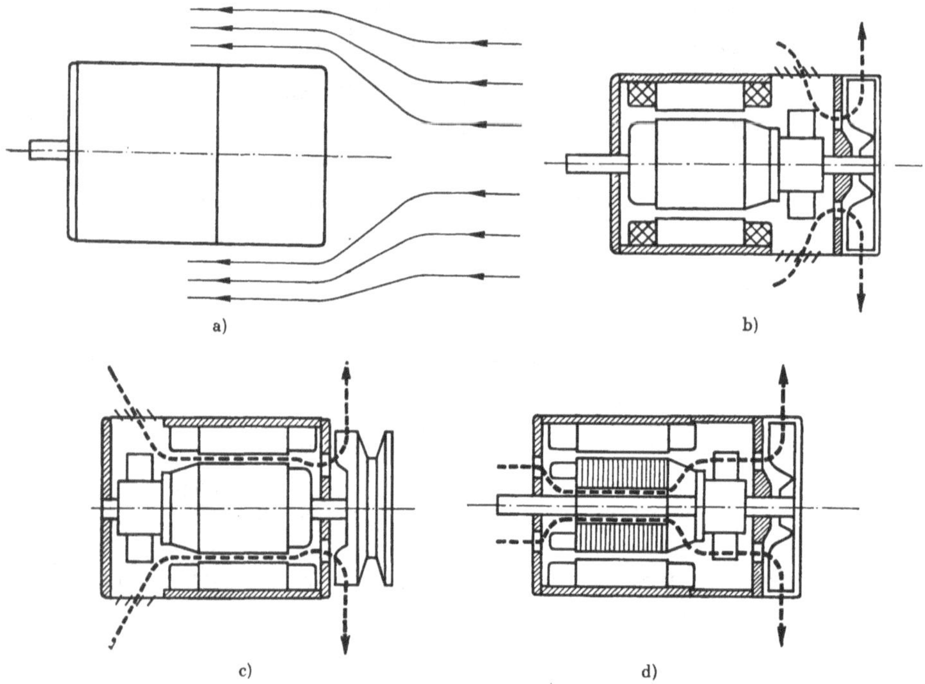

Bild 29. Lüftungsarten von Lichtmaschinen

a) Außenbelüftung b) Stromwenderbelüftung
c) Längsdurchlüftung d) Ankerlängsdurchlüftung

lüftung der Maschine erzielt, wofür sich im Laufe der Zeit besonders die drei nachstehend genannten Bauarten herausgebildet haben:

Stromwenderbelüftung,

Längsdurchlüftung durch den Luftspalt und zwischen den Erregerspulen,

Längsdurchlüftung durch den Anker.

Bild 29 zeigt die verschiedenen Lüftungsarten.

Die Temperaturerhöhung nimmt im Laufe des Betriebes einen Endwert an, der sich als Höchst-Übertemperatur einstellt und der der Gleichung genügt

$$\vartheta_{max} = \frac{Q}{F \cdot H},$$

wobei

Q die in der Zeiteinheit erzeugte Wärmemenge in W,
F die Abkühlungsfläche in m^2 und
h die Wärmeabgabeziffer in W je m^2 Abkühlungsfläche und je Grad Temperaturerhöhung

ist. Mit Rücksicht auf die Isoliermaterialien dürfen in elektrischen Maschinen gewisse Temperaturen nicht überschritten werden. Besonders kritische Punkte bei den Lichtmaschinen sind der Stromwender und die Bürsten. In den meisten Fällen wird die Belastungsfähigkeit der Maschine durch die dort auftretenden Temperaturen begrenzt. Dies rührt daher, daß es sich bei der Fahrzeuglichtmaschine um eine Kleinspannungsmaschine handelt, bei der naturgemäß die Verluste am Stromwender höher sind als bei einer Maschine gleicher Leistung und höherer Nennspannung.

f) Ankerrückwirkung

Eine wichtige Erscheinung bei allen elektrischen Maschinen ist die Ankerrückwirkung. Sobald eine Maschine belastet wird,

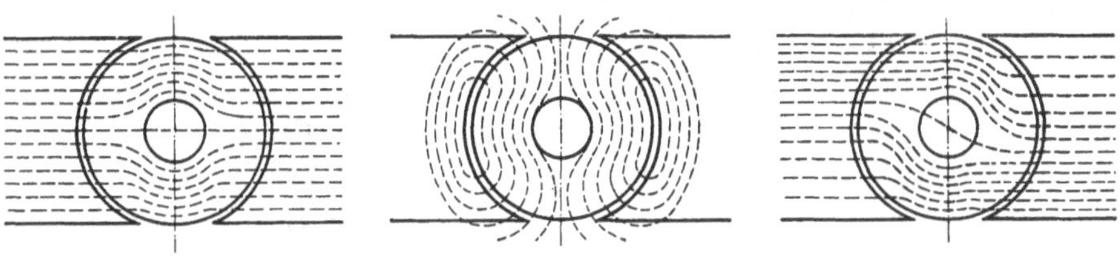

a) b) c)

Bild 30. Kraftlinienverlauf im Anker der Gleichstrommaschine
a) vom Hauptfeld herrührend; b) vom Ankerfeld herrührend
c) resultierendes Feld

erzeugt auch der Strom in der Ankerwicklung ein magnetisches Feld, das auf das Hauptfeld zurückwirkt. Abb. 30 zeigt den Verlauf der Induktionslinien

a: vom Hauptfeld herrührend,
b: vom Anker herrührend und
c: das aus beiden resultierende Feld.

Das Ankerfeld steht quer zum Hauptfeld. Die Ankerrückwirkung äußert sich, wie man aus den Bildern sieht, gewissermaßen in einer Verzerrung des Hauptfeldes. Die neutrale Zone wird aus ihrer ursprünglichen Lage verschoben und die Induktion wird beim Generator an der Eintrittskante geschwächt und an der Austrittskante verstärkt.

Diese Feldverzerrung hat verschiedene nachteilige Auswirkungen. Der Strombelag des Ankers schwächt das Feld unter der einen Hälfte des Polschuhes mehr als er es unter der anderen Hälfte verstärkt. Diese Erscheinung ist eine Folge der Krümmung der Magnetisierungskurve. Sie hat zur Folge, daß die mittlere Induktion unter dem Polschuh und damit die induzierte EMK geringer wird als bei Leerlauf. Man muß, um diesen Verlust auszugleichen, auf dem Feld eine größere Durchflutung (Amperewindungszahl) aufbringen, die etwa 10—20% der Leerlaufdurchflutung beträgt (vgl. Seite 37).

Die zweite nachteilige Auswirkung der Feldverzerrung ist eine Erhöhung der Eisenverluste im Anker und damit eine vergrößerte Erwärmung der Maschine.

Als dritter Nachteil sei noch erwähnt, daß die Höchstspannung zwischen zwei benachbarten Stromwenderstegen durch die Feldverzerrung vergrößert wird. Es besteht dadurch insbesondere bei hoher Drehzahl, bei welcher das Feld stark geschwächt ist, die Gefahr, daß zu starkes Bürstenfeuer auftritt.

Endlich ist die notwendig werdende Bürstenverschiebung bei Belastung eine unangenehme Folge der Ankerrückwirkung. Es ist nicht möglich, bei einer gut ausgenutzten Maschine ohne besondere Hilfsmittel bei allen Belastungen mit fester Bürsteneinstellung einen funkenfreien Lauf zu erzielen. Man muß also Kompromisse hinsichtlich Maschinenausnützung und Kohlenlebensdauer schließen, da eine Aufhebung der Ankerrückwirkung mit Hilfe einer Kompensationswicklung (siehe nächste Seite) bei Fahrzeuglichtmaschinen aus Preisgründen kaum in Frage kommt. In der Regel läßt man bei Fahrzeuglichtmaschinen die Bürsten in der neutralen Zone stehen, insbesondere dann, wenn die Maschine wahlweise für beide Drehrichtungen verwendet werden soll. In anderen Fällen wählt man eine geringe Bürstenverschiebung oder häufiger eine Verdrehung des Stromwenders gegenüber der Ankerwicklung, um für einen mittleren

Betriebszustand das Optium an funkenfreiem Lauf zu erzielen. Die Verschiebung der Bürsten zur Verringerung des Bürstenfeuers erfolgt beim Generator im Sinne der Drehrichtung, die Verdrehung des Stromwenders sinngemäß entgegen der Drehrichtung. Diese Verdrehung der Bürsten hat jedoch eine weitere unangenehme Folge. Außer der Querdurchflutung entsteht nun noch eine Längskomponente der Ankerdurchflutung, die dem Hauptfeld entgegen gerichtet ist. Um sie auszugleichen ist eine weitere Erhöhung der Erregung der Feldmagnete erforderlich.

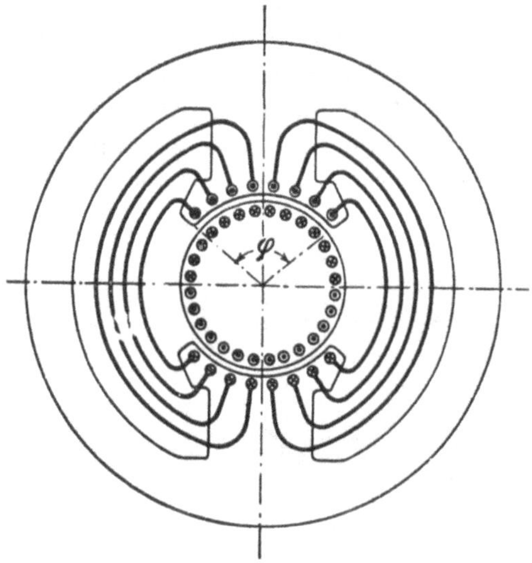

Bild 31. Kompensationswicklung

Die Ankerrückwirkung läßt sich nahezu vollständig durch besondere Wicklungen auf dem Feldmagneten beseitigen, die im Folgenden besprochen werden sollen, obwohl sie für Fahrzeuglichtmaschinen nur selten zur Anwendung kommen. Es sind dies die Kompensationswicklung und die Wendepolwicklung.

Zur Vermeidung der Feldverzerrung unter dem Polschuh wird eine Kompensationswicklung in Nuten des Polschuhes (Bild 31) untergebracht, die so geschaltet ist, daß sie das vom Ankerstrom herrührende Feld gerade aufhebt. Die Wicklung wird vom Ankerstrom durchflossen und die Durchflutung muß so groß sein wie die der Ankerwicklung unterhalb des Polbogens. Die Zahl der Nuten im Polschuh ist beliebig; sie wird so gewählt, daß sich für die Kompensationswicklung eine günstige Leiterzahl je Nut ergibt.

Die Herstellung der Kompensationswicklung erfordert einen großen Aufwand, da sie von Hand in die Nuten eingelegt werden muß. Man hat deshalb die Kompensationswicklung bei Fahrzeuglichtmaschinen bisher nicht angewandt. (Wendepolwicklung s. Seite 56.)

g) Stromwendung

Wie in Abschnitt 1 b (Seite 23) kurz dargestellt, ist es bei der Gleichstrommaschine erforderlich, den Strom in den Wicklungselementen in der neutralen Zone umzukehren, damit ein gleichgerichteter Strom der Maschine entnommen werden kann. Diese Stromwendung, auch Kommutierung genannt, ist eine für den Betrieb der Gleichstrommaschine und deren einwandfreies Arbeiten wichtige Erscheinung, so daß etwas näher darauf eingegangen werden muß.

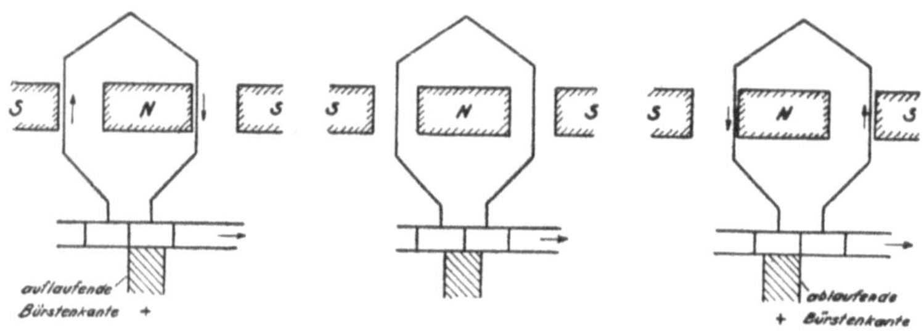

Bild 32. Ankerspule während der Stromwendung

Bild 32 zeigt den Vorgang in einer Ankerspule während der Stromwendung. Man erkennt, daß der Strom in der Ankerspule seine Richtung umkehren muß, wenn die zugehörigen Stromwenderstege unter der Bürste durchlaufen. In diesem Augenblick ist die Spule außerdem über die Bürsten kurzgeschlossen. Wenn die beiden Spulenseiten sich während der Kurzschlußzeit in der neutralen Zone befinden, so wird keine EMK darin induziert. In diesem Idealzustand würde der Strom in dem kurzgeschlossenen Wicklungselement während der Kurzschlußzeit linear von $-I$ nach $+I$ (siehe Teilbild a in Bild 33) verlaufen, wenn die Spule nicht eine erhebliche Selbstinduktion hätte. Diese widerstrebt jedoch der Änderung der Stromrichtung, und dadurch entsteht zuerst eine Verzögerung, am Ende der Kurzschlußzeit aber eine Beschleunigung der Stromwendung (Teilbild b in Bild 33). Dies hat eine hohe Selbstinduktionsspannung sowie eine größere Stromdichte an der ablaufenden Bürstenkante zur Folge und führt zu verstärktem Bürstenfeuer und Erwärmung der Bürsten.

Weiterhin wird die Stromwendung von der Feldverzerrung infolge der Ankerrückwirkung ungünstig beeinflußt, insbesondere dann, wenn, wie oben schon begründet, die Bürsten nicht in die neutrale Zone verschoben sind, und in erhöhtem Maße bei stark geschwächtem Feld bei hoher Drehzahl des geregelten Generators. Ein weiterer die Stromwendung beeinflussender Faktor ist der Widerstand im Stromkreis der kommutierenden Spule. Diesen kann man durch die Wahl einer geeigneten Bürstensorte

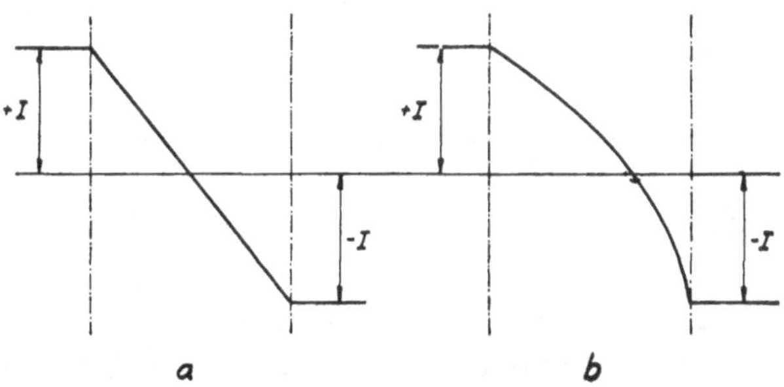

Bild 33. Stromwendekurven
a) Lineare Stromwendung; b) verzögerte Stromwendung

den Erfordernissen weitgehend anpassen. Und zwar ist hierbei besonders der Querwiderstand der Bürsten maßgebend, den man durch mancherlei Mittel in der Fertigung oder durch den Aufbau der Bürsten selbst (etwa als Schichtbürsten) möglichst groß zu machen sucht. Die Stromwendung ist gerade bei Fahrzeuglichtmaschinen infolge ihrer verschiedenen Betriebszustände ein Punkt, dem größte Beachtung zu schenken ist. Es ist bei den üblichen Bauarten nicht möglich, den Idealzustand einer guten Stromwendung herzustellen, und man ist zu Kompromissen gezwungen, die bei geringstem Aufwand ein eben noch zulässiges Bürstenfeuer bei den ungünstigen Betriebsverhältnissen (Höchstlast und Höchstdrehzahl) erzielen lassen. Die Lebensdauer von Bürsten und Stromwender sowie die Erwärmung bewegen sich in zulässigen Grenzen, wenn das Bürstenfeuer nur gering ist und vor allem die schädlichen Spritz- und Wanderfunken vermieden werden. Es war notwendig, für diese außergewöhnlichen Fälle besonders geeignete Kohlensorten zu entwickeln und zu erproben. Das gelang auch in jahrelanger Zusammenarbeit zwischen den Herstellern der Lichtmaschinen und den Herstellern der Kohlebürsten in befriedigendem Maße.

Es werden nun eine Anzahl von Punkten besprochen, mit Hilfe derer eine Verbesserung der Stromwendung erzielt werden kann und die deshalb beim Entwurf der Gleichstrommaschine berücksichtigt werden müssen. Ein wichtiger Faktor ist erstens die Wahl der Stromdichte unter den Bürsten, die einen gewissen Wert nicht übersteigen darf. Als zweiter wichtiger Punkt ist die Verkleinerung der zusätzlichen Kurzschluß-Ströme anzustreben. Bei Maschinen ohne Wendepole ist aus diesem Grunde ein günstiger Polbedeckungsfaktor und die Abflachung der Polschuhspitzen durch eingehende Versuche zu ermitteln. Ein weiterer Faktor ist die Auswahl der geeigneten Kohlensorte und die Größe der tangentialen Bürstenbreite.

Außer den elektrischen und magnetischen Bedingungen sind für eine gute Stromwendung auch eine Reihe mechanischer Anforderungen maßgebend. Der Stromwender muß völlig rund laufen und die Lauffläche muß ganz glatt und riefenfrei sein. Die Isolation zwischen den einzelnen Stromwenderstegen darf nicht vorstehen. Die Bürsten müssen sich frei in ihren Haltern bewegen lassen und dürfen nicht klemmen, aber andererseits auch nicht zu viel Spiel aufweisen. Auch die Einhaltung eines bestimmten Bürstendrucks ist für die Güte der Stromwendung wichtig. Er darf einerseits nicht zu klein sein, damit die Bürsten nicht vom Stromwender abgeschleudert werden; ein zu großer Bürstendruck ergibt andererseits eine zu hohe Erwärmung des Stromwenders und der Bürsten, so daß dadurch die Kommutierung verschlechtert wird. Die Anker müssen besonders bei schnellaufenden Maschinen gut ausgewuchtet sein, damit keine Schwingungen auftreten, die das Bürstenfeuer ebenfalls ungünstig beeinflussen.

Die vollkommenste Verbesserung der Stromwendung läßt sich durch die Anwendung von Wendepolen (siehe Bild 34) erzielen. Es wird dadurch möglich, dem Wendefeld eine solche Form zu geben, daß die zusätzlichen Kurzschluß-Ströme vermieden werden und die Stromwendung geradlinig verläuft. Das

Wendefeld muß dem Ankerfeld proportional und entgegengesetzt gerichtet sein. Diese Proportionalität verlangt, daß im magnetischen Kreis der Wendepole keine Sättigung des Eisens eintritt. Bei der Anwendung von Wendepolen läßt sich die Ausnutzung der Maschine erheblich steigern, und auch bei starken Drehzahlschwankungen läßt sich eine stets einwandfreie Stromwendung erzielen und so die Erwärmung und Lebensdauer der Maschine günstig beeinflussen.

Für kleinere Fahrzeuglichtmaschinen kommen allerdings aus Preisgründen Wendepole nicht in Frage, und man nimmt lieber

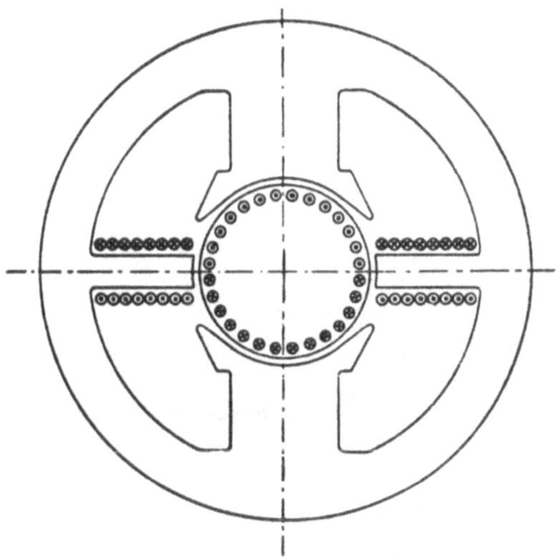

Bild 34. Wendepolwicklung

eine etwas größere Maschine in Kauf, die in ihrem Gesamtaufbau einfacher ist und sich leichter fertigen läßt. Bei größeren, stark ausgenutzten Maschinen hoher Leistung sind Wendepole auch bei Fahrzeuglichtmaschinen hin und wieder verwendet worden.

h) Selbsterregung und Polarität

Die Zusammenarbeit der Lichtmaschine mit der Batterie setzt voraus, daß die Polarität der Lichtmaschine eindeutig bestimmt ist, da bei falschem Anschluß der Lichtmaschine die Batterie Schaden erleiden würde.

Bei der Schilderung des dynamo-elektrischen Prinzips (Seite 24) wurde erläutert, wie die Selbsterregung der Gleichstrom-

Nebenschluß-Maschine durch den im Eisenkreis der Maschine vorhandenen Restmagnetismus zustande kommt. Voraussetzung dafür ist, daß die Widerstandsgerade, die bei der Konstruktion der Maschinenkennlinien (Seite 37) schon besprochen wurde, die Leerlaufkennlinie schneidet (s. Kurve a in Bild 35). Ist der Widerstand des Erregerstromkreises, der aus dem Widerstand der Erregerwicklung und der Ankerwicklung sowie aus dem Widerstand besteht, welcher dem Spannungsabfall unter den Bürsten entspricht, so groß, daß die Leerlaufkennlinie nicht mehr geschnitten wird, so findet auch keine Selbsterregung der Maschine statt (siehe Linie b in Abb. 35). Die Polarität der Maschine ist bestimmt durch die Richtung des Restfeldes, und die

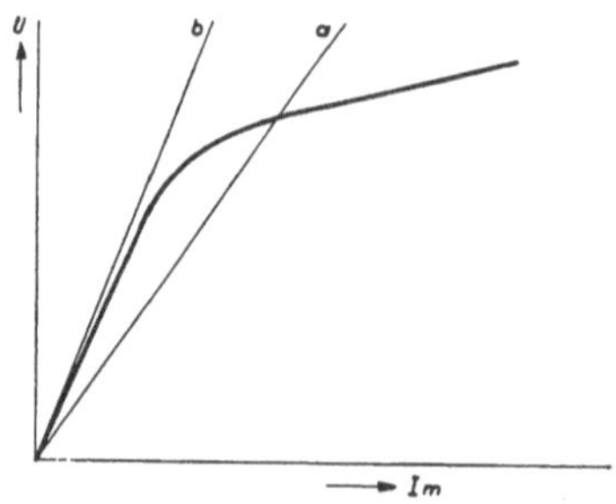

Bild 35. Selbsterregung.
Leerlaufkennlinie und Widerstandsgeraden

Erregerwicklung muß so angeschlossen werden, daß beim Anlaufen der Maschine der einsetzende Erregerstrom dieselbe Feldrichtung ergibt. Wird die Erregerwicklung verkehrt angeschlossen, so wird durch die Remanenzspannung des Ankers ein Erregerstrom erzeugt, der dem remanenten Fluß entgegenwirkt und ihn völlig auslöscht. Diese sogenannte Selbstmordschaltung bewirkt, daß sich die Maschine nicht erregen kann. Da der Restmagnetismus allein die Polarität der Maschine bestimmt, läßt sich eine Änderung der Polarität nur durch Umpolen mit Hilfe einer fremden Stromquelle erreichen. Abb. 36 veranschaulicht diese Zusammenhänge zwischen Drehrichtung, Restfluß, Anschluß der Erregerwicklung und Polarität der Maschine. Ein Vergleich des Teilbildes a und c und der Teilbilder b und d zeigt, daß — richtiger Anschluß der Erregerwicklung vorausgesetzt — der der Maschine erstmals aufgedrückte remanente Magnetismus (punktierter Pfeil) maßgebend für die Polarität ist. Ein Vergleich

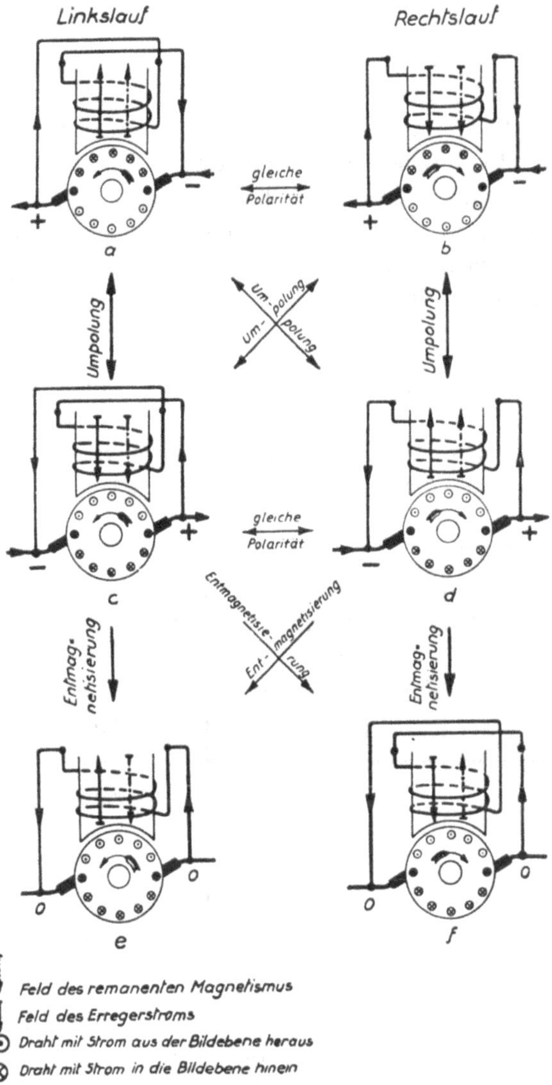

Bild 36. Zusammenhang zwischen Drehrichtung, Restfeld und Polarität einer Gleichstrom-Nebenschlußmaschine

des Teilbildes a mit b und des Teilbildes c mit d zeigt ferner, daß bei Änderung der Drehrichtung sowohl der remanente Magnetismus als auch der Anschluß der Feldwicklung an die Bürsten umgekehrt werden muß, um die vor dem Drehrichtungswechsel vorhandene Polarität der Maschine wieder zu erhalten. Wird bei dem Drehrichtungswechsel der remanente Magnetismus beibehalten und nur der Anschluß der Feldwicklung umgekehrt, so polarisiert sich die Maschine um (vgl. Teilbild a mit d und Teilbild b mit c). Wird dagegen beim Drehrichtungswechsel zwar der remanente Magnetismus umgekehrt, aber der alte Anschluß der Feldwicklung beibehalten (vgl. Teilbild c mit f und Teilbild d mit e), so wirkt der von der Erregerwicklung erzeugte Magnetismus dem remanenten Magnetismus entgegen und die Maschine erregt sich nicht.

Die Tafel Bild 37 gibt eine Übersicht über die räumliche Stellung der Bürsten zu den Polen unter Berücksichtigung der Art der Ankerwicklung. Mit Hilfe dieser Tabelle läßt sich beim Entwurf der Maschine in einfacher Weise die Polarität und der richtige Anschluß der Erregerwicklung feststellen.

Drehrichtung	Art der Ankerwicklung	Plusbürste unter	Minusbürste unter
Rechtslauf	ungekreuzt	N-Pol	S-Pol
	gekreuzt	S-Pol	N-Pol
Linkslauf	ungekreuzt	S-Pol	N-Pol
	gekreuzt	N-Pol	S-Pol

Bild 37. Räumliche Stellung der Bürsten bei Gleichstrommaschinen

Die Remanenzspannung der Maschine darf nicht zu klein sein, sonst besteht besonders bei Kleinspannungsmaschinen die Gefahr, daß sich die Maschine nur sehr schlecht oder gar nicht selbst erregt, wenn der Bürstenspannungsabfall durch ungeeignete Kohlensorten oder durch Oxydation der Stromwenderlaufbahn zu groß wird. Es reicht dann eine kleine Remanenzspannung möglicherweise nicht aus, um den Widerstand zu überwinden und den Erregerstrom zum Fließen zu bringen. Man muß sich jedoch andererseits hüten, die Remanenz zu groß zu machen, da sonst im hohen Drehzahlbereich die Lichtmaschine nicht mehr geregelt werden kann. (Siehe auch Abschnitt III 3 a, Seite 129.)

3. Wechselstromerzeuger

a) Anwendungsbereich und Bauarten

Lichtmaschinen, die nicht Gleichstrom sondern Wechselstrom erzeugen, kommen in Kraftfahrzeugen nur in beschränktem Umfange zur Anwendung. Der Grund liegt darin, daß das Kraftfahrzeug für das Anlassen und auch für die Zeit des Parkens für einige Stromverbraucher einer mitunter sehr großen Gleichstromquelle, der Batterie, bedarf, die während der Fahrt von der Lichtmaschine aufgeladen werden muß. Die

Bild 38. Schwungrad-Lichtmagnetzünder ULD der Firma Bosch

Aufladung durch Wechselstrom über einen besonderen Gleichrichter scheidet für größere Leistungen aus, da dieser für große Ströme sehr kostspielig und außerdem gegen Überlastungen sehr empfindlich ist. Aber auch sonst hat der Wechselstromgenerator für den Fahrzeugbetrieb noch viele Nachteile, da er, wenn er ohne besonderen Regler betrieben wird, mit wechselnder Belastung keine genügend gleichbleibende Spannung liefert und da für viele Stromverbraucher (z. B. Wischer- u. a. Kleinmotoren, Elektromagnete und dgl.) Gleichstrom weitaus besser geeignet ist als Wechselstrom.

Immerhin hat der Wechselstromerzeuger für zwei Arten von Fahrzeugen Bedeutung erlangt, und zwar für das Kraftrad und für batterielose Fahrzeuge mit besonders rauhem Betrieb, z. B. Traktoren.

Für Krafträder wird der in Bild 38 dargestellte Schwungrad-Lichtmagnetzünder gebaut. Es ist dies eine kombinierte Maschine, die sowohl den Zündstrom als auch den Lichtstrom liefert. Die Magnete sind auf einer zugleich als Schwungrad dienenden, auf dem Kurbelwellenzapfen des Motors sitzenden Scheibe angebracht. Das Magnetsystem ist sechspolig ausgebildet. Die Zeit innerhalb einer Umdrehung, in welcher kein Zündstromstoß erfolgen muß, nützt man für die Erzeugung des Lichtstromes aus. Es sind zwei Lichtspulen angeordnet, die parallel geschaltet sind. Das sechspolige Magnetsystem, das gegen-

Bild 39.
Wechselstrom-Lichtmaschine MQ
der Firma Bosch

über dem zweipoligen Ringmagnet, wie er früher verwendet wurde, einen großen Fortschritt darstellt, wurde durch die Verwendung von Alnimagneten ermöglicht. Es hat den Vorteil, daß bei jeder Umdrehung der Kurbelwelle mehrere Flußwechsel stattfinden und ein Wechselstrom von so hoher Frequenz erzeugt wird, daß auch bei niedriger Drehzahl ein Flackern des Lichts nicht merklich wird. Die Wirkungsweise wird im nächsten Abschnitt besprochen. Die Lichtleistung ist ausreichend, um eine Scheinwerferlampe von 22 W und eine Nummernlaterne von 2 W zu speisen. Gleichzeitig ist noch Batterieladung mittels eines im Scheinwerfer eingebauten Gleichrichters möglich.

Die Wechselstrommaschine für Traktoren, die in Bild 39 im Schnitt dargestellt ist, ähnelt in ihrer äußeren Form einer üblichen Lichtmaschine. Das Gehäuse ist zylindrisch und hat zu beiden Seiten Lagerschilde, in denen der Läufer gelagert ist. Im Gehäuse sind am Umfange abwechselnd vier Magnete und vier Ankerkerne mit Spulen hintereinander angeordnet. Die Ankerkerne haben Polschuhe; den Flußwechsel in den Ankerkernen bewirkt ein vierpoliges, umlaufendes Leitstück, dessen Wirkungsweise im nächsten Abschnitt beschrieben wird. Die vier Spulen arbeiten jede für sich unabhängig auf einen Verbraucher mit je 15 W.

b) Aufbau und Wirkungsweise

Auch der Wechselstromgenerator besteht aus den beiden Hauptteilen: Anker und Magnetsystem. Im Gegensatz zur Gleichstrommaschine ist jedoch der Anker in der Regel der stillstehende Teil der Maschine. Bei den verhältnismäßig kleinen Wechselstrommaschinen, wie sie in Kraftfahrzeugen verwendet werden, besteht der Anker meist aus einer oder mehreren Spulen, die auf geblätterten Ankerkernen sitzen. Als Magnetsystem kommen Dauermagnete zur Anwendung, die an den Polen ebenfalls geblätterte Polschuhe tragen.

Als Werkstoff für die Dauermagnete kommen legierte Stähle in Betracht, die sich inbezug auf die erzielbaren magnetischen Eigenschaften in drei Gruppen einteilen lassen. In nachstehender Tafel sind die wichtigsten Daten derselben zusammengestellt. Zur Beurteilung eines Magnetstahles dienen die Koerzitivkraft H_c und die Remanenz B_r, magnetische Eigenschaften des Eisens, deren Bedeutung schon im Abschnitt 1 a (Seite 20) besprochen wurde. (Vgl. hierzu I. Teil dieses Werkes, S. 95.)

Stahlsorte	Koerzitivkraft H_c Oersted	Remanenz B_r Gauß	Gütezahl $(B \cdot H)_{max}$ Gauß × Oersted × 10^{-6}
Chrom- u. Wolfram-Magnetstahl	56 ... 75	11 000 ... 9100	0,26 ... 0,36
Kobalt-Magnetstahl	120 ... 260	10 500 ... 6600	0,46 .. 1,00
Alni-Magnetlegierung	275 ... 650	12 500 ... 7300	0 90 ... 4,70

Bild 40. Magnetische Eigenschaften verschiedener Stahlsorten

Je höher die Koerzitivkraft einer Stahlsorte ist, umso kürzer kann der Magnet sein, um eine bestimmte magnetische Feldstärke zu erzielen. Entsprechend der Größe der Remanenz wird der Querschnitt des Magnets bestimmt, der erforderlich ist, um einen bestimmten Fluß zu erzeugen. Der Querschnitt kann umso geringer sein, je höher die Remanenz ist. Die in der Tafel Bild 40 aufgeführte Gütezahl — der Höchstwert des Produkts B · H — ist somit ein Maß für die Größe der Magnete und damit auch für das Magnetgewicht, das zur Erzielung eines bestimmten magnetischen Zustandes aufgewandt werden muß.

Um im Anker eine Wechselspannung zu induzieren, muß sich, wie im Abschnitt 1 b (Seite 21) schon dargestellt wurde, der mit der Ankerwicklung verkettete Fluß nach Richtung und Größe ändern. Es gibt dafür zwei Möglichkeiten. Entweder läßt man das Magnetsystem sich drehen, so daß Nord- und Südpole ab-

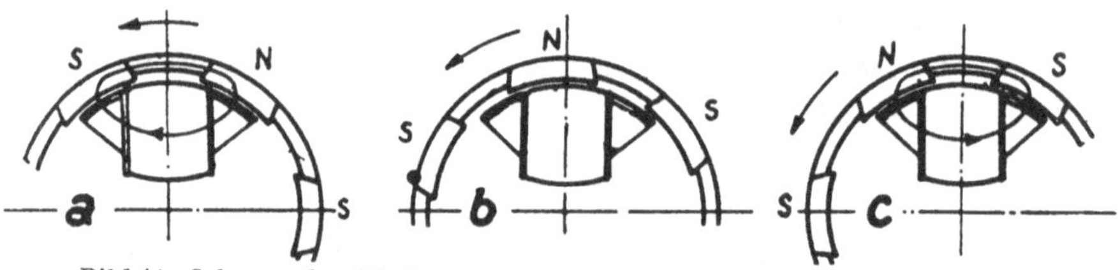

Bild 41. Schema des Flußwechsels beim Schwungrad-Lichtmagnetzünder

wechselnd an den Polschuhen des Ankerkernes vorbeilaufen und so die Richtung des Kraftflusses sich bei jedem Polwechsel umkehrt. Diese Art der Flußänderung, die schematisch in Bild 41 dargestellt ist, wird bei dem oben beschriebenen Schwungrad-Lichtmagnetzünder verwendet. Bei der anderen Art stehen sowohl die Magnete als auch die Ankerwicklung fest und der Flußwechsel wird durch umlaufende Leitstücke hervorgerufen, wie in Bild 42 schematisch dargestellt. Diese Art findet bei der obenbeschriebenen Wechselstrom - Lichtmaschine für Traktoren (Bild 39) Anwendung. In der Stellung a stehen die Pole des Läufers vor den Magneten und der Fluß schließt sich über die Polschuhe und den Läuferpol, ohne durch den Ankerkern hindurchzugehen. In der Stellung b hat sich der Läufer soviel weitergedreht, daß seine Pole vor Polschuhen verschiedener Polarität stehen. Der Fluß jedes Magneten ist nun gezwungen, sich über den Ankerkern zu schließen. In der Stellung c befinden sich die Läuferpole vor den Wicklungen, der Magnetfluß schließt sich über die Polschuhe und Läuferpole, ohne durch den Anker zu gehen. In Stellung d (nicht abgebildet) schließlich stehen die Läuferpole wieder wie in Stellung b vor Polschuhen verschiedener Polarität und der Fluß schließt sich über den Anker, allerdings in umgekehrter Richtung wie vorher. Damit ist ein Flußwechsel vollzogen, der sich bei jeder viertel Umdrehung des Läufers wiederholt.

Für die Gleichhaltung der Spannung bei wechselnden Drehzahlen sind bei der Wechselstrom-Lichtmaschine keine besonderen Regelorgane notwendig. Voraussetzung ist allerdings, daß die Wicklung stets gleich belastet ist. Die Regelung der Spannung bzw. des Stromes kommt dadurch zustande, daß mit steigender Drehzahl auch die Frequenz des erzeugten Wechselstromes zunimmt. Damit steigt aber der in-

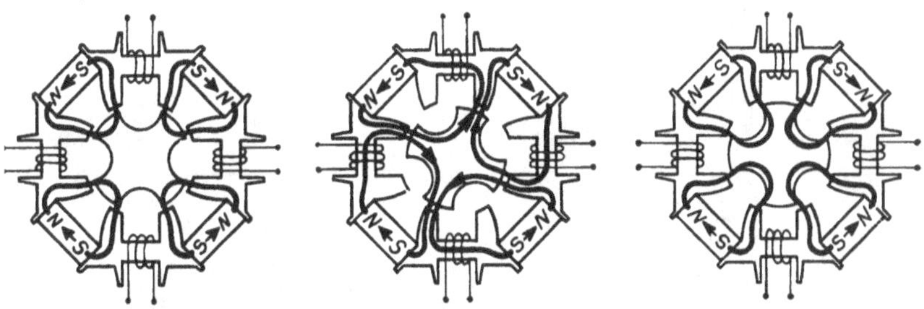

a b c

Bild 42. Schema des Flußwechsels bei der Wechselstrom-Lichtmaschine nach Bild 39

duktive Widerstand der Wicklung in einem solchen Maße an, daß eine von der Drehzahl unabhängige, für die Praxis ausreichend gleichbleibende Spannung erzielt wird. Es läßt sich durch richtiges Anpassen der Spulenwicklung an die Verbraucherlast erreichen, daß der Spannungsunterschied zwischen der niedrigsten und höchsten im Fahrbetrieb praktisch vorkommenden Drehzahl so gering ist, daß einerseits schon bei langsamer Fahrt ein genügend helles Licht vorhanden ist und andererseits bei höchster Geschwindigkeit die Lampen nicht durchbrennen. Bei Entlastung der Maschine tritt allerdings eine unzulässige Spannungserhöhung auf. Aus diesem Grunde ist es nicht ratsam, zwei oder mehrere Lampen in Parallelschaltung zu betreiben, da sonst beim Durchbrennen einer Lampe infolge des Spannungsanstieges auch die andere Lampe durchbrennen würde. Wenn es sich dabei z. B. um zwei Hauptscheinwerfer handelt, so könnte dies gefährliche Folgen haben. Man sieht deshalb für jede Lampe eine besondere Wicklung vor, damit die Stromkreise unabhängig voneinander sind.

Mitunter möchte man auf eine, wenn auch kleine, Batterie nicht verzichten. Um diese während der Fahrt aufladen zu können, muß der für die Batterieladung dienende Strom gleichgerichtet werden. Man verwendet zu diesem Zweck einen Trockengleichrichter. Derselbe besteht aus einer Eisenscheibe, die einen Selenbelag trägt. Dieses Metall hat die Eigenschaft, den Strom nur in einer Richtung, nämlich vom Eisen zum Selen, durchzulassen und ihn in der anderen Richtung abzusperren. Schickt man einen Wechselstrom durch diesen Gleich-

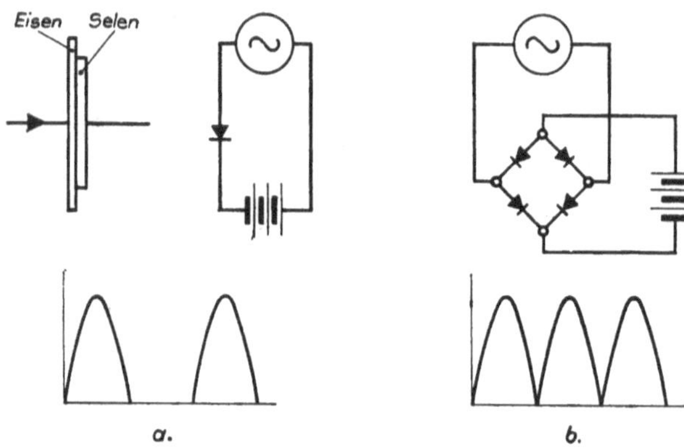

Bild 43. Gleichrichtung von Wechselstrom
a) Einweg-Gleichrichter; b) Vollweg-Gleichrichter

richter (siehe Bild 43 a), so wird die positive Halbwelle hindurchgelassen, die negative dagegen abgesperrt. Es fließt also der Strom immer in einer Richtung in die Batterie, d. h. es entsteht eine Art Gleichstrom, der allerdings sehr abgehackt ist. Durch den Ausfall einer Halbwelle ist auch der Wirkungsgrad dieses sogenannten „Einweg-Gleichrichters“ nicht groß. Für größere Leistungen verwendet man daher lieber die „Vollweg - Gleichrichtung“ nach Bild 43 b. Bei ihr werden, wie das Bild zeigt, beide Halbwellen des Wechselstromes ausgenutzt und somit ein wesentlich besserer Wirkungsgrad erzielt. Man kann den zur Ladung der Batterie dienenden Strom entweder als Zweigstrom von einer zugleich eine Lampe speisenden Spule abnehmen, oder eine besondere Wicklung für den Ladestrom anordnen. Wird der Ladestrom aus der gleichen Spule wie der Lampenstrom entnommen, so ist bei ausgeschalteten Lampen (Tagfahrt) bei „Einweg-Gleichrichtung" der Gleichrichter gefährdet, da bei der negativen Halbwelle die Maschine völlig unbelastet ist und somit die Maschinenspannung so hoch ansteigen kann, daß die Sperrspannung des Gleichrichters überschritten und die dünne Gleichrichterschicht durchschlagen wird. Die Lichtwicklung muß daher auch während der negativen Halbwelle zur Herabsetzung der Spannung belastet werden. Dies geschieht durch Einschalten einer Drosselspule in den Ladestromkreis und einen Abzweig über einen ohmschen Widerstand.

4. Konstruktiver Aufbau der Lichtmaschinen

Im Abschnitt 2 über die Grundlagen der Gleichstrommaschine sind deren Hauptbauteile in großen Zügen gekennzeichnet worden. In dem hier folgenden Abschnitt soll nun auf die besonderen baulichen Eigenarten der Fahrzeuglichtmaschinen eingegangen werden, die durch ihren Verwendungszweck und die besonderen Betriebsbedingungen bedingt sind.

a) Polsystem

Das Polsystem besteht aus dem als Joch dienenden Polgehäuse, den Polen und der Felderregerwicklung.

Wie im allgemeinen Elektromaschinenbau wird auch bei den Lichtmaschinen heute fast ausschließlich ein ringförmiges Polgehäuse verwendet. Diese Form ist sowohl für die Fertigung als auch für den Einbau die zweckmäßigste. Als Werkstoff kommt Flußeisen, bei billigeren Maschinen zuweilen auch Schmiedeeisen in Frage. Dieser Werkstoff kommt dem sonst verwendeten Dynamoeisen in seinen magnetischen Eigenschaften ziemlich nahe. Gußeisen kommt für diesen Zweck nicht in Frage, da bei gleicher AW-Zahl der Erregerwicklung die Stärke des Polgehäuses 10mal größer sein müßte als bei Flußeisen und die Maschine somit viel zu groß und schwer würde. Bei gleichen Abmessungen des Polgehäuses müßte die AW-Zahl bei den heute üblichen Induktionen auf das 6fache gesteigert werden, was sich ebenfalls bei vernünftigen Abmessungen der Maschine nicht erreichen ließe. Dagegen ist Stahlguß, der magnetisch etwa dieselben Eigenschaften wie Dynamostahl aufweist, vereinzelt schon verwendet worden. In der Regel wird das Polgehäuse jedoch aus Flachmaterial gebogen und verschweißt. Anschließend werden die Gehäuse geglüht, damit möglichst die magnetischen Eigenschaften des weichen Dynamostahls erreicht werden. Die Schweißnaht wird in die Mitte eines Poles gelegt, damit sie dem magnetischen Fluß keinen Widerstand bietet. Mitunter wird zur Herstellung der Polgehäuse auch gezogenes Rohr verwendet. Die Polgehäuse werden innen bearbeitet, damit die Pole gut aufliegen; die Außenbearbeitung erübrigt sich bei Maschinen, die mittels Flanschen oder Schwenkarmen befestigt werden. Bei Sattelmaschinen ist jedoch auch genaue Bearbeitung des Außendurchmessers notwendig. Die Oberfläche wird bei unbearbeiteten Gehäusen durch Lackieren gegen Rost geschützt. Die Gehäuse der Sattelmaschinen, bei denen wegen des Stromüberganges gute metallische Berührung zwischen Gehäuse und Unterlage gesichert sein muß, erhalten einen galvanischen Überzug.

Im Polgehäuse sitzen, von außenher mit Senkschrauben festgeschraubt, die Pole. Sie bestehen aus Polkern und Polschuh; beide Teile sind aber fast ausnahmslos aus einem Stück hergestellt. Die Pole sind entweder massiv oder aus Blech zusammengesetzt. Massive Pole werden bei kleineren Lichtmaschinen verwendet und in einfacher Weise aus entsprechend geformten Profilstangen hergestellt. Am Polgehäuse müssen die Pole gut anliegen, damit die magnetische Spannung für die Fuge möglichst gering ist. Deshalb wird die Auflagefläche der Pole der Rundung des Polgehäuses entsprechend überdreht. Kleinere Pole werden mitunter auch nur auf Höhe geprägt. Die dem Anker zugekehrte Innenfläche der Pole wird meist nicht bearbeitet. Die Polschuhspitzen werden mit Rücksicht auf gute Stromwendung und auch wegen Geräuschbildung abgeflacht. Bei größeren Maschinen werden die Pole zur Verringerung der Eisenverluste meist aus 1 bis 2 mm starken Blechen zusammengesetzt. Die Bleche müssen möglichst gratfrei gestanzt sein und werden durch eine oder zwei Flachnieten zusammengehalten. Die Innenfläche solcher aus Blechen zusammengesetzter Pole darf nicht bearbeitet werden, da sonst die Wirkung der Blätterung aufgehoben wird. Die Wirbelströme dringen nämlich nur wenige Millimeter tief in die Polschuhoberfläche ein und würden sich, wenn die Bleche durch den bei Bearbeitung der Innenfläche gebildeten Grat leitend verbunden würden, gerade an der Polschuhoberfläche ungehindert ausbilden können.

Die Zahl der Pole bei den Lichtmaschinen beträgt je nach Baugröße 2, 4 oder 6. Eine größere Polzahl als 6 wurde zwar vereinzelt schon angewendet, bringt aber keine nennenswerte Verringerung des Maschinengewichts. Mit steigender Polzahl verschlechtert sich außerdem die Stromwendung, da die Wendezone verschmälert wird. Auch werden viele Bürstenstifte notwendig. Man kann dafür andererseits an Baulänge sparen. Im ganzen ist eine möglichst niedrige Polzahl anzustreben. Eine Ausnahme bilden die Polsysteme einiger Sonderbauarten von Maschinen mit sehr kurzer Baulänge und großem Durchmesser, sogenannter Scheibendynamos, auf die weiter unten eingegangen wird (Seite 77). Die Mehrzahl der Lichtmaschinen besitzt 2 oder 4 Pole. Bei der zweipoligen Bauart gibt es noch eine Ausführung mit exzentrisch gelagertem Anker, bei der nur ein

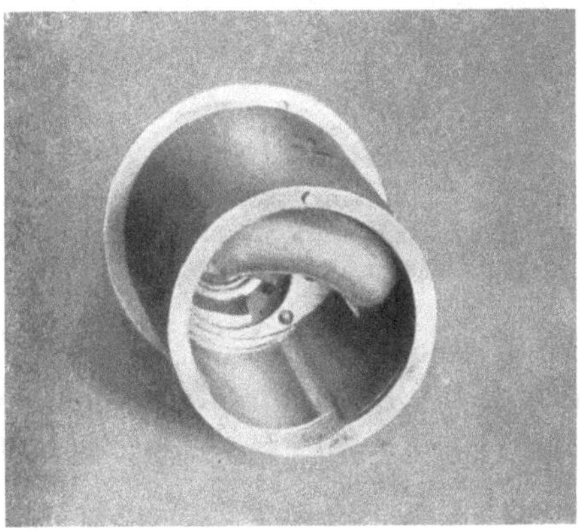

Bild 44. Exzentrische Lichtmaschine mit einem bewickelten Pol

Pol mit einer Feldwicklung versehen ist und der andere Pol als Gegenpol im Polgehäuse eingedreht ist (siehe Bild 44). Diese Ausführung wird noch bei Krafträdern verwendet und gestattet durch Verdrehen der Maschine ein Spannen des Antriebsriemens oder der Kette. In elektrischer Hinsicht hat die Maschine einige Nachteile. Infolge starker Streuung des Polflusses wird die Ausnutzungsziffer und der Wirkungsgrad der Maschine verschlechtert und auch die Stromwendung ist schlechter als bei zentrisch aufgebauten Maschinen. Bild 45 zeigt die Polsysteme von zwei- und vierpoligen Lichtmaschinen üblicher Bauart.

Die Feldwicklung besteht aus Spulen, die auf Schablonen gewickelt werden. Die Wicklung besteht aus mit Lack isoliertem Kupfer- oder Aluminiumdraht, der zugleich als Verbindung der Spulen untereinander dient. Nur bei dünnen Drähten und bei Maschinen, die besonders starken Erschütterungen ausgesetzt sind, werden für die Verbindung der Spulen und für die

a) b)

Bild 45. Polgehäuse von Lichtmaschinen
a) Zweipoliges Gehäuse mit ausgestanzten Fenstern
b) Vierpoliges Gehäuse

Anschlüsse Litzen verwendet. Die gewickelten Spulen werden zunächst in Paraffin getaucht, dann mit Papier- oder Faserband umbandelt und nun mit einem Lack imprägniert. Die fertigen

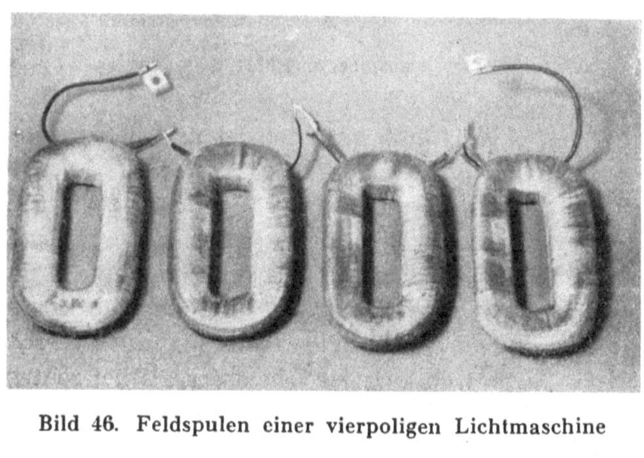

Bild 46. Feldspulen einer vierpoligen Lichtmaschine

Spulen werden auf die Polkerne geschoben und von den Polschuhen festgehalten. Bild 46 zeigt die Feldwicklung einer 4poligen Lichtmaschine.

In die Feldwicklung ist mitunter auch der für die Regelung der Maschine notwendige Regelwiderstand oder ein aus bifilaren Drahtwindungen bestehender Dämpfungswiderstand mit eingewickelt. Auf diese nicht unmittelbar zur Maschine gehörenden Widerstände wird im Abschnitt III über Regelung näher eingegangen (Seite 123).

Bei großen Lichtmaschinen ist es häufig nicht zweckmäßig, die Feldspulen in einem Stromkreis hintereinander zu schalten. Werden zwei Erregerkreise notwendig, so müssen die Feldspulen so angeordnet werden, daß sich die Spulen des einen Erregerkreises mit dem des anderen abwechseln. Dies ist notwendig, um zu vermeiden, daß bei ungleichen Erregerströmen in den einzelnen Zweigen ein einseitiger magnetischer Zug entsteht, der eine zusätzliche Lagerbelastung und unter Umständen ein Streifen des Ankers an den Polen zur Folge hätte.

b) Anker

Der Anker besteht aus Welle, Blechpaket, Ankerwicklung und Stromwender.

Die Welle muß wegen der hohen mechanischen Beanspruchung aus gutem Stahl hergestellt werden. Sie trägt eine Längsriffelung für den Sitz des Blechpaketes. Die Wellenenden sind für die Aufnahme der Antriebselemente nach einer Seite, mitunter auch nach beiden Seiten verlängert. Der Antriebsstummel ist zur Aufnahme einer Riemenscheibe oder einer Kupplung entweder konisch oder zylindrisch mit einem Gewindestutzen ausgebildet.

Das Ankereisen wird in seinem magnetisch wirksamen Teil, wie schon früher in Abschnitt 2 d, Seite 44 dargelegt, zur Unterdrückung der Wirbelströme aus dünnen, voneinander isolierten Blechen aufgebaut. Während im normalen Elektromaschinenbau in der Regel lackierte oder mit Papier beklebte Ankerbleche verwendet werden, kommen bei den Fahrzeuglichtmaschinen vorwiegend Ankerbleche mit gezunderter Oberfläche, die eine genügende Isolierung ergibt, zur Anwendung. Die Ankerbleche werden auf die geriffelte Ankerachse aufgepreßt, was einen genügenden Festsitz sowohl in axialer Richtung als auch gegen Verdrehen ergibt (siehe Bild 47). Bei größeren Ankern wird das Blechpaket gegen einen Bund auf die Ankerwelle gepreßt und als Endscheibe ein starker Eisenring mit aufgeschoben.

Damit die Isolation der Ankerwicklung beim Austreten aus den Nuten an den Kanten der Bleche nicht beschädigt wird, werden an das Ankerblechpaket starke Endlamellen aus Fiber oder Pappe

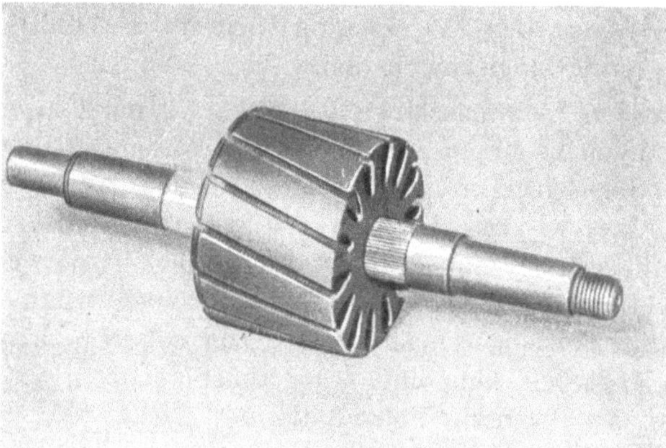

Bild 47. Ankerblechpaket auf geriffelte Achse aufgepreßt

gefügt. Der Außendurchmesser des Blechpaketes bleibt bei kleineren Maschinen häufig unbearbeitet. Bei größeren Maschinen oder solchen mit kleinen Luftspalten wird er überschliffen, wobei

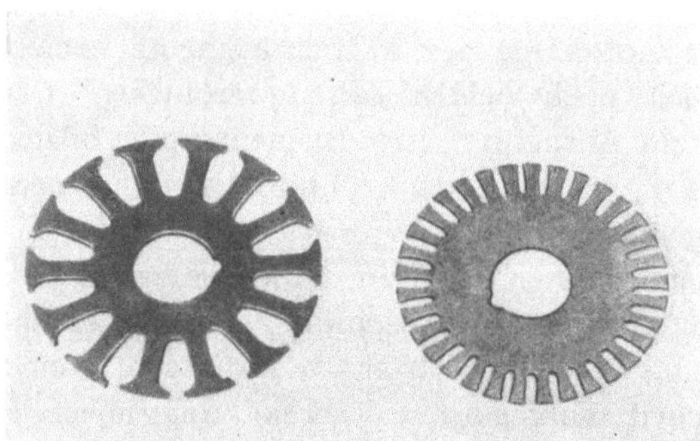

a) b)

Bild 48. Ankerbleche
a) für Drahtwicklung; b) für Stabwicklung

starke Gratbildung wegen der sonst wieder geförderten Wirbelstrombildung weitgehend vermieden werden muß.

Die A n k e r b l e c h e erhalten am Umfange N u t e n für die Unterbringung der Ankerwicklung. Die Zahl der Nuten und deren Form richtet sich nach der Art der Wicklung. Man ist bestrebt, die Nutzahl mit Rücksicht auf bessere Ausnützung des Nutenraumes und zwecks rationeller Fertigung möglichst klein zu machen, doch sind hierbei durch die Forderungen nach guter Stromwendung und nach möglichst geringen Oberflächenverlusten, sowie mit Rücksicht auf Geräusch Grenzen gesetzt. Bei kleinen Maschinen hat die Nut eine der Drahtwicklung angepaßte Form, bei der meist die Zahnflanken parallel verlaufen. Bei Maschinen mit großer Leistung, bei denen Ankerwicklungen mit nur einer Windung, sogenannte Stabwicklungen, verwendet werden, erhalten die Nuten eine dem Ankerstab angepaßte Form mit parallelen Nutflanken, siehe Bild 48.

In axialer Richtung verlaufen die Ankernuten meist schräg, um ein Heulen der Maschine zu vermeiden.

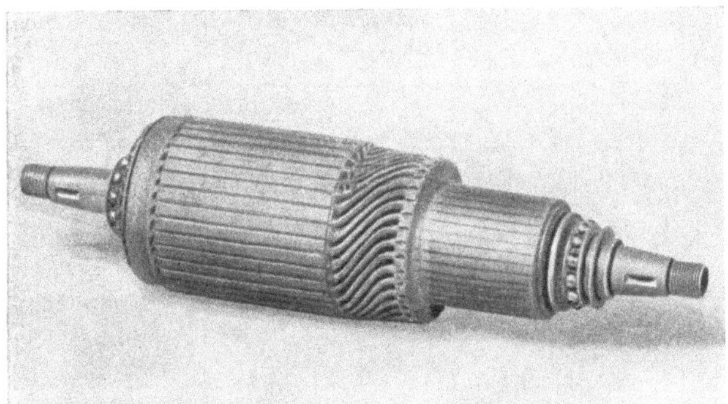

Bild 49. Anker mit Stabwicklung

Die praktische Ausführung der Ankerwicklung, über deren theoretische Grundlagen bereits im Abschnitt 2 (Seite 25 ff.) gesprochen wurde, richtet sich im wesentlichen nach der Zahl der Ankerleiter je Nut. Man ist natürlich bestrebt, um eine wirtschaftliche Fertigung zu erreichen, die Wicklung weitgehend maschinell herzustellen, wofür besondere Wickelmaschinen und Wickelautomaten entwickelt wurden.

Erfordert die Auslegung der Maschine für eine gegebene Leistung und Drehzahl 2 Leiter/Nut, so kommt man zur Stabwicklung (Bild 49). Bei dieser, besonders bei Maschinen hoher Leistung angewandten Wicklung werden vorgebogene Wicklungselemente aus Flachkupfer in axialer Richtung in die Ankernuten eingeschoben; die Nutisolation besteht aus S-förmig gebogenen Isolierstreifen. Durch das axiale Einschieben der Ankerstäbe gegenüber dem früher üblichen Einlegen von oben ist es möglich, die Ankernut halbgeschlossen auszuführen und somit eine Verbesserung sowohl in magnetischer Hinsicht als auch in Bezug auf die Schleuderfestigkeit des Ankers zu erzielen.

Bei einer Leiterzahl von 4 bis 8 je Nut kommt in der Regel die sogenannte Zopfwicklung zur Anwendung. Bei dieser werden isolierte Rund- oder Flachdrähte von Hand oder maschinell in die Nuten lagenweise eingeführt und bei jeder Windung wird ein Wickelkopf gebildet. Diese wohl aufwendigste Wick-

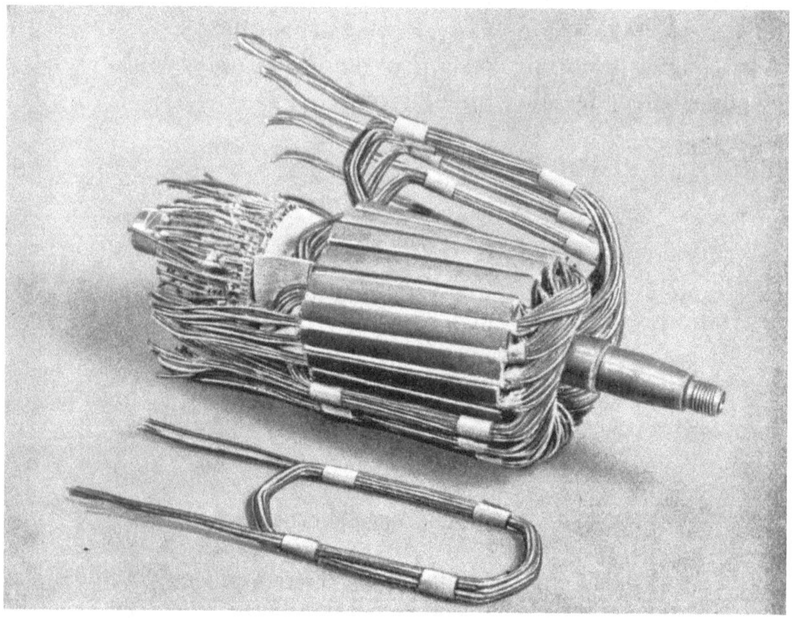

Bild 50. Anker mit Formspulenwicklung

lung sucht man nach Möglichkeit zu vermeiden, indem man unter gewissen Kompromissen in elektrischer Hinsicht entweder eine Stabwicklung mit mehr Nuten oder eine Formspulen- oder Schablonenwicklung mit parallel geschalteten Drähten ausführt.

Bei Ankern mit 10 und mehr Leitern je Nut verwendet man entweder Formspulen oder auf Maschinen gewickelte Anker. Bei den Formspulen-Ankern werden die einzelnen Wicklungs-Elemente auf Schablonen gewickelt und zusammengeheftet. Diese Formspulen werden dann von Hand oder auch maschinell in die Ankernuten eingelegt. Die Ausnutzung des

Nutenraumes ist bei diesen Wicklungen schlechter als bei der nachstehend genannten Maschinenwicklung, es sei denn, man entwirft eine Nut, die der Leiterzahl je Nut und der Drahtabmessung besonders angepaßt ist. Das lohnt sich nur bei großer Serien-

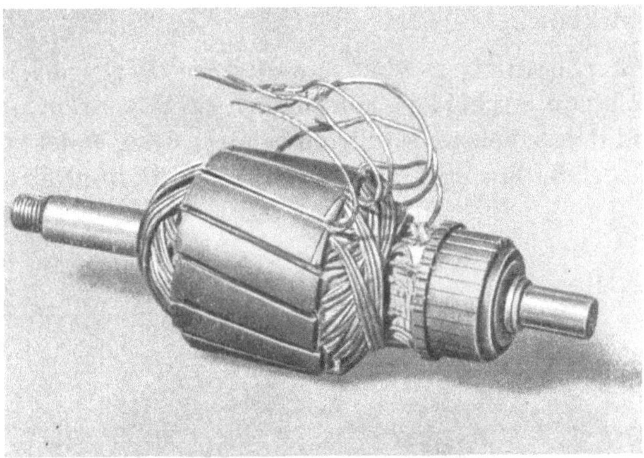

Bild 51. Mit Maschine gewickelter Anker

Bild 52.
Schnitt durch einen genieteten Stromwender (Bosch)

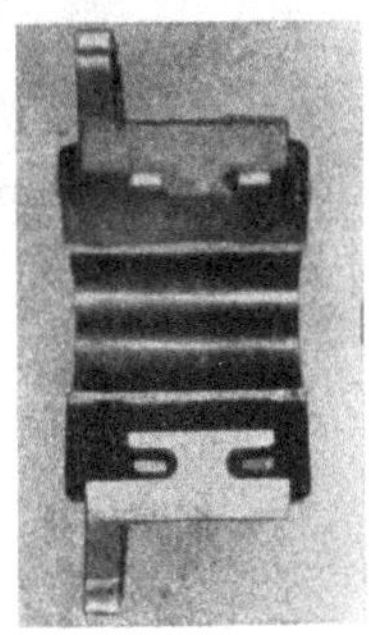

Bild 53.
Schnitt durch einen mit Kunststoff gepreßten Stromwender (Kautt u. Bux)

fertigung einer bestimmten Leistungsgröße, da die Nut für eine andere Leiterzahl und Drahtstärke ungeeignet ist. Auch gibt die Formspulenwicklung längere Wickelköpfe.

Bei der Maschinenwicklung werden die Ankerdrähte von der Maschine in die Ankernuten eingeführt. Nach der für jedes Wicklungselement vorgeschriebenen Windungszahl wird selbsttätig eine Drahtschleife für das spätere Schalten des Ankers gebildet und so der Anker Nut für Nut vollgewickelt. Nachteilig bei dieser Ankerwicklung ist die durch die Wickelart bedingte größere Unwucht. Bild 50 zeigt Einzelheiten eines Ankers mit Formspulenwicklung (Schablonenwicklung). Bild 51 einen Anker mit Maschinenwicklung.

Den Aufbau des Stromwenders zeigen die Bilder 52 bis 54. Man unterscheidet grundsätzlich zwei Bauarten, den genieteten und den bakelisierten Stromwender. Beim ersteren werden in der Regel die Stromwenderstege aus Profilkupfer ausgestanzt.

Bild 54. Flachbahn-Stromwender (Kautt u. Bux)

Zu beiden Seiten des Schwalbenschwanzes (siehe Bild 52) werden isolierte Nietringe eingelegt und der ganze Stromwender unter hohem Druck mittels einer gleichzeitig als Nabe dienenden Niethülse zusammengenietet. Die Isolation der Nietringe besteht entweder aus Mikanit oder einem Glashartgewebe, die Isolierung zwischen den einzelnen Stromwenderstegen besteht aus Glimmer oder ebenfalls aus Glashartgewebe. Werden keine vorgestanzten Stromwenderstege verwendet, so wird der Stromwender aus glatten Profilkupferstücken unter Zwischenlage der Isolation zu einem Ring zusammengefaßt und innen der Schwalbenschwanz ausgedreht. Dann wird der Ring wie der aus gestanzten Stegen gebildete gefaßt und vernietet, worauf der äußere Haltering entfernt und der Stromwender außen bearbeitet werden kann.

Beim bakelisierten Stromwender werden die Stromwenderstege in einer Preßform durch Bakelit untereinander und auf der Nabe befestigt. Die Stromwenderstege sind bei dieser Ausführung nicht mit einem Schwalbenschwanz versehen, sondern besitzen zwei Eindrehungen, in denen Bewehrungsringe aus Stahl zur Erhöhung der Schleuderfestigkeit eingelegt sind (siehe Bild 53).

In Bild 54 ist noch eine Sonderbauart eines Stromwenders gezeigt, die mit Vorliebe bei axial kurzen Lichtmaschinen (sogenannten Scheibendynamos) mit außen umlaufendem Anker angewendet wird. Dieser Flachbahn-Stromwender gestattet eine kurze Baulänge dieser meist als Schwungradmaschine in Verlängerung der Kurbelwelle angebauten Lichtmaschine. Die Kohlebürsten drücken in axialer Richtung auf den Stromwender und sind trapezförmig ausgebildet, damit die Bürstenkanten mit den Kanten der Stromwenderstege gleichlaufen.

Nach der Wicklung zu laufen die Stromwenderstege in Fahnen aus, in welche die Wicklungsdrähte eingelötet werden. Je nach dem Querschnitt der einzulötenden Drähte sind die Fahnen mehr oder weniger hoch; sie sind entweder mit dem Steg aus einem Stück gebildet oder werden als besondere Blechfahnen neben den eigentlichen Stegen eingefügt.

Die blankgemachten Drahtenden der Ankerwicklung werden in die Fahnen des Stromwenders meist in einem Tauchlötbad eingelötet. Das zur Verwendung kommende Lot darf keine zu niedrige Schmelz- bzw. Erweichungstemperatur haben, damit der Stromwender bei den hohen thermischen Beanspruchungen der Fahrzeuglichtmaschinen nicht auslötet.

Der Anker wird zur Erhöhung der Isolations- und mechanischen Festigkeit mit Isolierlack imprägniert und im Ofen getrocknet. Zum Schluß wird der Stromwender auf der Ankerachse überdreht, damit er genau rund läuft, und die Isolation wird zwischen den Stromwenderstegen ausgesägt, so daß sie etwa 0,5 mm unter die Lauffläche zurücktritt. Dadurch wird vermieden, daß schon bei geringer Abnutzung des Kupfers die Isolation zwischen den Stegen hervorsteht und die Bürsten nicht mehr gut aufliegen oder sogar zurückgestoßen werden.

Der **fertige Anker** wird, je nach der Betriebsdrehzahl, **statisch oder dynamisch ausgewuchtet**, damit er einwandfrei rund läuft. Das ist sowohl in mechanischer Hinsicht als auch für das Arbeiten des Stromwenders wichtig.

c) Lagerschilde und Bürstenapparat

Den Abschluß der Lichtmaschine an den Gehäuseenden bilden die **Lagerschilde**. Da die Lichtmaschine, wie auch andere elektrische Maschinen, meist auf der dem Stromwender entgegen-

Bild 55. Einzelteile einer zweipoligen Lichtmaschine mit Riemenscheibenlüfter und aufgebautem Regler Schwenkarmbefestigung (Bosch)

gesetzten Seite angetrieben wird, unterscheidet man **Antriebslagerschild** und **Kollektorlagerschild**. Die Schilde werden in Grauguß, in Leichtmetallguß oder aus Stahlblech hergestellt.

Der **Antriebslagerschild** hat meist flache Form; am äußeren Rande ist er mit Zentriereinpaß für das Gehäusejoch, in der Mitte mit dem Lager für die Ankerwelle versehen. Dieses Lager ist in den weitaus meisten Fällen ein Wälzlager, in der Regel ein Kugellager mit Fettfüllung. Bei größeren Lichtmaschinen kommen Schulterkugellager, bei kleineren Lichtmaschinen mitunter auch Radiaxlager in Frage. Der Einbau eines Radiaxlagers ist auch dann möglich, wenn auf der Gegenseite ein Gleitlager vorhanden ist. Das Lager auf der Antriebsseite muß bei durch

Riemen angetriebenen Lichtmaschinen für den Riemenzug bemessen sein.

Bild 55 zeigt den Antriebslagerschild einer kleineren Lichtmaschine mit Lüftungslöchern für die Längsdurchlüftung mittels Riemenscheibenlüfters. Der Antriebslagerschild dient mitunter auch als Befestigungsflansch für die Lichtmaschine. Er hat in diesem Falle Dreieckform oder ist als Gabelflansch ausgebildet (Bild 56). In Bild 55 sind Antriebs- und Kollektorlagerschild mit einem Auge für die sog. Schwenkarmbefestigung versehen (vgl. Seite 94).

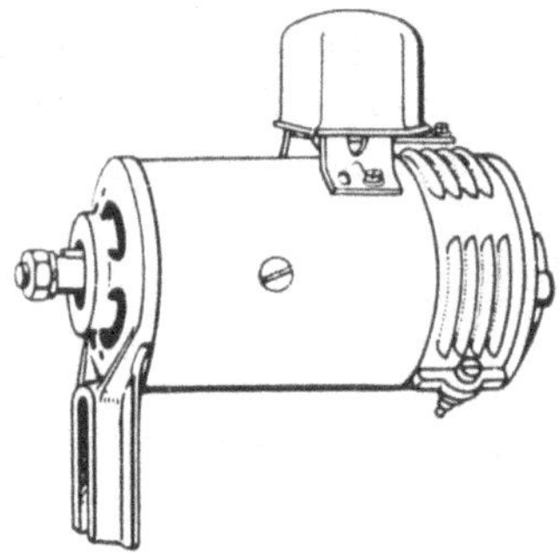

Bild 56.
Lichtmaschine mit Gabelflansch

Der Kollektorlagerschild dient außer zur Lagerung des Ankers zur Aufnahme des Bürstenapparates und manchmal auch noch zur Unterbringung des Spannungsreglers. Es sind zwei

Bild 57. Einzelteile einer vierpoligen Lichtmaschine mit Stromwenderbelüftung (Bosch)

verschiedene Bauformen möglich: der flache Lagerschild, der ähnliche Gestalt wie der Antriebslagerschild hat, und der topfförmige Lagerschild. Bei ersterem muß das Polgehäuse über die magnetisch notwendige Länge hinaus bis über den Stromwender verlängert werden; es erhält dann am Umfang Aussparungen, um die Bürsten zugänglich zu machen (Bild 55.) Bei dem topfförmigen Kollektorlagerschild sind diese Aussparungen im Lagerschild selbst eingegossen (Bild 57). Die Aussparungen werden mit einem Verschlußband oder mit einer Verschlußkapsel abgedeckt. Befestigt werden die Lagerschilde entweder durch

Bild 58. Polgehäuse und Lagerschild aus einem Stück gezogen (Noris)

Anschrauben an das Gehäuse — sofern dieses stark genug ist — oder mittels durchgehender Schraubenbolzen.

Hier muß noch eine in fertigungstechnischer Hinsicht besonders interessante Ausführungsform von Polgehäuse und Lagerschilden erwähnt werden, die in Bild 58 dargestellt ist. Bei dieser Maschine sind Polgehäuse und Antriebslagerschild einerseits und der Kollektorlagerschild andrerseits aus einem Stück durch Tiefziehen hergestellt.

Die Ausführung des Bürstenapparates erfordert viel Sorgfalt, da die Betriebsbedingungen für die Lichtmaschine, insbesondere in bezug auf die Stromwendung, sehr schwer sind. Es ist daher notwendig, daß die Kohlebürsten stets einwandfrei auf dem Stromwender aufliegen und zwar mit möglichst gleichbleibendem Druck unabhängig von der Abnutzung der Bürsten. Als Bürstenhalter werden in den meisten Fällen Kastenbürstenhalter nach Bild 59 verwendet. Diese meist aus Blech gebogenen Bürstenhalter führen die Schleifkohlen in radialer Richtung zum Stromwender, und die Druckfeder wirkt entweder unmittelbar oder über einen kleinen Hebel auf die Bürste. Zwischen Bürstenhalter und Kohle muß ein genau einzuhaltendes Spiel vorhanden sein, welches einerseits nicht zu klein sein darf, damit sich die Kohlen im Laufe des Betriebes nicht festklemmen

Bild 59. Kastenbürstenhalter

können, und andererseits mit Rücksicht auf einwandfreien Lauf nicht zu groß.

Eine andere Ausführungsart sind die drehbar angeordneten

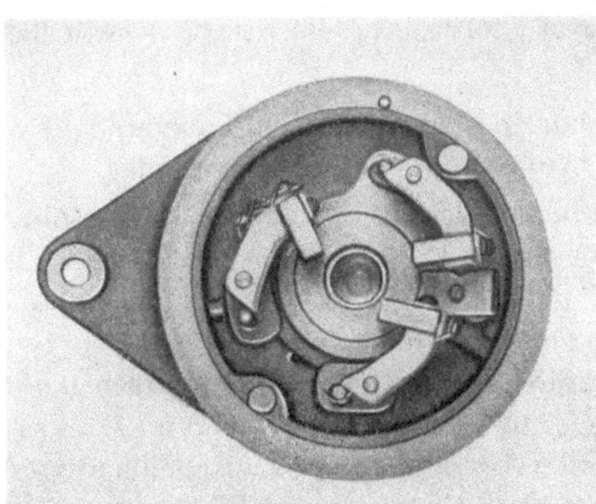

Bild 60. Hammerbürstenhalter

Bürstenhalter nach Bild 60, die sogenannten Hammerbürstenhalter. Die Bürste ist hierbei fest am Bürstenhalter angeschraubt, und dieser sitzt drehbar auf dem Bürstenstift, der zugleich als Halter für die Bürstenfeder dient. Da bei dieser Ausführung des Bürstenapparates die Masse der beweglichen Teile verhältnismäßig groß ist, so besteht infolge der starken Schüttelbeanspruchungen der Lichtmaschine eine größere Neigung zum Abschleudern der Kohlen als bei den im Blechkasten geführten Kohlenbürsten.

In Bild 61 ist ein Bürstenhalter dargestellt, welcher weit verbreitet ist und interessante Einzelheiten aufweist. Die Kohlebürste wird durch einen Druckhebel auf eine schräge Fläche gedrückt und nur seitlich geführt. Die Resultierende aus Federdruck und Reibungskraft am Stromwenderumfang hält

Bild 61. Bürstenhalter mit schräggeführten Kohlen

die Kohle sicher in ihrer richtigen Lage und gewährleistet eine einwandfreie Auflage auf dem Stromwender.

Da bei der elektrischen Anlage des Kraftfahrzeuges in der Regel das Metall der Fahrzeugteile, die Masse, als Rückleitung benützt wird, um Leitungsmaterial zu sparen, so wird meistens auch ein Pol der Lichtmaschine, und zwar in Deutschland der Minuspol, durch unmittelbares Befestigen der Minusbürstenhalter am Lagerschild an Masse gelegt. Der Plusbürstenhalter ist dann unter Zwischenlage von Isolierplatten aus Hartpapier im Kollektorlagerschild angenietet oder in selteneren Fällen auch angeschraubt. Die Schleifkohle ist zur Stromabnahme mit einer eingelöteten oder eingepreßten Litze versehen. Dadurch wird vermieden, daß der Strom über die Kohledruckfeder fließt, die sonst bei Überlastung leicht ausglühen und so Anlaß zu schweren Schäden, insbesondere am Stromwender, geben könnte.

Die Kohlebürsten für größere Ströme sind häufig mit einer besonderen Fassung versehen, die mit der Kohle verlötet oder vernietet wird und so einen sicheren Stromübergang von der Kohle zur Litze gewährleistet. In Bild 62 sind verschiedene Aus-

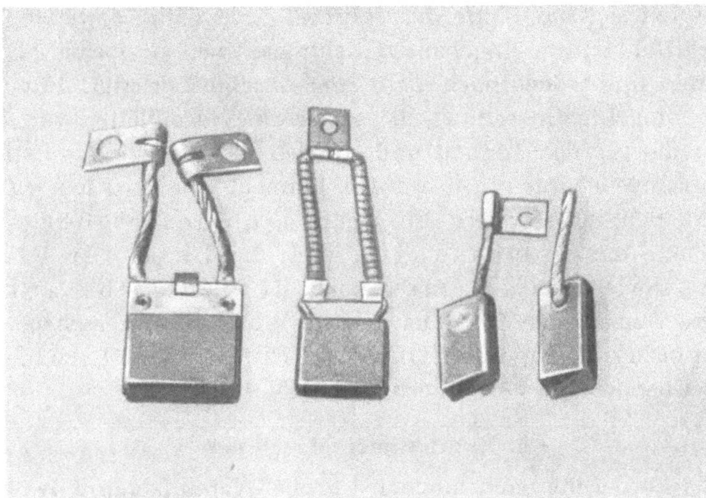

d) c) b) a)

Bild 62. Schleifkohlen von Lichtmaschinen

a) mit eingepreßter Litze c) mit verlöteter Armatur
b) mit eingelöteter Litze d) mit vernieteter Armatur

führungsarten von Schleifkohlen aus Fahrzeuglichtmaschinen gezeigt. Der Werkstoff, aus denen die Lichtmaschinenkohlen hergestellt sind, ist für 6 V-Lichtmaschinen meistens Grafit, bei 12 V- und 24 V-Lichtmaschinen Elektrografit. Für die dritte Bürste bei Dreibürstenmaschinen (siehe Seite 174) wird eine besonders harte Elektrografitkohle mit hohem Querwiderstand verwendet.

Die Anschlußklemmen der Lichtmaschinen sind je nach der Bauart verschieden ausgebildet. Bei kleineren Lichtmaschinen mit aufgesetztem Reglerkästchen sind die Anschlüsse der Maschine an diesem untergebracht (Bild 55). Die Zuleitung von der Maschine zum Regler erfolgt durch ein Kabel, welches durch das Polgehäuse hindurchgeführt ist. Bei Maschinen mit eingebautem Regler sitzen die Anschlüsse meist auf derselben isolierenden Grundplatte wie der Regler selbst und sind durch Öffnungen im Kollektorlagerschild zugänglich (Bild 64 u. 68). Bei großen Lichtmaschinen, die meist einen weggebauten Regler besitzen, sind die Anschlußklemmen in einem besonderen Kästchen auf dem Kollektorlagerschild oder auf dem Polgehäuse angebracht.

d) Normung

Es hat sich im Laufe der Jahre als notwendig erwiesen, die in Kraftfahrzeugen eingebauten Lichtmaschinen zu normen. Diese Arbeiten sind jedoch noch nicht zum Abschluß gelangt. Für eine Reihe von Lichtmaschinen liegen schon Normblätter vor, aus denen die für den Einbau und Antrieb der Maschine wichtigen Abmessungen entnommen werden können. Die Normung erstreckt sich insbesondere auf den Durchmesser der Maschine, die Abmessungen und die Lage der Flansche, sowie auf die Bemessung der Antriebszapfen. Nähere Einzelheiten sind aus den Normblättern zu ersehen, von denen bisher die Nummern DIN 72 412 FI bis 72 416 FI erschienen sind; Übersicht und Erläuterungen DIN 72 411 FI.

5. Kombinierte Maschinen

Die Forderung nach möglichst großer Vereinfachung des Einbaues und Antriebes führte zur Entwicklung von kombinierten Maschinen, bei denen zwei oder drei Aufgaben von einer Maschine erfüllt werden. Durch eine solche Zusammenfassung ist man häufig zu Kompromissen gezwungen, da für die Wirkungsweise der einzelnen Maschinenteile nicht immer die besten Voraussetzungen gegeben sind; andererseits gestatten diese Maschinen in vielen Fällen einen günstigen Einbau am Fahrzeug, so daß die sonstigen Nachteile in den Hintergrund treten.

a) Lichtbatteriezünder

Der Lichtbatteriezünder für Kraftwagen besteht aus einer Lichtmaschine, bei der auf der Stromwenderseite senkrecht zur Lichtmaschinenachse ein Zündverteiler angebaut ist, der über Schraubenräder angetrieben wird (Bild 63). (Über die Wirkungsweise des Zündverteilers Einzelheiten in dem bereits erschienenen Teil I „Zündung“ dieses Werkes, Seite 185 ff.). Die Bedeutung des Lichtbatteriezünders für Kraftwagen ist heute gering. Der Zündverteiler zwingt nämlich zu einem zwangläufigen Antrieb des Lichtbatteriezünders und zwar in einem bestimmten Verhältnis zur Motordrehzahl. Für die Lichtmaschine hat sich aber der Riemenantrieb als praktischer erwiesen, weil man dabei leicht das günstigste Übersetzungsverhältnis erzielen kann.

Auf dem Gebiete des Kraftrades hingegen ist der Licht-Batteriezünder von großer Bedeutung, da hier wegen der begrenzten Raumverhältnisse und des Fehlens geeigneter Antriebe die Vereinigung von Zünd- und Lichtteil große Vorteile bringt. Bild 64 zeigt einen Lichtbatteriezünder, der in Anlehnung an eine Motorrad-Lichtmaschine entwickelt wurde. Der Lichtteil ist unverändert von dieser übernommen; im Kollektorlagerschild sind außer dem Lichtmaschinenregler der Zündunterbrecher, Kondensator und die Zündverstellung untergebracht. Dieser Lichtbatteriezünder, dessen Einbau im Kraftrad in Bild 73 zu sehen

Bild 63. Lichtbatteriezünder RIV (Bosch)

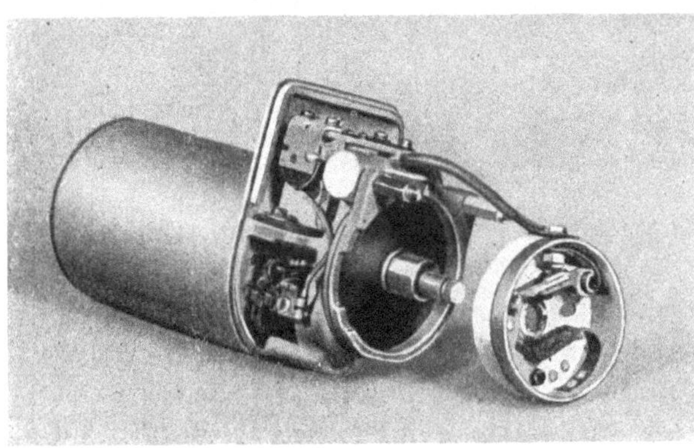

Bild 64. Lichtbatteriezünder RD 1 (Bosch)

ist, wird für 1- und 2-Zylindermotoren gebaut. Er erfordert am Motor einen besonderen Antrieb, da er seiner großen Baulänge wegen nicht in Verlängerung der Kurbelwelle angebaut werden kann. Diesen Nachteil umgeht der in Bild 65 dargestellte Lichtbatteriezünder, der in gut gelöster Weise die meisten der zur elektrischen Anlage des Kraftrades gehörenden Geräte in sich vereinigt und so inbezug auf Anbau ein geschlossenes Ganzes bildet. In dem aus Stahlblech gezogenen Gehäuse sind untergebracht: die Lichtmaschine, der Spannungsregler, die Ladekontrollampe, die Sicherungen für die Verbraucher-Stromkreise, der Zündunterbrecher mit Kondensator, die Zündspule und der Zündschalter.

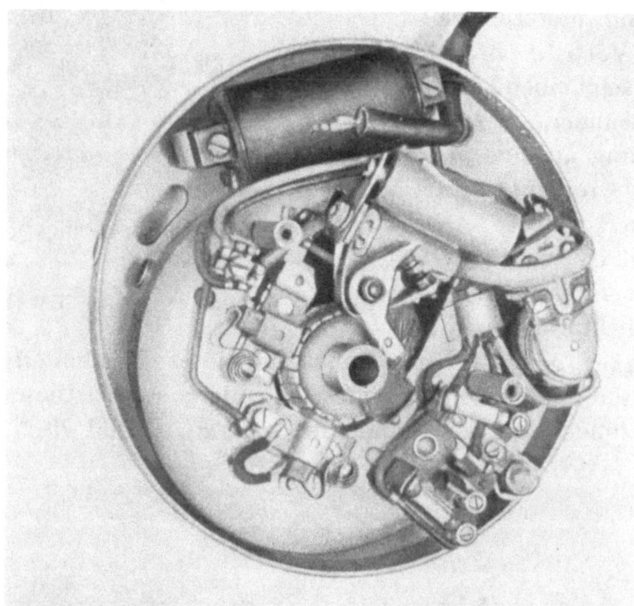

Bild 65. Lichtbatteriezünder MLZ (Noris)

Dadurch kommen viele Verbindungsleitungen am Rad selbst in Wegfall, wodurch die Störanfälligkeit herabgesetzt wird. Der Anker dieses Lichtbatteriezünders sitzt freiliegend auf der Kurbelwelle und das Gehäuse ist am Motorblock angeflanscht. Nach Bedarf kann die Maschine auch als Schwungrad-Lichtbatteriezünder gebaut werden. Der Anker ist dann mit einer Schwungscheibe zusammengebaut (Bild 66) und sitzt mit dieser auf dem freien Ende der Kurbelwelle. Den Einbau dieses Lichtbatteriezünders am Kraftrad zeigt Bild 74.

b) Lichtmagnetzünder

Bezüglich der Verwendung des Lichtmagnetzünders im Kraftwagen gilt das schon beim Lichtbatteriezünder Gesagte. Bild 67 zeigt einen Lichtmagnetzünder; er besteht aus zwei unabhängig voneinander arbeitenden Maschinen, der Lichtmaschine und dem Magnetzünder mit Verteiler. Der Aufbau der Lichtmaschine ist derselbe, wie schon eingehend beschrieben, nur mit dem Unterschied, daß der Antriebszapfen auf die Stromwenderseite verlegt ist. Der Aufbau und die Wirkungsweise des

Bild 66. Anker eines Lichtbatteriezünders mit angebauter Schwungscheibe (Noris)

Magnetzünders wird im Teil I „Zündung" dieses Werkes behandelt (Seite 141 ff.).

Das hauptsächliche Anwendungsfeld für den Lichtmagnetzünder ist das Kraftrad. Man findet in älteren Maschinen vielfach noch den in Bild 68 dargestellten Lichtmagnetzünder, bei dem der Magnetzünder und die Lichtmaschine übereinander in einem Gehäuse untergebracht sind. Beide Maschinen sind auch hier unabhängig voneinander betriebsfähig. Eine Verkoppelung besteht nur insofern, als das Joch der Lichtmaschine zugleich als Joch für die beiden Dauermagnete des Zündapparates benutzt wird. Bei der Magnetisierung der Magnete ist deshalb auf die Polarität der Lichtmaschine Rücksicht zu nehmen. Irgendwelche Nachteile besitzt diese Verkoppelung nicht. Während der Zündanker mit der für ihn eigenen Kurbelwellen- oder Steuerwellendrehzahl läuft, wird der Lichtmaschinenanker mittels einer Stirnradübersetzung mit hoher Drehzahl angetrieben, um eine mög-

Bild 67. Lichtmagnetzünder RIMU für Kraftwagen (Bosch)

lichst hohe Leistung zu erzielen. (Nähere Einzelheiten s. Teil I „Zündung“, Seite 205 ff.).

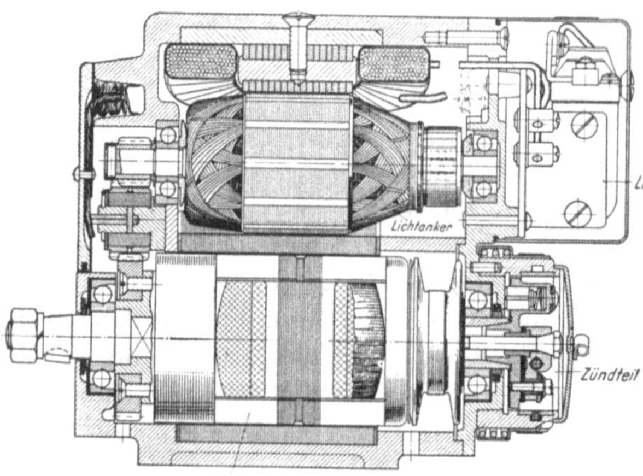

Bild 68. Lichtmagnetzünder D für Krafträder (Bosch)

Für diesen Lichtmagnetzünder gilt bezüglich des Einbaues dasselbe wie für den Lichtbatteriezünder mit beiderseitiger Ankerlagerung. Es hat sich deshalb für Krafträder, ähnlich dem in Verlängerung der Kurbelwelle sitzenden Lichtbatteriezünder, ein in derselben Weise angebauter Lichtmagnetzünder, dessen umlaufende Teile zugleich als Schwungrad dienen, eingeführt. Der Lichtteil dieses Lichtmagnetzünders ist ein Wechselstromerzeuger, der im Abschnitt 3 schon eingehend besprochen wurde; bezüglich des Zündteiles siehe die Ausführungen im ersten Teil „Zündung", Seite 214 ff. Bild 75 zeigt den Einbau eines solchen Lichtmagnetzünders.

c) Lichtanlasser

Während der Zusammenbau von Lichtmaschine und Zünder in erster Linie eine Zusammenfassung in mechanischer Hinsicht darstellt, ist die Vereinigung von Lichtmaschine und Anlasser vor allem deshalb naheliegend, weil die Gleichstrommaschine sowohl als Stromerzeuger als auch als Motor arbeiten kann. Die Probleme, die dabei auftreten, sind sehr vielseitig, da die Betriebsbedingungen und die Leistungsgrößen beim Licht- und Anlasserbetrieb sehr verschieden sind. Das Thema „Lichtanlasser oder Zweimaschinensystem" wird jedoch in dem III. Teil dieses Werkes „Anlasser" ausführlich behandelt, da für die Bemessung des Lichtanlassers in erster Linie die Forderungen von der Anlasserseite her bestimmend sind. Dort wird dann auch die Sonderbauart des Schwunglichtanlaßzünders besprochen werden, eine Vereinigung von Lichtmaschine, Anlasser, Zündunterbrecher und Schwungrad in einer Maschine.

6. Einbau und Antrieb der Lichtmaschine

a) Befestigungsarten

Für die Befestigung der Lichtmaschine am Motor sind drei Bauarten üblich und zwar:

Sattelbefestigung,
Schwenkarmbefestigung und
Flanschbefestigung.

Bei der Sattelbefestigung nach Bild 69 liegt die Lichtmaschine in einem genau nach dem Gehäusedurchmesser der Lichtmaschine ausgedrehten Sattel, der meist am Motorgehäuse angegossen ist. Es können auch besondere, anschraubbare Aufspannplatten verwendet werden. Kleinere Lichtmaschinen werden mittels Spannbändern befestigt; bei größeren Lichtmaschinen sollten kräftige, das Lichtmaschinengehäuse satt umschließende Spannbügel verwendet werden. Es muß unter allen Umständen vermieden werden, daß sich das Polgehäuse der Lichtmaschine durch das Aufspannen verformt, da sonst die Gefahr besteht, daß der Anker an den Polschuhen streift und durch übermäßige Erhitzung zerstört wird. Um Wärmeleitung von heißen Motorteilen her möglichst zu verringern, ist es zweckmäßig, den Sattel für die Lichtmaschine als schmale, hohe Stege auszubilden.

Die Schwenkarmbefestigung kommt für kleinere, durch Riemen angetriebene Lichtmaschinen in Frage (s. Bild 55

Bild 69. Einbau einer Lichtmaschine mit Sattelbefestigung

u. 70). Sie gestattet ein einfaches Nachspannen des Riemens durch mehr oder weniger starkes Ausschwenken der Lichtmaschine. Es ist wichtig, daß das Sockelmaß, das ist das Maß zwischen den beiden Befestigungslappen, genau eingehalten wird. Bei Über- oder Unterschreiten des vorgeschriebenen Maßes besteht die Gefahr, daß die meist aus Grauguß bestehenden Schwenkarme brechen.

Die Flanschbefestigung hat heute bei üblichen Fahrzeugen nur noch eine untergeordnete Bedeutung. Dafür sind in erster Linie Fragen des Antriebes entscheidend, die weiter unten erörtert werden. Es gibt zwei Ausführungsarten, den Dreilochflansch für den Anbau an das Motor- oder Getriebegehäuse und den Gabelflansch (Bild 56), der für Lichtmaschinen mit Riemenantrieb gedacht ist und durch Verschieben der Lichtmaschine in der Gabel ein Spannen des Riemens ermöglicht.

Bei allen Befestigungsarten ist dafür zu sorgen, daß an den Auflageflächen der Lichtmaschine eine elektrisch gut leitende Verbindung zum Motor vorhanden ist. Vom Motor zum Fahrgestell ist ebenfalls eine gute „Masse"-Verbindung mit ausreichendem Querschnitt herzustellen.

b) Gesichtspunkte für den Einbau der Lichtmaschine

Das einwandfreie Arbeiten der Lichtmaschine erfordert die Berücksichtigung einer Reihe von Punkten, die beim Einbau zu beachten sind. Wenn nicht durch die Lage an sich die Maschine genügend geschützt ist, so sind besondere Maßnahmen zu ergreifen, daß schädigende Einflüsse, die die Betriebssicherheit und Lebensdauer der Lichtmaschine herabsetzen, weitgehend vermieden werden. Außerdem ist auf möglichst gute Zugänglichkeit der Lichtmaschine zu achten.

Die Lichtmaschine ist vor Schmier- und Kraftstoff zu schützen. Läßt sich ein Einbau z. B. unter einer Kraftstoff-Einspritzpumpe nicht vermeiden, so sind geeignete Abtropfbleche anzubringen. Das Eindringen von Dieselkraftstoff hat Schäden am Stromwender und an den Kohlebürsten zur Folge; bei Zutritt von Benzin besteht Brand- oder Explosionsgefahr. Beim Eindringen von Öl in die Lager, z. B. bei direktem Anflanschen an das Motor- oder Getriebegehäuse, wird das Kugellagerfett gelöst und mit der Zeit das Lager ausgewaschen, was zu Lagerstörungen führt.

Gegen Witterungseinflüsse und Verschmutzung von der Straße her ist die Lichtmaschine durch ihren Einbau unter der Motorhaube in der Regel genügend geschützt. Es werden jedoch auch besondere, gegen Spritz- und Schwallwasser geschützte Ausführungen gebaut, die in besonders ungünstigen Fällen, z. B. bei Ackerschleppern oder ähnlichen Fahrzeugen eingebaut werden können. Wie die Erfahrung gelehrt hat, sind geringe Mengen Straßenstaub für die Betriebssicherheit der Lichtmaschine nicht nachteilig, auch wenn derselbe bei belüfteten Maschinen durch die Maschine hindurch geblasen wird. Besonders starker Verschmutzung sind die in Krafträdern eingebauten Lichtmaschinen ausgesetzt. Bei den Lichtzündmaschinen, welche in Verlängerung der Kurbelwelle eingebaut sind, muß besonderes Augenmerk auf völlige Öldichtheit des auf der Lichtmaschinenseite liegenden Kurbelwellenlagers gerichtet werden, damit keine Verölung der Maschine eintreten kann. Der Verschmutzung von der Straße her muß durch wasserdichte Verschlußkapseln vorgebeugt werden.

Beim Einbau der Lichtmaschine ist die Forderung leichter Zugänglichkeit besonders zu beachten. Zum Beispiel müssen Maschinen mit Riemenantrieb, die zum Nachspannen des Riemens geschwenkt werden können, sich leicht lösen und wieder festziehen lassen. Außerdem sollte das Verschlußband oder die Verschlußkapsel auch bei eingebauter Lichtmaschine leicht abgenommen werden können, um ein gelegentliches Nachsehen des Stromwenders und der Kohlebürsten zu ermöglichen.

c) Kühlung

Besonders wichtig ist die Sorge für eine ausreichende Kühlung der Lichtmaschine und der Schutz derselben gegen Wärmezufuhr vom Motor her. Die verschiedenen Arten der Lichtmaschinenkühlung wurden schon in Bild 29 gezeigt; beim Einbau der Lichtmaschine muß nun dafür gesorgt werden, daß die angestrebte Kühlung auch tatsächlich erreicht wird.

Ungelüftete Maschinen werden durch den außen an der Lichtmaschine vorbeiströmenden Fahrwind gekühlt. Auch der vom Ventilator des Motors erzeugte Luftstrom kann für die Kühlung der Lichtmaschine herangezogen werden. Es ist beim Einbau darauf zu achten, daß die Kühlluft ungehindert und möglichst allseitig die Lichtmaschine bestreichen kann.

Die Luftgeschwindigkeit über der Lichtmaschine sollte bei 20 km Fahrgeschwindigkeit mindestens 4 m/s, die Temperatur der Kühlluft höchstens + 40° C betragen. Die ungelüftete Lichtmaschine sollte nach Möglichkeit nur in solchen Fällen Verwendung finden, wo wegen starker Verschmutzungsgefahr eine Belüftung der Lichtmaschine nicht möglich ist.

Am meisten kommt heute die durchlüftete Lichtmaschine zur Anwendung, da sie bei gleichen Abmessungen eine höhere Leistungsentnahme als die ungelüftete Maschine gestattet. Die Durchlüftung erfolgt mittels eines mit der Antriebsriemenscheibe oder Kupplung vereinten Lüfters, der die Kühlluft entweder durch Schlitze im Verschlußband oder durch Öffnungen im Kollektorlagerschild in Längsrichtung durch die Maschine saugt, siehe Bild 55. Die angesaugte Luft muß möglichst staubarm und darf nicht durch die vom Motor kommende Wärme stark vorgewärmt sein. Auch bei dieser Kühlung ist möglichst noch zusätzlich durch außen am Lichtmaschinengehäuse entlangströmende Luft zu kühlen.

Bei größeren Lichtmaschinen findet man häufig die Stromwenderbelüftung. Bei ihr wird die Kühlluft durch einen Ansaugstutzen dem Raum im Kollektorlagerschild zugeführt, umspült dort Stromwender und Bürsten und wird mittels eines auf dem Achsstummel sitzenden Lüfterrades durch Schlitze in der Verschlußkapsel ausgestoßen (Bild 57). Die zugeführte Kühlluft muß auch hier möglichst rein und sollte nicht über + 40° C warm sein. Ist der Raum um die Lichtmaschine mit Benzin- oder Öldämpfen angereichert, so kann auf den Lufteintrittsstutzen ein Schlauch gesetzt werden, der an eine Stelle geführt wird, wo einwandfreie Kühlluft vorhanden ist. Die Temperatur der die Lichtmaschine umgebenden Luft sollte keinesfalls + 70° C überschreiten.

Beim Einbau ist besonders auch darauf zu achten, daß möglichst wenig Wärme vom Motor her durch Strahlung oder Leitung der Lichtmaschine zugeführt wird. Es ist daher der Einbau der Lichtmaschine in der Nähe der Auspuffleitung möglichst zu vermeiden. Wenn er sich nicht umgehen läßt, sind geeignete Abschirmbleche anzuordnen.

d) Antriebsarten

Für den Antrieb der Lichtmaschine kommt entweder ein Gummikeilriemen oder eine elastische Kupplung in Frage. Der Antrieb mittels Gummikeilriemen, der bis zu den größten vorkommenden Leistungen betriebssicher arbeitet, hat den großen Vorzug, daß das für die Leistungsabgabe günstigste Übersetzungsverhältnis gewählt werden kann. Die Anordnung des Antriebes geschieht bis zu Motoren mittlerer Größe in der Regel im Dreieck nach der in Bild 70 gezeigten Art. Der Antrieb erfolgt von der unten auf der Kurbelwelle sitzenden

Riemenscheibe über Lichtmaschine und Wasserpumpe, auf deren Welle zugleich der Ventilator für den Motor sitzt. Das Spannen des Riemens wird durch Schwenken der Lichtmaschine (Bild 70) oder, wenn diese als Sattelmaschine eingebaut ist, durch

Bild 70. Einbau einer Lichtmaschine mit Schwenkarmbefestigung und Riemenantrieb

Herausnehmen von Zwischenlagen aus der in zwei Hälften zerlegbaren Riemenscheibe (Bild 71) vorgenommen. Es ist wichtig, daß der Keilriemen immer mit genügend großer Vorspannung läuft, da er sonst rutscht und die Lichtmaschine ungenügende Leistung abgibt. Bis zu einer Leistung von etwa 500 W kann der Einfach-Keilriemen verwendet werden, darüber hinaus sind Doppel-Keilriemen zweckmäßiger.

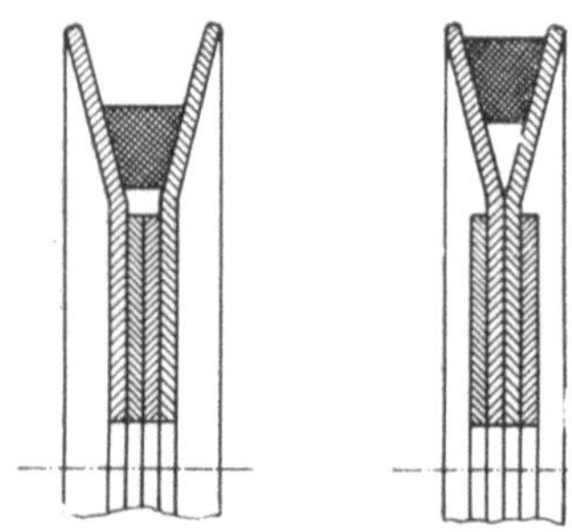

Bild 71. Teilbare Riemenscheibe zum Nachspannen des Riemens

Ein ebenfalls betriebssicherer Antrieb ist der mittels einer elastischen Kupplung. Dieser Antrieb wird insbesondere bei größeren Lichtmaschinen verwendet. Er hat den Vorzug, daß er keiner Wartung bedarf und keinem Verschleiß unterliegt. Bild 69 zeigt eine mittels elastischer Kupplung angetriebene Lichtmaschine. Der Aufbau einer Kupplung anderer Bauart ist in Bild 72 dargestellt. Diese Gummikupplung besteht aus zwei mit

Klauen versehenen Kupplungsscheiben, zwischen denen eine Mitnehmerscheibe aus Weichgummi liegt. Außen über der Mitnehmerscheibe ist ein Versteifungsring angebracht. Da die Kupplung auch für Zünder benutzt wird, ist der Antriebsteil verstellbar.

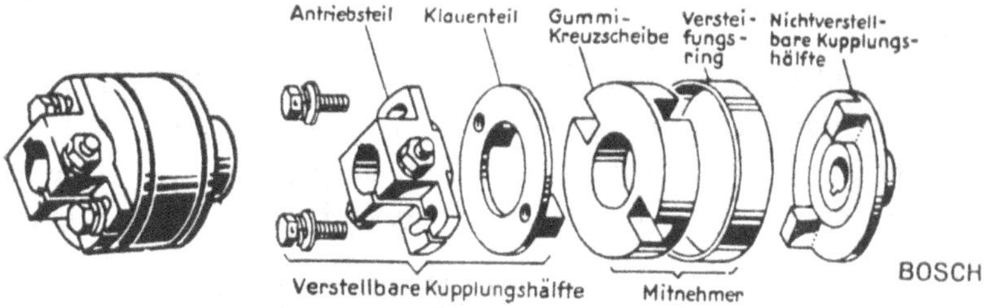

Bild 72. Einzelteile einer Gummikupplung

Es werden noch zwei Antriebsarten erwähnt, die aber nach heutigen Erfahrungen möglichst vermieden werden sollen. Der Antrieb mittels Zahnrad wirkt sich auf die Lichtmaschine ungünstig aus, da wegen der starren Kraftübertragung die vom

Bild 73. Einbau eines Lichtbatteriezünders RD 1 an einem Kraftrad

Verbrennungsmotor herrührenden Drehschwingungen unvermindert übertragen werden. Der Raum, in den das Zahnrad hineinragt, muß auf jeden Fall frei von Öl, insbesondere frei von Öldruck sein, da sonst Verölung der Lichtmaschine eintritt.

Auch der Tandem-Antrieb von Lichtmaschine mit anderen Geräten, wie Wasserpumpe, Luftpresser oder dergl., sollte nach Möglichkeit vermieden werden. Vielfach lassen sich nicht die für beide Geräte günstigsten Drehzahlverhältnisse erreichen, auch ist bei Ausfall eines Gerätes häufig die Betriebsfähigkeit in Frage gestellt.

Die Bilder 73 bis 75 zeigen Einbaubeispiele für die Lichtmaschine am Kraftrad. In Bild 73 ist der Einbau des Lichtbatteriezünders RD 1 der Firma Bosch dargestellt. Die Maschine liegt seitlich neben dem Motorgehäuse und ist so leicht zugäng-

Bild 74. Einbau eines Lichtbatteriezünders MLZ an einem Kraftrad

lich untergebracht. Bild 74 zeigt den Anbau des Lichtbatteriezünders MLZ der Firma Noris, in Bild 75 ist der Anbau des Schwunglichtmagnetzünders ULD der Firma Bosch an einem Kraftradmotor dargestellt. Beide Bilder veranschaulichen deutlich den Vorteil, den diese beide Maschinen dem Motorbauer inbezug auf einen geschlossenen, formschönen Anbau bieten.

e) Die Wahl des Übersetzungsverhältnisses

Um Mißverständnisse auszuschließen, werden zunächst die zum Teil schon früher gegebenen Erläuterungen der verschiedenen Drehzahlwerte nochmals zusammengefaßt.

Unter Nenndrehzahl versteht man die Drehzahl, von der ab die Lichtmaschine in warmem Zustand ihre Nennleistung abgibt.

Die Leerlaufdrehzahl oder Nullwattdrehzahl ist die Drehzahl, bei der die Lichtmaschine in warmem Zustand ihre Nennspannung erreicht, ohne dabei belastet zu sein.

Unter Einschaltdrehzahl versteht man die Drehzahl, bei der der Rückstrom-Schalter die Lichtmaschine mit dem Netz verbindet.

Die Höchstdrehzahl ist die mit Rücksicht auf Erwärmung und Lebensdauer höchstens zulässige Drehzahl der Lichtmaschine.

Bild 75. Einbau eines Schwungrad-Lichtmagnetzünders ULD an einem Kraftradmotor

Bei der Wahl des Übersetzungsverhältnisses sind folgende Gesichtspunkte zu berücksichtigen:

1. Die Nenndrehzahl der Lichtmaschine sollte bei der niedrigsten, im direkten Gang auf der Ebene möglichen Fahrgeschwindigkeit erreicht werden.
2. Die Leerlaufdrehzahl (Nullwattdrehzahl) der Licht-

maschine sollte möglichst unterhalb der Leerlaufdrehzahl des Motors liegen.

3. Die Einschaltdrehzahl der Lichtmaschine darf mit Rücksicht auf die Schalterkontakte nicht mit der Leerlaufdrehzahl des Motors zusammenfallen.
4. Die Höchstdrehzahl der Lichtmaschine darf bei der Dauer-Höchstdrehzahl des Motors nicht überschritten werden.

Es ist nun nicht immer möglich, sämtliche vier Forderungen gleichzeitig zu erfüllen, insbesondere dann nicht, wenn der Motor einen großen Drehzahlbereich hat. In diesen Fällen muß dann auf die Forderung 2. verzichtet und die Leerlaufdrehzahl der Lichtmaschine knapp über die obere Grenze der Leerlaufdrehzahl des Motors gelegt werden. Grundsätzlich muß danach gestrebt werden, den gesamten Drehzahlbereich der Lichtmaschine voll auszunützen.

Zum besseren Verständnis wird die Wahl des günstigsten Übersetzungsverhältnisses an Hand von einigen Beispielen erläutert, die zugleich zeigen, wie in der Praxis bei der Wahl des Übersetzungsverhältnisses zweckmäßig verfahren wird, um den aufgestellten Forderungen gerecht zu werden.

Beispiel 1.

Otto-Motor: Leerlaufdrehzahl 400—600 U/min
Höchstdrehzahl 3800 U/min

Lichtmaschine der Fa. Bosch Typ RIH 130/6/2200:

Leerlaufdrehzahl	1250 U/min
Einschaltdrehzahl	1350 U/min
Nenndrehzahl	2200 U/min
Höchstdrehzahl	7000 U/min

Die Leerlaufdrehzahl der Lichtmaschine wird hier zweckmäßigerweise etwa 100 U/min über die Leerlaufdrehzahl des Motors gelegt, also bei etwa 700 U/min; damit wird das Übersetzungsverhältnis 700 : 1250 = rund 1 : 1,8. Bei Höchstdrehzahl des Motors wird die Lichtmaschinendrehzahl dann

$$1{,}8 \cdot 3800 = 6840 \text{ U/min}.$$

Diese Drehzahl liegt knapp unter der höchst zulässigen Drehzahl der Lichtmaschine; der Drehzahlbereich ist also gut ausgenützt (Bild 76). Die Forderung 2. konnte hier nicht erfüllt werden, da wegen Überschreitens der Höchstdrehzahl das Übersetzungsverhältnis nicht so groß gewählt werden

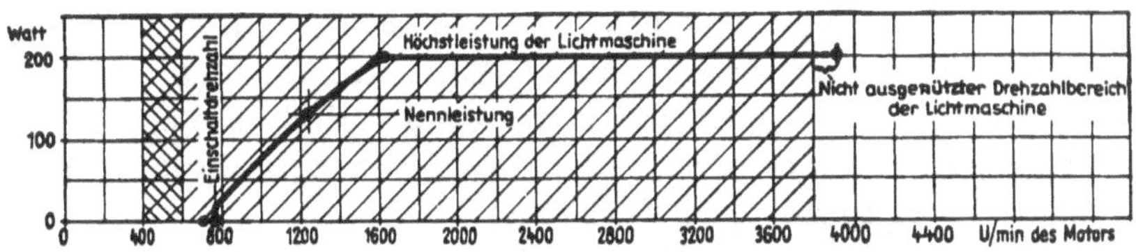

Bild 76. Leistungskennlinie der Lichtmaschine RIH 130/6/2200 (Bosch) bei einer Übersetzung Motor: Lichtmaschine = 1 : 1,8

konnte, daß die Leerlaufdrehzahl der Lichtmaschine **unter** derjenigen des Motors gelegen hätte.

Beispiel 2.

Diesel-Motor:	Leerlaufdrehzahl	350—600 U/min
	Höchstdrehzahl	2300 U/min

Bosch-Lichtmaschine Typ RKC 300/12/1400:

Leerlaufdrehzahl	1000 U/min
Einschaltdrehzahl	1100 U/min
Nenndrehzahl	1400 U/min
Höchstdrehzahl	6000 U/min

Wird die **Leerlaufdrehzahl** der Lichtmaschine 50 U/min **über** die Leerlaufdrehzahl des Motors gelegt, so ergibt sich ein

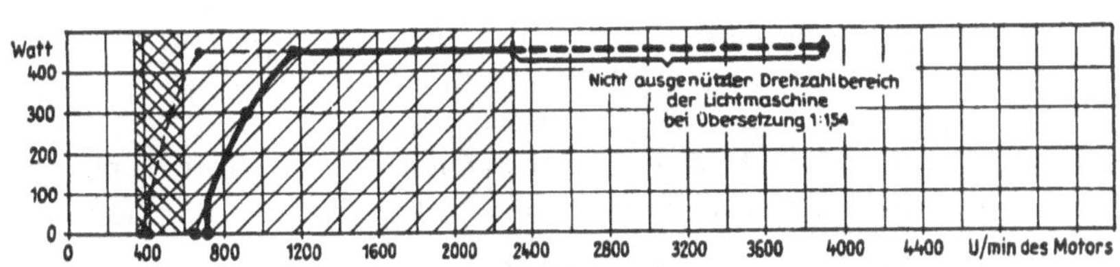

Bild 77. Leistungskennlinie der Lichtmaschine RKC 300/12/1400 (Bosch) bei einer Übersetzung Motor: Lichtmaschine = 1 : 1,54

Übersetzungsverhältnis 650 : 1000 = 1 : 1,54. Die Lichtmaschinendrehzahl ist dann bei höchster Motordrehzahl 2300 · 1,54 = 3550 U/min. Wie aus Bild 77 ersichtlich, ist in diesem Fall der obere Drehzahlbereich der Lichtmaschine nicht ausgenützt. Mit Rücksicht auf die Höchstdrehzahl der Lichtmaschine könnte das Übersetzungsverhältnis 2300 : 6000 = 1 : 2,61 betragen. Bei diesem Übersetzungsverhältnis würde dann die Einschaltdrehzahl der Lichtmaschine bei 1100 : 2,61 = 422 U/min liegen. Da diese Drehzahl in den Leerlaufbereich des Motors fällt, so darf dieses größere Übersetzungsverhältnis nicht angewandt werden, sondern es muß bei dem zuerst gewählten Übersetzungsverhältnis 1 : 1,54 bleiben.

Beispiel 3.

Schlepper-Motor:	Leerlaufdrehzahl	600—800 U/min
	Höchstdrehzahl	1500 U/min

Lichtmaschine der Fa. Bosch Type REE 75/6/2000:

Leerlaufdrehzahl	1200 U/min
Einschaltdrehzahl	1350 U/min
Nenndrehzahl	2000 U/min
Höchstdrehzahl	5500 U/min

Hier sollte mit Rücksicht auf gute Batterieladung die Einschaltdrehzahl der Lichtmaschine unter die Leerlaufdrehzahl des Motors gelegt werden, da der

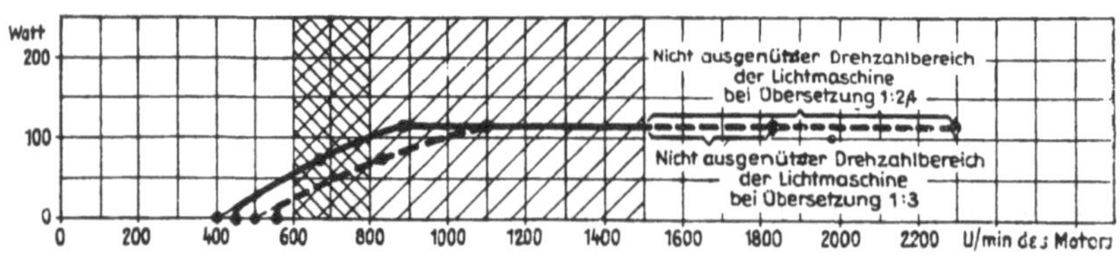

Bild 78. Leistungskennlinie der Lichtmaschine REE 75/6/2000 (Bosch) an einem Schleppermotor

Motor oft längere Zeit im Leerlauf betrieben wird. Mit Rücksicht auf den kleinen Drehzahlbereich des Motors ist dies möglich.

Legt man die Leerlaufdrehzahl der Lichtmaschine auf 400 U/min, so wird das Übersetzungsverhältnis 400 : 1200 = 1 : 3. Die Drehzahl der Lichtmaschine bei Motorhöchstdrehzahl ist dann 1500 · 3 = 4500 U/min. Den oberen Drehzahlbereich der Lichtmaschine noch mehr auszunutzen ist nicht zweckmäßig, da Schlepper-Motoren häufig mit Höchstdrehzahl laufen. Es liegt auch sonst kein Grund dafür vor, da die Lichtmaschine genügend

Ladung gibt und ein Tieferlegen der Einschaltdrehzahl nicht nötig ist (Bild 78).

Man erkennt aus diesen Beispielen, wie man bei der Wahl des Übersetzungsverhältnisses verschiedene Forderungen berücksichtigen muß und deshalb bei der Festlegung der Größe des Übersetzungsverhältnisses freie Hand haben sollte. Damit ist aber der Vorteil des Keilriemenantriebes erwiesen, mit dem man alle praktisch vorkommenden Übersetzungsverhältnisse beherrschen kann.

f) Leitungsquerschnitte

Die Leitungen von der Lichtmaschine zur Batterie und zum Schaltkasten müssen mit Rücksicht auf den zulässigen höchsten Spannungsabfall und die zulässige Erwärmung der Leitungen ausreichend bemessen sein. Der zulässige Spannungsverlust u in den Leitungen beträgt bei den Niederspannungsanlagen im Kraftfahrzeug 2,5% der Nennspannung. Das sind bei der

6 V-Anlage 0,15 V
12 V-Anlage 0,3 V
24 V-Anlage 0,6 V.

Den Leitungsquerschnitt errechnet man damit nach der Formel

$$q = \frac{\varrho \cdot L \cdot I}{u} \, .$$

Die Länge L der Leitung ist dabei einfach einzusetzen, da die Rückleitung über die Fahrzeugmasse wegen der großen Querschnitte unberücksichtigt bleiben kann. I ist die höchste Stromstärke der Lichtmaschine und ϱ der spezifische Widerstand des Leitungsmaterials.

Um die Ermittlung des erforderlichen Leitungsquerschnittes zu erleichtern, ist in Bild 79 die obige Gleichung in Form eines Nomogrammes dargestellt. Auf der linken Leiter A ist die Stromstärke, auf der rechten C die Leitungslänge bei verschiedenen Nennspannungen aufgetragen. Verbindet man zwei Punkte auf den äußeren Leitern, so gibt der Schnittpunkt mit der mittleren Leiter B den gesuchten Leitungsquerschnitt an.

Beispiel: Leitungslänge bei einer 12 V-Anlage 5 m, Höchststromstärke der Lichtmaschine 80 A. Der erforderliche Leitungsquerschnitt ergibt sich zu 25 mm² Kupfer (Bild 79).

Da die Aluminiumleitungen nach dem leitwertgleichen Nennquerschnitt der Kupferleitung benannt werden, gilt der er-

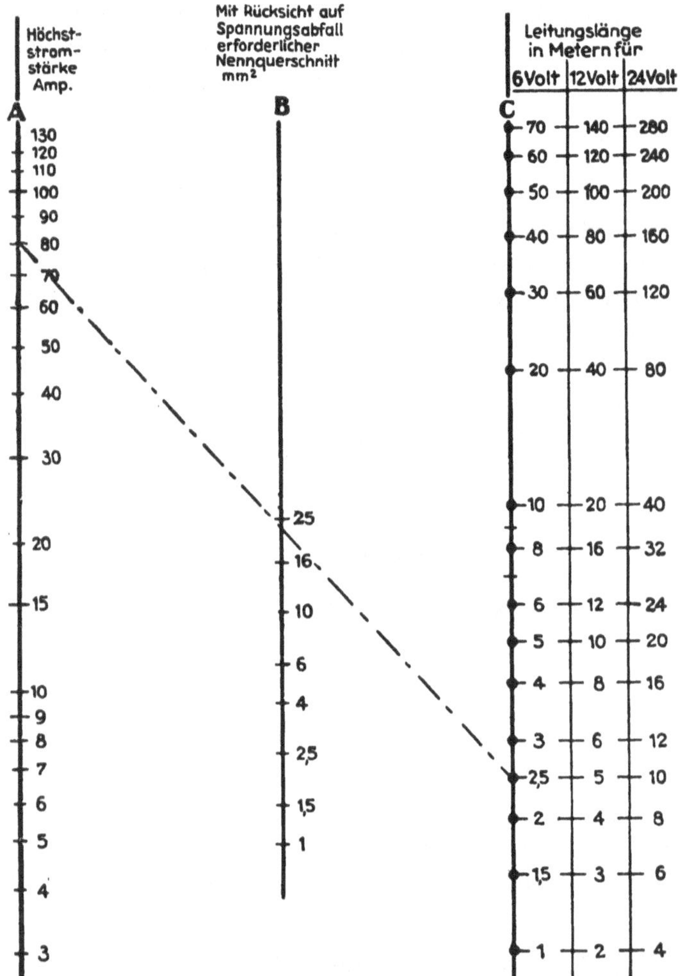

Bild 79. Fluchtlinientafel zur Ermittlung von Leitungsquerschnitten

mittelte Querschnitt auch als Nennquerschnitt für Aluminiumleitungen.

Bei dem auf diese Art ermittelten Leitungsquerschnitt ist nun noch nachzuprüfen, ob der gefundene Querschnitt bezüglich der

Leitungserwärmung ausreicht. Er muß in dieser Hinsicht den in der nachstehenden Tafel Bild 80 genannten Mindestwerte genügen.

Kupferquerschnitt mm²	Stromstärke A
1,5	10
2,5	15
4	20
6	30
10	50
16	80
25	130

Bild 80. Höchstens zulässiger Belastungsstrom für Niederspannungsleitungen in Kraftfahrzeugen

7. Wartung und Störungsbehebung

a) Wartung der Lichtmaschine

Die Stromerzeugungsanlage in den Kraftfahrzeugen arbeitet weitgehend selbsttätig, so daß eine laufende Wartung nicht notwendig ist. In gewissen Zeitabständen ist aber dennoch eine Nachprüfung der dem Verschleiß unterliegenden Bauteile der Lichtmaschine erforderlich. Der Stromwender und die Kohlebürsten sind etwa alle 10000 km nachzusehen. Nach Abnahme des Verschlußbandes oder der Schutzkapsel werden die Federn, die die Bürsten auf den Stromwender drücken, abgehoben. Dabei muß vermieden werden, daß sich die Federn verbiegen, da sonst der Bürstendruck nicht mehr stimmt. Nun wird nachgeprüft, ob sich die Bürsten leicht in den Führungen bewegen lassen. Sind die Bürsten verschmutzt, so daß sie dadurch in den Bürstenhaltern klemmen, so müssen sie herausgenommen und gereinigt werden. Dies geschieht am besten mit einem mit Benzin angefeuchteten Lappen. Auch die Bürstenhalter sind bei dieser Gelegenheit zu reinigen, etwa abgelagerter Kohlenstaub ist auszublasen. Sind die Kohlebürsten zu weit abgelaufen, was z. B. daran zu erkennen ist, daß die Kupferlitze an der dafür vorgesehenen Aussparung im Bürstenhalter anzustoßen droht, so müssen sie ausgewechselt werden. Es dürfen als Ersatz nur die von der Herstellerfirma vorgeschriebenen Kohlen eingebaut werden, da nur diese aus den früher dargelegten Gründen die Gewähr für einwandfreies Arbeiten bieten. Beim

Einsetzen von Ersatzkohlen ist darauf zu achten, daß an der Lauffläche der Bürsten die Rundung des Stromwenders eingeschliffen ist. Ist dies nicht der Fall, so liegen die Kohlen nicht auf ihrer ganzen Breite auf dem Stromwender auf. Während der Zeit des Einlaufens, die bei harten Elektrografitkohlen sehr lange dauern kann, ist dann keine einwandfreie Stromwendung möglich, und es kann unter Umständen eine unzulässig hohe Erwärmung der Bürsten und des Stromwenders eintreten.

Der Stromwender ist bei Verschmutzung ebenfalls mit Hilfe eines mit Benzin angefeuchteten, nicht fasernden Lappens zu reinigen. Zeigt es sich, daß der Stromwender starke Brandstellen hat, stark eingelaufen oder unrund geworden ist, so muß er abgedreht werden. Dies geschieht am besten in einer gut eingerichteten Spezialwerkstätte, weil dabei besondere Regeln zu beachten sind.

Die Schmierung der Lichtmaschine bedarf in der Regel keiner besonderen Wartung, da die Fettfüllung in den Wälzlagern bis zur Grundüberholung der Lichtmaschine ausreicht. Bei Lichtmaschinen mit Gleitlagern ist der Ölvorrat im Schmierdocht für eine längere Betriebszeit ausreichend. Es sind hier die Schmiervorschriften der Herstellerfirmen zu beachten. Bei der Nachschmierung muß vermieden werden, daß zuviel Öl in die Ölvorratsräume gefüllt wird, damit kein überschüssiges Öl auf den Stromwender gelangt.

Der Riemenantrieb muß in regelmäßigen Abständen auf richtige Riemenvorspannung geprüft werden. Die Riemenspannung des Keilriemens muß so stark sein, daß sich der Riemen in der Mitte zwischen zwei Riemenscheiben mit leichtem Druck etwa 1 bis 2 cm durchdrücken läßt.

Im übrigen beschränkt sich die Überwachung der Lichtmaschine auf eine Überwachung der Stromlieferung. Dies geschieht entweder mit einem in den Ladestromkreis eingebauten Strommesser oder mit einer Lampe, der Ladeanzeigelampe. Die Überwachung des Ladestromes mittels Strommessers hat gegenüber der Kontrollampe den Vorteil, daß der Strommesser, durch die Angabe der Größe des Ladestromes eine Überwachung der Lichtmaschinenleistung ermöglicht. Die Kontrollampe, deren grundsätzliche Schaltung aus Bild 81 hervorgeht, zeigt dagegen nur an, daß die Lichtmaschine ihre Nennspannung erreicht hat und die Verbindung mit der Batterie durch den Rückstromschalter hergestellt ist. (Näheres s. Abschnitt III, Seite 118.)

Bei der Hauptüberholung des Fahrzeugmotors, mindestens aber nach etwa 100 000 km ist die Lichtmaschine grundsätzlich zu überholen. Sie wird zu diesem Zweck ausgebaut und zerlegt, Arbeiten, die man am besten dem Fachmann in der Spezialwerkstätte überläßt. Die Lichtmaschine wird gereinigt, die Kugellager werden ausgewaschen und mit neuem Lagerfett gefüllt. Der Stromwender wird, wenn notwendig, sauber überdreht. Nach dem Überdrehen sind die Schlitze zwischen den einzelnen Stromwenderstegen sorgfältig auszukratzen. Es ist darauf zu achten, daß die Glimmerisolation nicht über die Lauffläche des Stromwenders vorsteht, da dies starkes Bürstenfeuer zur Folge hätte. Falls nötig, muß die Isolation zwischen den Stromwenderstegen

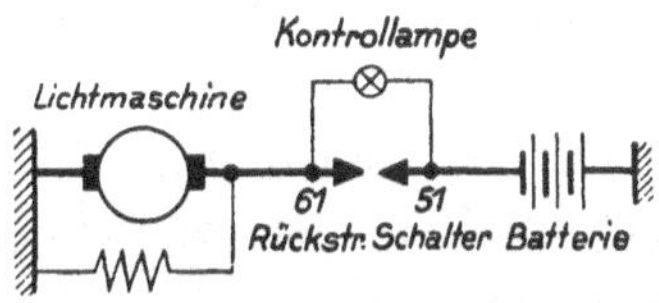

Bild 81. Schaltung der Ladekontrollampe

mittels eines kleinen Sägeblattes von etwa 0,5 mm Dicke ausgesägt werden, so daß die Isolation etwa 0,5 mm unter der Stromwenderlaufbahn zurücksteht. Etwa stehenbleibende Glimmerteilchen sind hernach sorgfältig auszukratzen, und zum Schluß läßt man den Stromwender mit ganz feinem Sandpapier ablaufen, damit jegliche Gratbildung beseitigt wird. Schmirgelpapier oder -leinen darf nicht verwendet werden. Beim Wiederzusammenbau der Lichtmaschine ist darauf zu achten, daß der Anker richtiges Längsspiel (etwa 0,2 mm bei Schulterkugellagern) aufweist, daß sämtliche Kohlebürsten auf dem Stromwender aufliegen, die Kohlenfedern auf die Bürsten drücken, und daß die Leitungen wieder richtig angeschlossen sind.

b) Störungssuche und Störungsbehebung

Es ist nicht die Aufgabe dieses Buches, Reparaturanleitungen für die Lichtmaschine zu geben. Dies würde auch zu großen Umfang annehmen, wollte man dabei auf alle Einzelheiten erschöpfend eingehen. Es muß auch dringend geraten werden, die Instandsetzung von Lichtmaschinen den eigens dafür eingerichteten Spezialwerkstätten zu überlassen. Diese Werkstätten besitzen die für eine gute Instandsetzung erforderlichen Prüfgeräte nebst genauen Prüfanweisungen und verwenden vor allem auch die richtigen Ersatzteile, ohne die ein einwandfreies Arbeiten der Maschinen nicht zu erwarten ist.

Es soll hier lediglich gezeigt werden, wie sich Störungen an der Lichtmaschinenanlage bemerkbar machen und wie zu deren Auffindung vorgegangen werden kann, soweit es sich nicht um einen Eingriff in die Lichtmaschine selbst handelt.

Störungen an der Lichtmaschine machen sich in der Regel durch folgende Anzeichen bemerkbar:

1. Die Ladekontrollampe erlischt bei höheren Drehzahlen nicht oder flackert, oder
2. Der Strommesser im Ladestromkreis zeigt keinen Ladestrom an.
3. Die Ladekontrollampe erlischt bei einer bestimmten Drehzahl, leuchtet aber bei weiterer Drehzahlsteigerung wieder schwach auf.
4. Die Batterie versagt beim Anlassen, ist also schlecht aufgeladen.

Der Fehler kann nun an der Lichtmaschine selbst, an dem Regler oder in der Leitungsanlage liegen. Zum Aufsuchen der Störung geht man am zweckmäßigsten folgendermaßen vor:

Nachdem man sich davon überzeugt hat, daß die Ladekontrolllampe nicht durchgebrannt ist, untersucht man zunächst die Leitungsanschlüsse an der Lichtmaschine und an der Batterie, insbesondere auch, ob die Masseanschlüsse in Ordnung sind. Ebenso werden die Verbindungsleitungen nachgesehen, ob nicht etwa Wackelkontakte vorhanden oder Kabel gebrochen oder durchgescheuert sind. Bei einer stromregelnden Lichtmaschine ist die Sicherung im Erregerstromkreis nachzusehen.

Sind diese Leitungen und Anschlüsse in Ordnung, so prüft man, ob die Befestigung und der Antrieb der Lichtmaschine noch in Ordnung ist. Ist der Keilriemen zu lose, so rutscht er durch und die Lichtmaschine gibt keine Leistung ab.

Nun stellt man fest, ob die Lichtmaschine Spannung erzeugt. Dies geschieht am besten mit Hilfe einer kleinen Prüflampe (Glühlampe 6 oder 12 V, je nach der Nennspannung der Anlage). Bei Lichtmaschinen mit aufgebautem oder eingebautem Regler schließt man die abgehenden Leitungen ab, wobei man Kurzschluß vermeiden muß, da die Ladeleitung von der Batterie her unter Spannung steht (am besten Masseanschluß an der Batterie abklemmen). Nun legt man bei mit mittlerer Drehzahl laufendem Motor die Prüflampe zunächst an die Hauptklemme für die abgehende Maschinenleitung (meist mit Klemme 51 bezeichnet) und Masse. Leuchtet die Lampe auf, so ist die Lichtmaschine in Ordnung und der Fehler muß in der Leitungsanlage liegen. Leuchtet die Lampe nicht auf, so prüft man an der vor dem Regler liegenden Klemme (meist mit 61 bezeichnet) ob dort Spannung vorhanden ist. Leuchtet jetzt die Lampe auf, so ist der Selbstschalter nicht in Ordnung. Leuchtet die Prüflampe auch hier noch nicht auf, so erregt sich die Maschine nicht; sie muß dann ausgebaut und überprüft werden.

Bei Lichtmaschinen mit weggebautem Regler wird die abgehende Ladeleitung am Regler abgeklemmt, wobei die gleichen Vorsichtsmaßregeln wie oben zu beachten sind. Die Verbindungen zwischen Lichtmaschine und Regler bleiben angeschlossen. Man prüft nun wieder zuerst an der abgehenden Klemme am Reglerkasten und dann direkt an der abgehenden Klemme an der Lichtmaschine. Erregt sich die Maschine wiederum nicht, so kann der Fehler auch noch an der Erregerleitung zwischen Lichtmaschine und Regler liegen. Leuchtet die Prüflampe an der Maschinenklemme auf, so liegt der Fehler im Reglerkasten und letzterer ist auszuwechseln.

III. Die Regelung der Lichtmaschine Der Rückstromschalter

1. Die Aufgaben der Regelung und die Grundlagen für ihre Lösung

a) Die Aufgaben der Regelung

Im vorigen Abschnitt, Seite 13, haben wir schon kurz besprochen, daß die stark wechselnden Arbeitsbedingungen, denen die Lichtmaschine im Kraftfahrzeug unterliegt, besondere Vorkehrungen nötig machen, welche bewirken, daß die an den Verbrauchern auftretende Spannung in gewissen Grenzen gleich bleibt, und die zugleich brauchbare Ladebedingungen für die Batterie schaffen. Es liegt nahe, die Maschine so zu regeln, daß der Einfluß der wichtigsten drei Faktoren, Belastung, Temperatur und Drehzahl ausgeschaltet wird.[1]) Dadurch wird nämlich erreicht, daß nicht nur den Bedürfnissen des Netzes entsprochen, sondern zugleich die Maschine gegen schädliche Beanspruchung geschützt wird. Welcher Art die Anforderungen des Netzes, d. h. der Stromverbraucher und der Batterie, an die Regelung sind, werden wir unten noch erläutern (Seite 112). Dieses Verfahren der Regelung der Maschinenspannung, und zwar durch besondere elektromagnetische Vorrichtungen, die den Erregerstrom beeinflussen, hat sich praktisch überall durchgesetzt. Daneben haben heute die sogenannten selbstregelnden, meist stromregelnden Gleichstrommaschinen kaum noch Bedeutung. Bei ihnen wird nämlich die Netzspannung durch die Spannungslage der Batterie bei Ladung mit derjenigen Stromstärke bestimmt, die der Maschine eigentümlich ist. Die Selbstregelung beschränkt sich darauf, diese Stromstärke nach Möglichkeit konstant zu halten. Da diese Maschinen bis vor

---

[1]) Allgemein unterrichtet über Regelung das Werk: Dr. A. Leonhard, Regelung in der Elektrotechnik, Verlag Springer, Berlin, 1940.

wenigen Jahren in größtem Umfange verwendet wurden, werden wir auf sie noch näher eingehen (Seite 174).

Die bei Leichtmotorrädern üblichen und deshalb sehr verbreiteten Wechselstrommaschinen sind ebenfalls stromregelnde Maschinen, deren Spannung sich nach der Verbraucherlast richtet und von der Drehzahl abhängt (vgl. S. 65).

Die bei der Regelung auftretenden Fragen sind sehr vielseitig, und die technischen Lösungen sind noch immer stark im Fluß. Kennzeichnend für die beim elektromagnetischen Regler zu lösende Aufgabe ist z. B., daß die am häufigsten anzutreffenden Regler in Personenwagen und mittleren Lastwagen auf der Lichtmaschine sitzen und dort neben Spritzwasser, Öl- und Benzindämpfen die Motorschwingungen aushalten und trotzdem mit großer Genauigkeit messen und regeln müssen.

Aus der Vielseitigkeit der Aufgaben ist im Laufe der letzten 30 Jahre eine Vielfalt von Reglerbauarten für Kraftfahrzeuge entstanden, und es sind bei dieser regen Entwicklungstätigkeit bedeutende Fortschritte auf dem Regelungsgebiet erzielt worden. Bevor wir aber darauf näher eingehen, wollen wir das Verhalten der Maschine und ihre Anforderungen an die Regelung und dann das Verhalten der Batterie und der Verbraucher mit den daraus folgenden Anforderungen an die Regelung an Hand ihrer Kennlinien erläutern.

b) Das Verhalten der Maschine

Einfluß der Belastung auf die Maschinenspannung (äußere Kennlinie)

Der Einfluß der Belastung auf die Klemmenspannung eines Generators wird durch die äußere Kennlinie veranschaulicht, die schon auf Seite 37 für die Gleichstrommaschine besprochen wurde. Wir haben im Bild 82 aus dem Bild 21, Seite 38 die Kennlinie für die Nenndrehzahl 2000 U/min einer üblichen Lichtmaschine von 130 Watt Nennleistung herausgezogen. Die Maschine gibt hierbei die höchste Spannung in Leerlauf mit 15 Volt ab. Mit steigender Last fällt die Spannung erst langsam, dann rascher, bis ein Höchststrom von 24 Amp. erreicht ist. Bei weiterem Zuschalten von Verbrauchern, d. h. weiterer Verminderung des äußeren Widerstandes, steigt der Strom nicht mehr, sondern fällt ebenso wie die Spannung rasch ab, weil die Erregung immer schwächer wird. Ein solcher Spannungsverlauf ist natürlich für den praktischen Betrieb unbrauchbar. Insbesondere gilt dies für die hohe Leerlaufspannung, weil auch bei geringer Belastung, d. h. bei Einschalten von wenig und zudem womöglich kleinen Verbrauchern (z. B. tags nur Zündung) die Spannung nahe bei 6 Volt liegen muß. Deshalb muß durch Regelung etwa die gestrichelt eingezeichnete Linie eingehalten werden. Nun ist bekannt, daß man mit Hilfe einer Doppelschlußwicklung (Compounderregung), also durch Zufügen einer vom Hauptstrom abhängigen Erregung zur Nebenschluß-Erregung, eine praktisch von der Last unabhängige äußere Kennlinie erzielen kann, die allen Ansprüchen genügt, wenn man nur diese eine Drehzahl zu berücksichtigen braucht (Bild 18 d, Seite 35). Dies ist bei ortsfesten Maschinen mit geringen Anforderungen an die Genauigkeit der Regelung das übliche Verfahren. Bei den Fahrzeug-Lichtmaschinen kommt es aber nicht in Betracht, weil sich außer der Belastung auch die Drehzahl in weiten Grenzen ändert und das Erregerfeld entgegengesetzt zur Drehzahl beeinflußt werden muß, wenn deren Wirkung auf die Spannung ausgeglichen werden soll. Eine Hauptstromwicklung kann aber ihrer Art gemäß nicht in Abhängigkeit von der Drehzahl wirken.

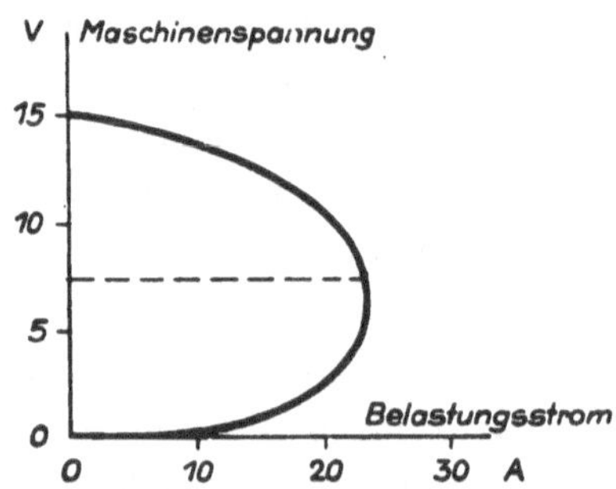

Bild 82
Äußere Kennlinie einer Lichtmaschine

Einfluß der Drehzahl auf die Maschinenspannung und Ausgleich durch Änderung des Erregerstromes

Den sehr starken Einfluß der Drehzahl auf die Maschinenspannung zeigen schon die Kurven in Bild 21. Die zur Aufnahme benutzte Maschine erreicht eine Leerlaufspannung von 7,5 Volt bei 1000 U/min, während sie bei 2000 U/min schon 15 V und bei 6000 U/min sogar 56 V abgibt. Der Einfluß der Drehzahl muß also, wenn man dauernd den später erläuterten Wert von 7,5 V haben will, durch Regelung ausgeglichen werden. Man könnte sich nach dem oben Gesagten eine Doppelschlußmaschine mit Regelung der Antriebsdrehzahl als die gegebene Lösung der Aufgabe vorstellen, aber es hat sich im Laufe der Entwicklung gezeigt, daß ein zuverlässiger Drehzahlregler mit geringem Aufwand nicht gebaut werden kann, und daß es wesentlich einfacher ist, alle Einflüsse auf die Klemmenspannung durch entsprechende Beeinflussung des Erregerstromes in der Nebenschlußwicklung auszugleichen.

Wie man den Erregerstrom verändern muß, um eine von Drehzahl und Last unabhängige Spannung zu erhalten, wurde schon in Bild 22, Seite 38 gezeigt. Wir wollen hier an Hand von Bild 83 noch einige Punkte besprechen, die für die Zusammenarbeit von Maschine und Regler wichtig und daher für dessen Durchbildung maßgebend sind. Die Kurve A—B stellt den Erregerstromverlauf in der leer laufenden, kalten Maschine dar, wenn die Drehzahl sich ändert und die Bürstenspannung durch Regelung des Erregerstromes auf 7.5 V gehalten wird. Der Kurvenzug C bis D gilt für Vollast und warme Maschine ebenfalls bei 7,5 V. Die Anfangspunkte A und C geben an, bei welcher Drehzahl die Maschine sich selbst auf die volle Spannung erregen kann und wo bei steigender Drehzahl der Regler zu arbeiten beginnt („Regelbeginn“), während B und D durch die zulässige oder betriebsmäßige Höchstdrehzahl bestimmt werden.

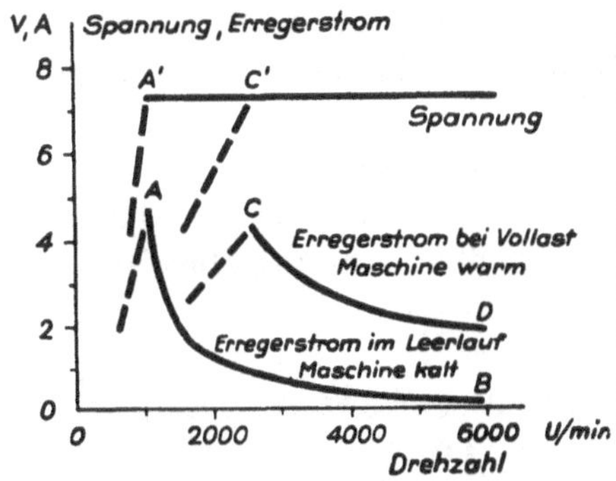

Bild 83. Verlauf des Erregerstromes bei veränderlicher Drehzahl, wenn die Spannung durch Erregerstromänderung gleichgehalten wird

Bei A erkennt man den höchsten Erregerstrom, der hier entsprechend einem Widerstand der Erregerwicklung von 1,5 Ohm etwa 5 A beträgt. Der höchste Erregerstrom verursacht die Höchstbelastung des Verstellgliedes des Reglers und bestimmt maßgebend die Reglerbauart, wie wir später zeigen werden. Von ähnlicher Bedeutung ist der kleinste Erregerstrom im Punkt B, denn er bestimmt die Größe des Regelwiderstandes, der vor die Feldwicklung geschaltet werden muß. Der Strom beträgt hier 0,2 A. Den Unterschied zwischen A und B, in Prozent vom Strom in A ausgedrückt, bezeichnet man als den Regelbereich und findet ihn im gewählten Beispiel zu 96%.

Einfluß der Temperatur auf die Maschinenspannung

Durch Eisen- und Stromwärmeverluste im Kupfer sowie durch die Reibung erhitzt sich die Maschine während des Betriebes beträchtlich; gleichzeitig steigen die Widerstände in den Wicklungen. Die Widerstandszunahme im Feld äußert sich in einer Verkleinerung des größten Erregerstromes (von A nach C in Bild 83). Diese und die Widerstandszunahme im Anker werden durch eine etwas höhere Drehzahl ausgeglichen. Die Kurve C—D würde also bei der kalten Maschine etwas weiter links liegen als in Bild 83 gezeichnet.

Neben der oben genannten Abhängigkeit der Maschinenspannung von Last und Drehzahl muß mithin der Regler auch noch die Veränderung der Maschine durch die Temperatur ausgleichen.

Der Vollständigkeit halber sei auch noch an die Unterschiede erinnert, die an sich gleiche Maschinen auf Grund der Herstellungsabweichungen aufweisen, und die der Regler in ihrer Auswirkung auf die Spannung ebenfalls unschädlich zu machen hat.

c) Das Verhalten der Batterie und der Verbraucher

Batteriekennlinien

Um die äußeren elektrischen Bedingungen für das Arbeiten der Maschine überblicken zu können, muß man sich über die Abhängigkeit des Netzstromes von der Netzspannung klar werden. Wie sich zeigen wird, genügt nämlich eine einfache Regelung auf konstante Spannung, wie sie im letzten Abschnitt angenommen wurde, nur in den seltensten Fällen. Es sind wieder Kennlinien, die uns am sinnfälligsten das Verhalten der Batterie und auch der Verbraucher vor Augen führen.

Bei stehender Maschine entlädt sich der Sammler in die gerade eingeschalteten Verbraucher, während er bei laufender Maschine wieder aufgeladen wird. Im Zusammenhang mit der Regelung ist es also notwendig, die Eigenschaften des Sammlers bei der Ladung genau zu kennen. Aus Lehrbüchern und Batterie-Druckschriften ist nun die Abhängigkeit der Zellenspannung von der Zeit bei einem gleichbleibenden Ladestrom allgemein bekannt (vgl. Seite 196). In einer

Anlage mit Spannungsregelung tritt diese Abhängigkeit völlig in den Hintergrund. Hier ist vielmehr die Spannung das Gegebene, während sich der Ladestrom stark verändert und sich nach Spannung und Ladezustand richtet. Diese Betrachtungsweise erfordert einige Überwindung bei demjenigen, der gewöhnt ist, die Spannung in Abhängigkeit vom Ladezustand steigen zu sehen. Bild 84 zeigt die näheren Einzelheiten im Strom-Spannungs-Schaubild für voll geladene und für 10-stündig entladene, also üblicherweise als leer bezeichnete Batterie. Das Bild ist für eine dreizellige Bleibatterie mit einer Kapazität von 75 Ah und für 20° C gezeichnet.

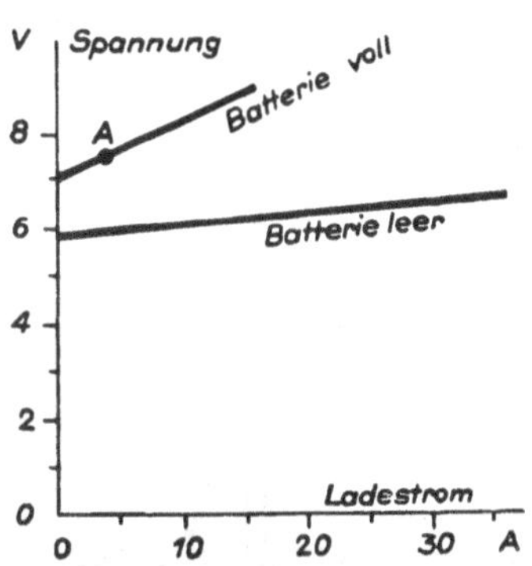

Bild 84. Batterieladekennlinien

Eine volle Batterie darf nur noch einen begrenzten Ladestrom erhalten, weil sie sich sonst zu sehr erhitzt, die Gasentwicklung zu heftig wird und die Platten zerstört werden. Der dauernd zulässige Ladestrom liegt erfahrungsgemäß bei einem Zwanzigstel der Kapazität, in Ampere ausgedrückt. Für das gewählte Beispiel einer 75 Ah-Batterie sind dies rund 4 A. Dieser Strom wird bei einer Ladespannung von etwa 7,5 V erreicht, wofür in Bild 84 der Punkt A eingetragen ist. 7,5 V ist schon die günstigste Arbeitsspannung der Lichtmaschine, die im Interesse rascher Ladung nicht unterschritten und zur Vermeidung der Überladung nicht überschritten werden sollte.

Die eingezeichnete zweite Kennlinie für die Ladespannung einer leeren Batterie kann nach rechts weiter verlängert werden. Sie erreicht die Spannung von 7,5 V bei etwa 150 A, einer Stromstärke, die von einer normalen Lichtmaschine nicht abgegeben werden kann und aus diesem Grunde hier nicht eingezeichnet wurde. Die leere Batterie würde aber diese Ladestromstärke ohne nennenswerten Schaden vertragen.

Verbraucherkennlinien

Während des Laufes der Lichtmaschine eingeschaltete Dauerverbraucher sind Zündung, Glühlampen, Heizgeräte, Scheibenwischer, Brennstoffpumpe und Radiogerät. Die Verbraucher haben nur zum Teil die Kennlinie eines ohmschen Widerstandes; meistens steigt ihr Widerstand mit der Stromstärke, also der Spannung. Besonders charakteristisch ist das Verhalten der Glühlampen, die im kalten Zustand den zehnten Teil des bei Betriebstemperatur meßbaren Widerstandes aufweisen. Motoren von Wischern und Heizgeräten zeigen ähnliche Eigenschaften. Der Einfachheit halber wird aber in Kurvenblättern für die Verbraucher meist eine Gerade durch den Nullpunkt gezeichnet. Vgl. Bild 85!

Zur Nennspannung der Glühlampe als wichtigstem Verbraucher sei noch einiges gesagt. Die Lampe darf bei der höchsten Maschinenspannung nicht durchbrennen, soll aber,

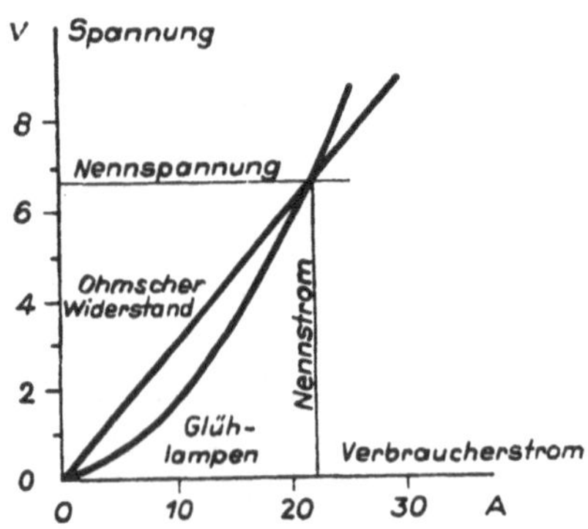

Bild 85. Verbraucherkennlinien

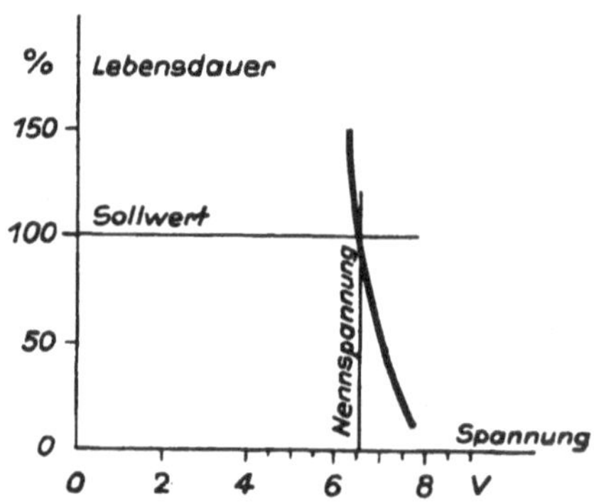

Bild 86. Einfluß der Spannung auf die Lebensdauer von Glühlampen

wenn sie aus der Batterie gespeist wird, noch genügend Lichtleistung abgeben. Leider ist der Unterschied zwischen Lade- und Entladespannung sehr groß. Die Spannung an der Batterie kann je nach Regelungssystem bis zu 8 V ansteigen und liegt bei langsamer Fahrgeschwindigkeit, d. h. bei Entladung durch die Verbraucher, bei 6 V. Der Einfluß dieser großen Schwankung auf die Lebensdauer der Glühlampe ist bedeutend, wie das Bild 86 darstellt. Hieraus erkennt man deutlich, wie berechtigt und selbstverständlich die eingangs erhobene Forderung nach gleichbleibender Lichtmaschinenspannung ist.

Der genannte Unterschied zwingt zu einem Kompromiß. Man läßt zu, daß die nur bei langsamer Fahrt aus der Batterie gespeisten Lampen in diesem Betriebzustand dunkler brennen und richtet sich bei ihrer Bemessung nur nach der Spannung bei schnellerer Fahrt, so daß heute die Scheinwerfer-Hauptlampen unter Berücksichtigung der Spannungsabfälle in Klemmen und Leitungen für eine Nennspannung von 6,3 bzw. 13,5 Volt bemessen werden, während die übrigen Lampen kleiner Leistung eine Nennspannung von 6,75 bzw. 13,5 Volt haben.

2. Der Rückstromschalter

In jeder Anlage, die einen Gleichstromgenerator und einen Sammler enthält, ist ein Schalter notwendig, der die langsam laufende oder still stehende Lichtmaschine von der Batterie trennt, die Verbindung aber herstellt, wenn die Maschine zur Lieferung von Ladestrom bereit ist. Der Schalter muß verhindern, daß sich die Batterie über die langsam laufende Maschine entlädt, muß also den bei kleiner werdender Drehzahl einsetzenden Rückstrom unterbrechen. Der früher häufig als Selbstschalter oder automatischer Schalter bezeichnete Apparat heißt heute sinnfällig Rückstromschalter. Er besteht aus einem mit Spannungs- und Stromwicklung versehenen Elektromagneten, dessen Anker ein Arbeitskontaktpaar betätigt (siehe Bild 87 und vergleiche auch Bild 109, Seite 140, das eine ältere, vielen Lesern deshalb geläufigere Darstellungsweise zeigt).

Der Einfachheit halber ist der Regler in Bild 87 nicht eingezeichnet. Eine Feder Sf hält die Kontakte Sk bei stehender, spannungsloser Lichtmaschine offen. Wird die Lichtmaschine angetrieben und hat sie eine Spannung erreicht, die etwas über der Batteriespannung liegt, so wird der Anker Sa unter der Wirkung der dünndrähtigen Spannungswicklung Sp angezogen, die Kontakte schließen sich und lassen den Strom von der Maschine zur Batterie Ba fließen. Er erzeugt in der Stromwicklung St eine die Wirkung der Spannungswicklung unterstützende Durchflutung, zieht den Anker also mit größerer Kraft an und hält ihn fest. Dieser Zustand bleibt bei weiter steigender Drehzahl erhalten. Sinkt dagegen die Drehzahl so tief, daß die elektromotorische Kraft der Maschine kleiner als die der Batterie wird, dann fließt ein Strom von der Batterie in die Maschine zurück. Dieser Rückstrom wirkt in der Stromwicklung schwächend auf den Elektromagneten, der bei einem bestimmten Rückstrom-Auslösewert seinen Anker losläßt und die Kontakte öffnet, die den Strom unterbrechen und die Maschine von der Batterie abtrennen. Mit Sv sind in Bild 87 die Stromverbraucher, mit Zs der Zündschalter und mit La die Ladeanzeigelampe bezeichnet. Der meist einfach als „Rückstrom“ bezeichnete Auslösewert liegt je nach Größe und Bauart des Schalters im allgemeinen zwischen 2 und 8 Amp. Bei Rückstromschaltern, die klein sein müssen, findet man wegen der kleinen Windungszahl der Stromwicklung häufig den Wert von 8 A, der verglichen mit den üblichen Maximalstromstärken der Lichtmaschinen als außerordentlich hoch erscheint, beträgt er doch bis zu 50% dieses Stromes und mehr. Man muß aber bedenken, daß ein Rückstrom nur über einen kleinen Drehzahlbereich — etwa 5% des gesamten — auftritt, der bei normaler Fahrweise rasch übergangen wird, so daß die

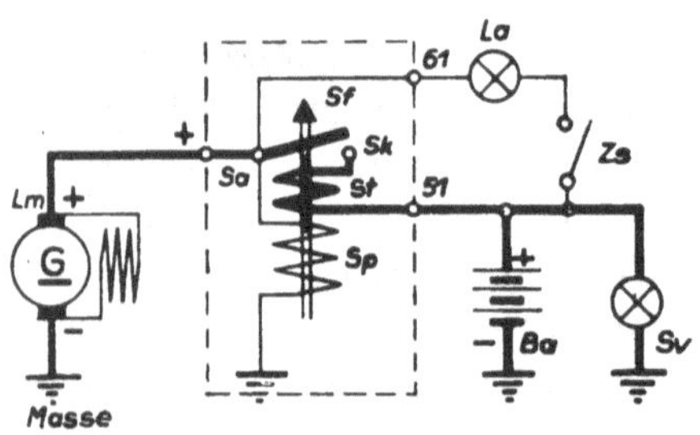

Bild 87.
Schaltbild des Rückstromschalters

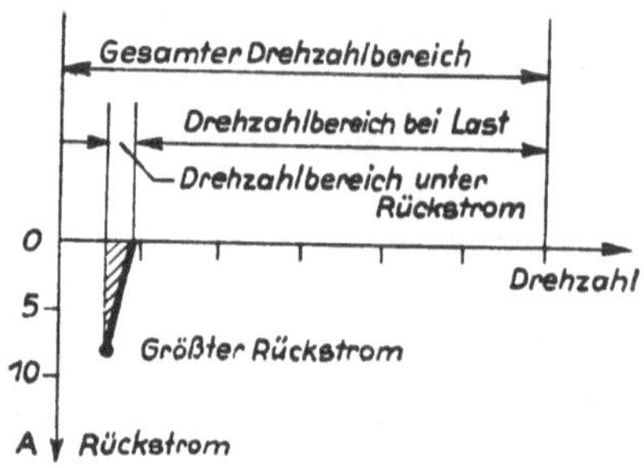

Bild 88. Drehzahlbereich einer Lichtmaschine unter Rückstrom

Entladung der Batterie durch Rückstrom unbedeutend bleibt. Vgl. Bild 88!

In der el. Anlage von Eisenbahnwagen, bei denen jede Geschwindigkeit längere Zeit gefahren werden kann, muß man jedoch dem Rückstrom größere Beachtung schenken. Man verwendet hier teilweise besondere Kunstschaltungen, um ihn klein zu halten.

Ein wichtiger Begriff ist die Einschaltspannung des Rückstromschalters. Damit wird sinnfällig die Spannung bezeichnet, bei der sich die Kontakte schließen. Sie liegt, wie schon angedeutet, über der Batterie-Ruhespannung, damit beim Berühren der Kontakte ein Ladestrom zustandekommt, der in der Stromspule magnetisierend wirkt und die Kontakte sicher geschlossen hält. Da die Batterie-Ruhespannung rund 6 V beträgt, findet man die Einschaltspannung der meisten Schalter zwischen 6,5 und 7 Volt. Es gibt aber auch Schalter, die schon bei 5,5 V schließen und dann einen solchen Überschuß an

Haltekraft aufweisen, daß der kleine, unvermeidliche Rückstrom die Kontakte nicht wieder zu öffnen vermag.

Zur Einschaltspannung gehört der Begriff der Einschaltdrehzahl der Maschine, bei der eben diese Spannung erreicht wird. Man muß bei der Festlegung der Antriebsübersetzung die Einschaltdrehzahl kennen; sie wird deshalb in den Druckschriften der Hersteller angegeben (vgl. Seite 96). Der Antrieb ist so auszuführen, daß im Bereich der Leerlaufdrehzahl des Fahrzeugmotors keinesfalls ein Ein- oder Ausschalten des Rückstromschalters auftritt, sonst könnte der Schalter dauernd öffnen und schließen müssen, — z. B. durch unrunden Lauf des Motors — wodurch die Kontakte vorzeitig abgenützt werden. Meist liegt die Einschaltdrehzahl oberhalb der bei Motor-Leerlauf auftretenden Maschinendrehzahl.

An den Rückstromschalter werden gewisse Forderungen gestellt, die seine Wirkungsweise betreffen. So soll der Schalter bei Kurzschluß im Netz keinen Schaden leiden und auch das Umpolen der Maschine bei umgekehrt angeschlossener Batterie ermöglichen.

Im Falle des Kurzschlusses liefert die Maschine bei sehr kleiner Klemmenspannung einen je nach ihrer Größe mehr oder weniger rasch abklingenden Stoßkurzschlußstrom, der in einen kleinen Dauerkurzschlußstrom übergeht. Beim Kurzschluß wird die Spannungswicklung praktisch stromlos, während die Durchflutung der Stromwicklung allein infolge des hohen Stoßes anfangs in der Lage ist, die Kontakte geschlossen zu halten. Die Haltekraft sinkt aber mit sinkendem Strom sehr rasch ab, so daß sich die Kontakte noch vor Erreichen des Dauerstromes öffnen. Es kommt nun darauf an, daß die hierbei unterbrochene Stromstärke keinen energiereichen Lichtbogen an den Kontakten hervorruft, denn dieser würde die Kontakte abnützen, weil ja die Maschine sich sofort wieder erregt, der Schalter neuerlich ein- und ausschaltet und auf diese Weise dauernd pendelt. Man nennt diesen Vorgang auch „Rattern", wenn das Pendeln sehr rasch erfolgt. Die Stromwicklung des Schalters muß deshalb möglichst viele Windungen besitzen, um bei Kurzschluß günstige Schaltereigenschaften zu ergeben. Dies stößt natürlich bei gedrängten Bauarten auf Schwierigkeiten und führt zu Kompromissen, worauf wir bei der Besprechung der praktischen Ausführung noch näher eingehen werden (siehe Seite 139 ff.).

Die zweite Forderung nach einwandfreiem Umpolen bei vertauschten Batterieanschlüssen wird ebenfalls nur durch Schalter mit genügend großer Stromwicklung erfüllt. Auch hier müssen die Kontakte möglichst lange geschlossen bleiben, um die mit magnetischer Trägheit behaftete Umkehr des Erregerstromes und den Aufbau des Magnetfeldes in der neuen Richtung zu erlauben, damit sich die nunmehr umgepolte Maschine zu voller Spannung selbst erregen kann. Bleiben die Kontakte nicht lange genug geschlossen, so unterbrechen sie auch hier einen hohen Strom unter Lichtbogenbildung, die in kurzer Zeit zum Abschmelzen der Kontakte führen kann, weil sich der Vorgang infolge Ausbleibens der Umpolung in rascher Folge als Rattern dauernd wiederholt.

An dieser Stelle sei noch etwas zur Ladekontrolle gesagt. Früher baute man zur Überwachung der Lichtmaschine einen Strommesser in die Ladeleitung von der Maschine zur Batterie ein, der anzeigte, ob geladen oder entladen wurde. Ladung und Betriebsbereitschaft der Maschine ließen sich damit leicht überwachen. Im Interesse der Vereinfachung gingen die Fahrzeugfirmen später zu der heute vorherrschenden Ladeanzeigelampe über, die in der Schaltung nach Bild 81 und 87 angeschlossen wird. Bei stehender Maschine und geschlossenem Schalter fließt ein Strom von der Batterie Ba durch die Lampe La über Bürsten und Anker zur Batterie zurück. Die Lampe brennt hell, weil ihr die volle Batteriespannung zur Verfügung steht und der Widerstand in den übrigen Teilen des Stromkreises klein ist. Wenn die Maschine angetrieben wird, verringert sich die Lampenspannung um den Betrag der zunehmenden Maschinenspannung, wodurch die Lampe dunkler brennt. Schließlich erlischt sie ganz, wenn Maschinen- und Batteriespannung die gleiche Höhe haben. Nun schaltet der Rückstromschalter ein, und die Lampe bleibt weiterhin dunkel. Ob die Batterie Strom erhält, zeigt die Lampe im Gegensatz zum Strommesser nicht an. Immerhin zeigt sie durch Dunkelbleiben bei niedrigen Drehzahlen oder durch Hellbleiben bzw. spätes Erlöschen bei steigender Drehzahl an, daß Fehler in der Anlage vorhanden sind. Gelegentlich findet man in Fahrzeugen mit 6-Volt-Anlagen ein leichtes Glimmen der Lampe bei hohen Drehzahlen. Dies ist auf Spannungsabfälle in den Leitungen zurückzuführen und bedeutet keinen Fehler an der Lichtmaschine.

Bei Stillstand des Fahrzeuges muß die Ladeanzeigelampe ausgeschaltet werden, damit sich die Batterie nicht auf dem Wege über Lampe und Lichtmaschine entlädt. Da bei ruhendem Motor auch die Batteriezündung wegen der Möglichkeit der Batterieentladung unbedingt ausgeschaltet werden muß, schaltet man Zündung und Lampe mit dem gleichen Handgriff Zs aus und ein, wodurch die Ladeanzeigelampe auch zur Überwachung der Zündung herangezogen wird.

Die bauliche Ausführung der Rückstromschalter wird in Abschnitt 4 a (Seite 139 ff.) beschrieben.

3. Der Spannungsregler

a) Grundsätzlicher Aufbau und Wirkungsweise

Vorläufer

Als Vorläufer der heute üblichen elektromagnetischen Spannungsregler für Lichtmaschinen müssen einige Regelungsarten erwähnt werden, die zwar heute bedeutungslos sind, aber deutlich die Entwicklung des neuzeitlichen Regelungsverfahrens zeigen. Da es stets die Hauptforderung war, den Einfluß der starken Drehzahlschwankungen des Fahrzeugmotors auf die Lichtmaschinenspannung auszuschalten, lag es nahe, mechanische Mittel anzuwenden, die eine Übertragung der Drehzahländerungen auf die Lichtmaschine unterbinden konnten. Gelang dies, so konnten die bei ortsfesten Anlagen gebräuchlichen Dynamobauarten ohne grundlegende Änderungen übernommen werden.

In dieser Absicht führte man bei den Lichtmaschinen Schleifkupplungen ein, die von Fliehgewichten entsprechend der Motordrehzahl gesteuert wurden und so der Lichtmaschine eine von den Schwankungen der Betriebsdrehzahl des Kraftfahrzeugmotors fast unabhängige Drehzahl aufdrückten. Belastungsänderungen mußten freilich durch eine geeignet bemessene Doppelschlußwicklung ausgeglichen werden. Leitungsunterbrechungen konnten bei dieser Art der Drehzahlsteuerung keine Beschädigung der Maschine herbeiführen, weil die Spannung durch die Drehzahlbegrenzung festgelegt war. Daher war auch ein Betrieb ohne Batterie möglich. Bei Kurzschlüssen und Überlastung waren Beschädigungen der Maschine ebenfalls nicht zu befürchten, weil die Kupplung die Belastungsfähigkeit der

Maschine begrenzte. Wohl aber mußte in diesem Falle mit übermäßiger Erwärmung und Beschädigung der dauernd mit hohem Schlupf und großem Drehmoment arbeitenden Kupplung gerechnet werden.

Solange die Schleifkupplung in Ordnung war, arbeiteten derartige Anlagen ziemlich gut. Die Kupplung aber war sehr starker Abnützung unterworfen und erforderte daher eine ständige Wartung und Nachstellung. Richtiges Nachstellen einer solchen Kupplung kann jedoch von dem Fahrer nicht verlangt werden. Daher war die Betriebssicherheit dieser Anlagen ungenügend; dazu kam der Nachteil einer immerhin beträchtlichen Energievergeudung, die durch das Gleiten der Kupplung bedingt war.

Ähnliche Schleifkupplungen wurden auch mit elektromagnetischer Beeinflussung gebaut. Die Magnetwicklung lag an der Maschinenspannung und löste mit zunehmender Spannung die Kupplung. Daß diese Regelung nicht von der Drehzahl, sondern von der für alle Verbraucher wesentlichen Maschinenspannung abhing, war der große Vorzug dieser Bauart. Auf diese Weise konnten auch die Rückwirkungen von Belastungsschwankungen auf die Spannung ausgeglichen werden. Eine Doppelschlußwicklung war entbehrlich. Eine merkliche praktische Bedeutung hat diese Regelungsart nicht erlangt. Ihr haften dieselben mechanischen Mängel an, wie der durch Fliehkraft gesteuerten Kupplung. Somit scheiterte der Versuch, die Maschinenspannung durch Regelung der Lichtmaschinendrehzahl zu begrenzen, an der mangelnden Zuverlässigkeit der verwendeten Schleifkupplungen.

Ein weiterer Schritt war der, die Maschinenspannung dadurch zu steuern, daß man auf mechanischem Wege das den Anker durchsetzende Erregerfeld mit zunehmender Drehzahl schwächte. Mit Hilfe von Fliehgewichten wurde der Kraftlinienfluß dadurch gesteuert, daß der Anker aus dem Feld geschoben wurde, oder auch dadurch, daß die Polschuhe gegenüber dem Anker verschoben wurden. Zur Verstärkung der Wirkung gestaltete man den Anker konisch, so daß bei einer Verschiebung nicht nur Teile des Ankers aus dem Feld herauskamen, sondern auch der radiale Abstand von Anker und Pol (der Luftspalt) vergrößert wurde.

Auch diese, baulich schwer zu lösende und unbefriedigende Art der Steuerung findet heute keine praktische Verwendung mehr.

Eine andere Art der Veränderung des Erregerfeldes sollte aber die Grundlage für den heute üblichen Spannungsregler bilden: Das Einschalten eines veränderbaren Widerstandes in den Erregerstromkreis. Man benutzte

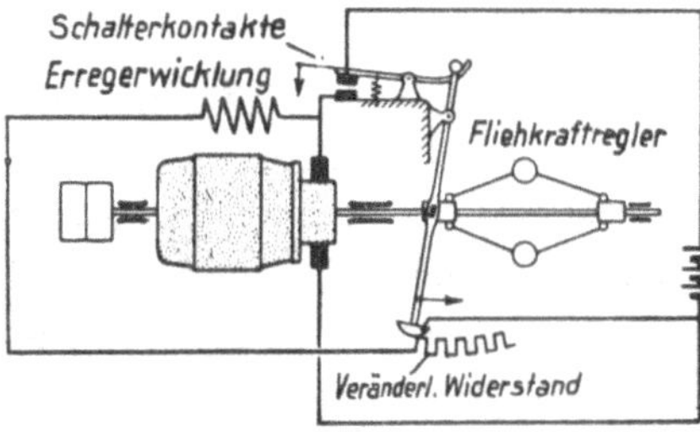

Bild 89. Steuerung des Erregerstromes eines Generators durch Fliehgewichte

zuerst Fliehgewichte, um das Feld entsprechend den Schwankungen der Drehzahl zu verändern, wie Bild 89 darstellt. Man erkennt den von der Maschinenwelle aus angetriebenen Fliehkraftregler, der mit steigender Drehzahl den Schleifer des Schiebewiderstandes verstellt. Bei geeigneter Abstufung des Widerstandes wird die Spannung praktisch gleich gehalten. Eine Haupt-

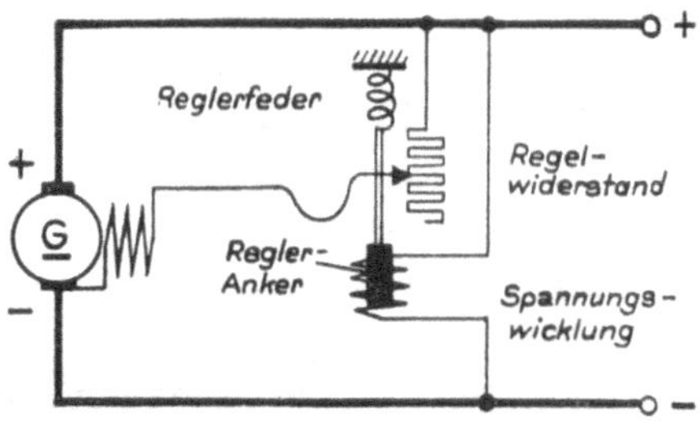

Bild 90. Grundsätzliche Schaltung elektromagnetischer Spannungsregler

stromwicklung unterdrückt die Lastabhängigkeit der Spannung. Der Einfluß der Temperatur wurde nicht ausgeglichen, er war bei der damals üblichen geringen Ausnützung der Maschinen auch nicht sehr groß, und die Anforderungen an die Genauigkeit waren nicht hoch.

Wenn wir nun an die Stelle der Fliehgewichte in Bild 89

einen starken Elektromagneten geeigneter Auslegung setzen, dessen Wicklung an die Bürsten der Maschine angeschlossen ist, so erhalten wir einen Regler, der die Spannung der Maschine unabhängig von Last, Drehzahl und Temperatur auf einem bestimmten Wert hält, also alle die Forderungen erfüllt, die wir an ihn stellen. Die Schaltung in Bild 90 zeigt die Bausteine eines solchen elektromagnetischen Reglers, die bei allen seinen Spielarten wiederzufinden sind.

In der Schaltung ist links die Maschine mit Anker, Bürsten und Feldwicklung dargestellt, rechts der Regler mit Regelwiderstand, dem durch einen Elektromagneten bewegten Schieber am Widerstand und der Reglerfeder, die auch Meßfeder genannt wird.

Im Ruhezustand ist der Widerstand ausgeschaltet, denn die Feder zieht den Schieber nach oben. Beim Erreichen der Sollspannung herrscht Gleichgewicht zwischen der Magnetkraft und der ihr entgegenwirkenden Federkraft. Wird die Sollspannung überschritten, so bewegt sich der Schieber nach unten, wodurch der Widerstand vergrößert und der Erregerstrom so weit herabgesetzt wird, daß die Maschinenspannung den Sollwert wieder erreicht. Dann herrscht Ruhe infolge des Gleichgewichtes zwischen den Kräften. Wird der Sollwert dagegen unterschritten, dann überwiegt die Federkraft und bewegt den Schieber nach oben, bis Erregerstrom und Spannung genügend gestiegen sind, um der Federkraft die Waage zu halten. Es ist selbstverständlich, daß noch eine Reihe von Voraussetzungen erfüllt sein müssen. Vor allem müßte sich der Schieber reibungslos bewegen lassen, sonst wird die Kraft des Elektromagneten durch die Reibungskraft gefälscht, und der Fehler erscheint als Abweichung der Spannung vom Sollwert. Außerdem würde das System zum Pendeln neigen. Dies ist der Hauptgrund für die Unmöglichkeit, einen Regler in solch einfacher Form zu bauen und ist auch eine Ursache für die Vielfalt der Reglerkonstruktionen. Sämtliche Regler haben aber als gemeinsames Merkmal die in Abhängigkeit von der zu regelnden Spannung erfolgende Veränderung des Erregerstromes durch einen vor die Erregerwicklung geschalteten Widerstand. Deshalb kann man sich das Bild 90 als Prinzipschaltbild einprägen, wie es im übrigen auch für theoretische Regleruntersuchungen allgemeiner Art häufig benutzt wird.

Tirrillregler

Unter den verschiedenen Reglersystemen hat sich eine Bauart als besonders geeignet für Kraftfahrzeug-Lichtmaschinen erwiesen: der nach seinem Erfinder benannte Tirrillregler. Er benützt statt des Schiebewiderstandes die Parallelschaltung eines Festwiderstandes mit einem periodisch schwingenden Kontaktpaar, weshalb er auch

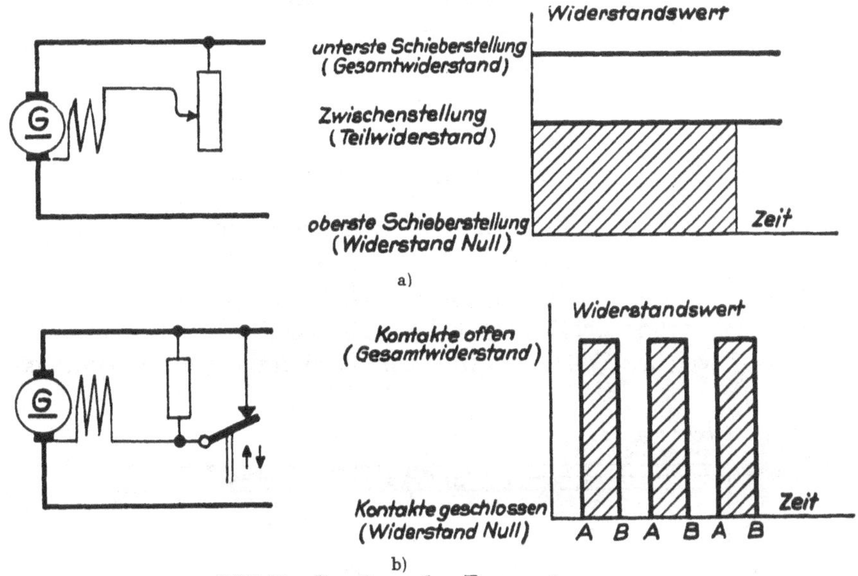

Bild 91. Regelung des Erregerstromes
a) mittels Schiebewiderstandes
b) mittels Festwiderstandes und parallelgeschalteten Schwingkontakten

Schwingkontaktregler genannt wird. Bei dauernd geschlossenen Kontakten ist der Erregerwicklung kein Widerstand vorgeschaltet, bei dauernd offenen Kontakten dagegen der ganze Widerstandswert. Machen die Kontakte eine solche Bewegung, daß sie beispielsweise über die Hälfte der Zeiteinheit geschlossen, über die andere Hälfte der Zeit geöffnet sind, so ist der der Feldwicklung durchschnittlich vorgeschaltete Regelwiderstand gleich dem halben Gesamtwert. Genau so ist es bei einem Verhältnis von Öffnungs- zu Schließungszeit von 1 : 3, wobei $^1/_4$ des Gesamtwiderstandes, im Mittel genommen, vorgeschaltet ist. Die Parallelschaltung von Festwiderstand und Schwingkontaktpaar kann somit alle Zwischenwerte zwischen Null und Gesamtwiderstand stufenlos annehmen, wenn das Verhältnis von Öffnungs- zu Schließungszeit verändert wird. Die Verstellung des Regelwiderstandes erfolgt nun ohne die beim Schiebewiderstand auftretende schädliche Reibung. Ein Beispiel für den Vergleich der Regelung durch Schiebewiderstand und mit Schwingkontakten ist in Bild 91 a u. b schematisch

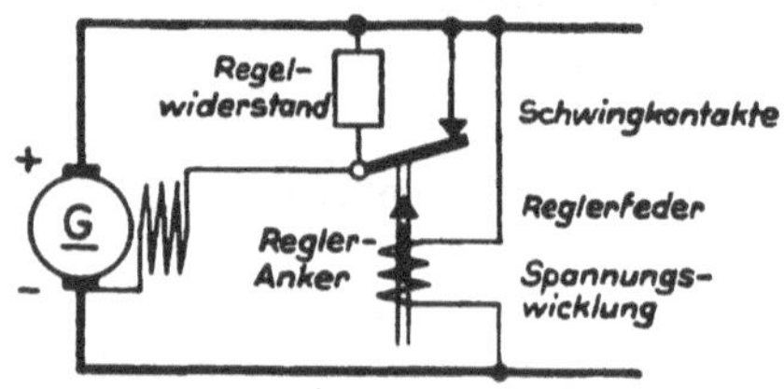

Bild 92. Schaltbild eines Schwingkontaktreglers

dargestellt. Die in Bild 91 a schraffierte Fläche unterhalb der Widerstandslinie für Zwischenstellung ist gleich der Summe der in Bild 91 b schraffierten Einzelflächen, die durch Kontaktöffnung bei A und Schließung bei B entstehen.

Auf welche Weise sich nun das Verhältnis von Schließungs-

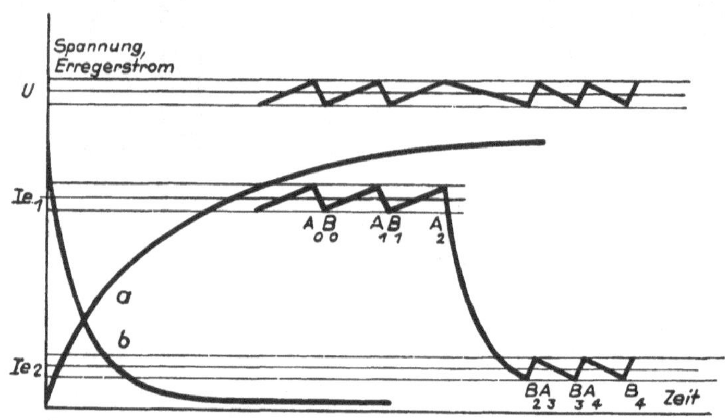

Bild 93. Zeitlicher Verlauf von Erregerstrom und Bürstenspannung einer Lichtmaschine mit Tirrillregler

zu Öffnungszeit unter Mitwirkung der Selbstinduktion der Erregerwicklung in der Maschine selbsttätig den Erfordernissen der Regelung anpaßt, und wie überhaupt das periodische Schwingen der Kontakte zustandekommt, sei an Hand des Tirrillregler-Grundschaltbildes Bild 92 und des Kurvenblattes Bild 93 erläutert.

Durch das Öffnen und Schließen der Reglerkontakte wird der Erregerstrom I_e verkleinert und vergrößert. Die gleiche Veränderung erleiden die Klemmenspannung der Maschine und die Zugkraft der Spannungswicklung am Regler, die ihrerseits das periodische Öffnen und Schließen der Kontakte hervorruft. Die Regelfrequenz, d. i. die Anzahl der Öffnungs- und Schließungsvorgänge in der Sekunde, ist von der Selbstinduktion des Kreises und der Größe des Regelwiderstandes abhängig, und zwar besteht hier die bekannte Beziehung zwischen der Zeitkonstanten T, der Induktivität L und dem ohmschen Widerstand R im Stromkreis:

$$T = \frac{L}{R}.$$

Je größer die Lichtmaschine ist, desto größer werden L und T, und umso langsamer verändert sich der Erregerstrom, so daß die Anzahl der Kontaktspiele in der Sekunde kleiner wird. Um eine Vorstellung von der Schnelligkeit des Bewegungsablaufes zu geben, sei erwähnt, daß sich die Kontakte bei Lichtmaschinen von Kraftfahrzeugen bis zu 500mal in der Sekunde öffnen und schließen. Mit Hilfe von Bild 93 kann leicht erläutert werden, auf welche Weise der Regler den jeweils erforderlichen Erregerstrom-Mittelwert selbständig einstellt und die Spannung dadurch auf dem Sollwert hält.

Die Kurve a gibt den Anstieg des Erregerstromes in Abhängigkeit von der Zeit wieder, wenn die Kontakte geschlossen sind und die Spannung als konstant angesehen wird. Der Strom steigt erst rasch, dann langsamer an, weil der Stromkreis nicht nur ohmsche Widerstände, sondern in den Maschinenwicklungen auch Induktivitäten enthält, die für die Zeitkonstante der Kurve maßgebend sind. Je größer die Lichtmaschine, desto größer ist auch die Zeitkonstante, und umso langsamer steigt der Erregerstrom an.

Die Kurve b zeigt, wie schnell der Erregerstrom abfällt, wenn die Kontakte geöffnet werden. Der Abfall geht im Vergleich zum Anstieg viel rascher vor sich, weil der Regelwiderstand in den Stromkreis eingeschaltet wurde und ohmsche Widerstände die Zeitkonstante herabsetzen.

In das Schaubild ist als Beispiel die Regelung eines bestimmten Erregerstromes I_{e1} durch einen Tirrillregler eingetragen. Die Stromstärke I_{e1} ergebe bei der betrachteten Maschine und Drehzahl den gewünschten Sollwert U der Spannung an den Bürsten sowie an der Spannungswicklung des Reglers. Im Punkte A_0 sind bei geschlossenen Reglerkontakten Erregerstrom und Spannung so weit gestiegen, daß die Zugkraft des Magneten ausreicht, um die Kontakte zu öffnen. Der Regelwiderstand wird eingeschaltet, der Erregerstrom sinkt entsprechend dem Verlauf der Kurve b nach B_0. Da gleichzeitig Maschinenspannung und Zugkraft gesunken sind, überwiegt am Regleranker die Federkraft und schließt die Kontakte, worauf der Strom dem Verlauf der Kurve a gemäß langsam zum nächsten Punkt A_1 steigt. Dort werden wieder die Kontakte geöffnet, und das Spiel beginnt von neuem. Auf diese Weise pendeln Erregerstrom und Maschinenspannung um ihre Mittelwerte I_{e1} und U.

Wenn die Belastung der Maschine verringert wird, so muß der Erregerstrom kleiner werden, um die gleiche Spannung U zu induzieren. Der im Bild eingezeichnete Wert I_{e2} möge der neue Strom sein. Geschieht die Entlastung plötzlich, dann bleiben die Kontakte so lange offen, bis der Erregerstrom auf I_{e2} abgesunken ist. Dieser Übergang folgt wieder der Kurve b, wie in Bild 93 dargestellt ist. Um den Mittelwert I_{e2} herum geschieht hier das Gleiche, wie beim Strom I_{e1}: Bei A_3 werden die Kontakte geöffnet, bei B_3 geschlossen. Nur dauert hier der Abfall von A_3 nach B_3 länger, weil die Kurve b bei kleinem Strom flach verläuft. Der Anstieg von B_2 nach A_3 geht hingegen infolge der größeren Steilheit der Kurve a rascher vor sich. Deshalb wird die Öffnungszeit länger, die Schließungszeit kürzer; das Zeit v e r h ä l t n i s hat sich geändert. Es wird jetzt deutlich, daß sich ein größerer Widerstands-Mittelwert der Parallelschaltung aus Schwingkontakten und Festwiderstand eingestellt hat, genau so, als wenn man den Schieber in Bild 91 a verstellt hätte.

Die Abweichungen der Maschinen-Gleichspannung von ihrem Mittelwert, die beim Tirrillregler entstehen, sind verhältnismäßig klein. Sie werden infolge der genannten hohen Frequenz im Lichtstrom der angeschlossenen Glühlampen nicht sichtbar, sie lassen sich aber beim Schwingkontaktregler nicht vermeiden, weil sie durch sein Arbeitsprinzip bedingt und zur Funktion notwendig sind. Man kann allerdings ihre Amplitude durch Erhöhen der Regelfrequenz verkleinern, wodurch die Punkte A und B enger zusammenrücken, ohne daß sich dabei das V e r h ä l t n i s von Öffnungs- zu Schließungszeit ändert. Als Mittel zur Erhöhung der Regelfrequenz werden Z i t t e r w i c k l u n g e n o d e r Z i t t e r w i d e r s t ä n d e angewandt. Sie schwächen die Magnetkraft im Augenblick der Kontaktöffnung und sorgen dadurch für rascheres Wieder-Schließen. Es gibt verschiedene Schaltungen für Zitterwicklungen: parallel zu den Kontakten, wie in Bild 94 a gezeigt, parallel zu der Erregerwicklung oder auch in Reihe mit den Kontakten, wie bei manchen amerikanischen Reglern.

In Bild 94 a deuten die Pfeile an, in welcher Richtung die Durchflutungen wirken. Die Spannungswicklung öffnet das Kontaktpaar (Pfeil nach unten), während die Zitterspule bei offenen Kontakten der Spannungswicklung entgegen arbeitet (Pfeil nach oben).

In der Schaltung 94 b wird der Teil des Regelwiderstandes als Zitterwiderstand bezeichnet, über den der Strom der Spannungswicklung fließt. Bei geschlossenen Kontakten tritt hier ein ver-

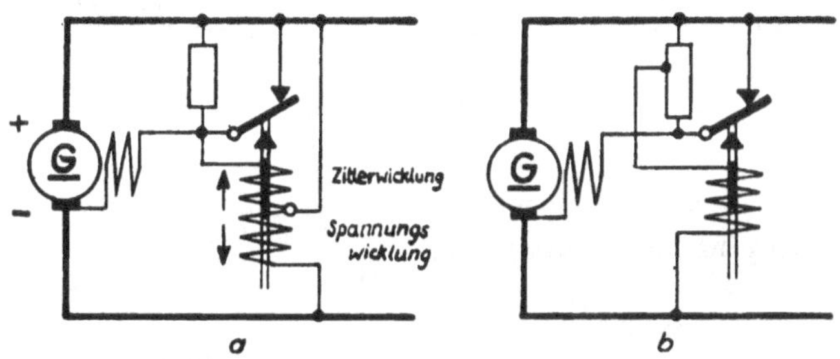

a b

Bild 94. Mittel zur Erhöhung der Reglerfrequenz
a) Zitterwicklung, b) Zitterwiderstand

nachlässigbar kleiner Spannungsabfall auf, die Spannung an der Wicklung ist also fast so groß, wie an der Maschine. Wenn die Kontakte sich öffnen, entsteht am ganzen Regelwiderstand je nach Größe eine nennenswerte Spannung, deren am Zitterwiderstand auftretender Anteil die Spannung an der Reglerwicklung herabsetzt und ihre Zugkraft schwächt. Das Ergebnis ist das Gleiche wie bei einer Zitterwicklung, nämlich Erhöhung der Frequenz und Verkleinerung der Oberwellen.

Durch die genannten Mittel wird *nicht nur die Frequenz erhöht, sondern auch die geregelte Spannung derart beeinflußt, daß sie mit fallendem Erregerstrom, also steigender Maschinendrehzahl ansteigt.* Bild 95 zeigt das Verhalten der Klemmenspannung einer Maschine mit Tirrillregler und Zitterwicklung. Im unteren Drehzahlbereich erregt sich die Maschine bei geschlossenen Kontakten bis zum Regelbeginn. Dort fällt sie nach dem ersten Ansprechen des Reglers infolge der gegebenen Unterschiede zwischen Öffnen und Schließen der Kontakte auf einen kleineren Mittelwert zurück, wodurch der Kurvenzug eine kleine Spitze erhält. Bei weiterer Steigerung der Drehzahl bleibt die Spannung nun nicht konstant, sondern steigt infolge der immer stärker werdenden Entmagnetisierung durch die Zitterspule etwas an. Der Anstieg beträgt durchschnittlich 1% des Sollwertes und kann, wenn nötig, durch eine zusätzliche Wicklung unterdrückt werden, die vom Erregerstrom durchflossen wird. Davon hat man in einer älteren Reglerbauart Gebrauch gemacht.

Die Klemmenspannung beim Regler ohne Zitterwicklung ist in Bild 95 gestrichelt eingezeichnet. Die bei Regelbeginn auftretende Spitze im Kurvenzug ist größer, und die Frequenz ist auch meist so klein, daß sich die Spannungsschwankungen als Flimmern des Scheinwerferlichtes störend bemerkbar machen. Aus diesem Grunde erhalten alle einfachen Tirrillregler frequenzerhöhende Mittel.

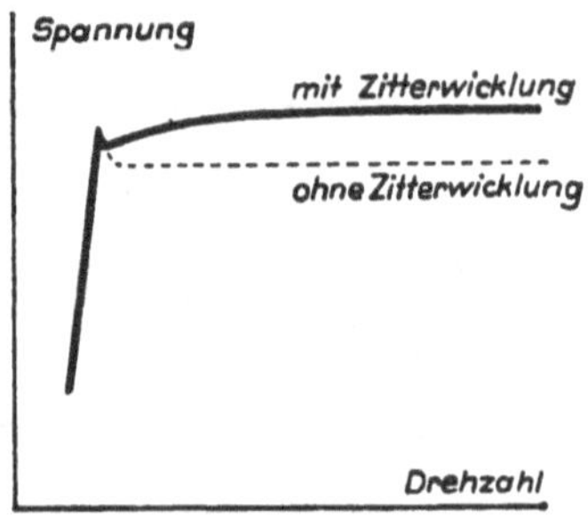

Bild 95.
Regelspannung des Einkontaktreglers bei veränderlicher Drehzahl

Die bisher beschriebene Art des Tirrillreglers arbeitet mit nur einem Kontaktpaar und wird deshalb als Einkontaktregler bezeichnet.

Die elektrische Beanspruchung der Kontakte ist in erster Linie von der Erregerleistung der Maschine abhängig. Sie muß in ziemlich engen Grenzen gehalten werden, auch wenn man hochwertige Kontaktwerkstoffe verwendet, denn es finden ja Hunderte von Stromunterbrechungen in einer Sekunde bei Kontaktöffnungswegen von Zehntelmillimetern und weniger statt (siehe Seite 165 „Kontakte"). Andrerseits möchte man aber die Erregerleistung vor allem bei Kraftfahrzeug-Lichtmaschinen recht hoch wählen, weil hier die Erreger-Verluste keine Rolle spielen und bedeutende Ersparnisse an Erregerkupfer, Maschinengewicht und Preis erzielt werden können. Deshalb verteilte man sehr bald die Aufgabe der Regelung auf 2 Kontaktpaare, die nacheinander zur Wirkung kommen. Der so entstandene Zweikontaktregler ist das in Deutschland am weitesten verbreitete System für kleinere Kraftwagen-Lichtmaschinen. Seine Schaltung zeigt Bild 96.

Der Regelwiderstand ist klein und genügt nur für einen kleinen Drehzahlbereich oberhalb des Regelbeginnes. Bei höheren Drehzahlen kann er den Erregerstrom nicht mehr genügend herabsetzen, er ist „ausgeregelt". Die Spannung steigt dann zunächst etwas an, so daß sich die Kontakte ganz öffnen. Man sagt, der Regler geht von der unteren Lage in die mittlere Lage über. Diese Mittellage wird bei Drehzahlsteigerung rasch übergangen, und es schließen sich dann die oberen Kontakte des Reglers, die die Feldwicklung überbrücken und sich wie die unteren Kontakte ebenfalls periodisch öffnen und schließen. Die „Oberlage" setzt den Strom in der Erregerwicklung weiter herab,

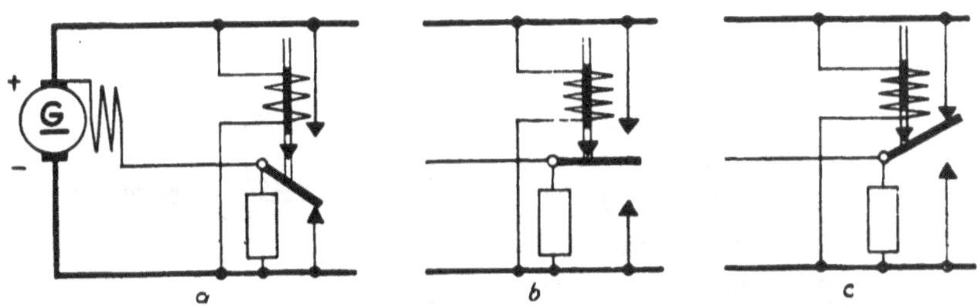

Bild 96. Die drei Arbeitsstellungen des Zweikontaktreglers

a) bei Regelung am Ruhekontaktpaar (Unterlage)
b) bei voll eingeschaltetem Regelwiderstand (Mittellage)
c) bei Regelung am Arbeitskontaktpaar (Oberlage)

sie kann ihn sogar durch dauerndes Schließen ganz auf Null herunterregeln, was beim Einkontaktregler nicht möglich ist. Die Erregung der Maschine erfolgt dann nur noch durch den remanenten Magnetfluß, der allerdings nie einen solchen Betrag erreichen darf, daß er allein zur Erzeugung der Sollspannung ausreicht (vgl. Seite 60). Der Zweikontaktregler eignet sich also für Maschinen mit großem Erregerstrom, weil er mit zwei Stufen arbeitet; außerdem heherrscht er große Regelbereiche, weil er den Erregerstrom zu Null machen kann. Bezüglich der Belastbarkeit sei ein Zahlenbeispiel erwähnt: Einkontaktregler können mit einem Regelwiderstand von 50 Ohm — dessen Größe übrigens nach Bild 83 durch die Maschine diktiert wird — einen Erregerstrom von höchstens 3 Ampere steuern, während Zweikontaktregler mit einem Regelwiderstand von 4 Ohm einen Strom von 6 A einwandfrei beherrschen.

Als besonderer Vorteil des Zweikontaktreglers gegenüber dem Einkontaktregler ist seine weitgehende Unempfindlichkeit gegen die Beeinflussung seiner Regelspannung durch Erschütterungen anzusehen, was vor allem für die mit kleinen Lichtmaschinen zusammengebauten Regler von Bedeutung ist. Die vom Motor ausgehenden Schwingungen suchen nämlich die Kontakte länger als nötig offen zu halten. Dies wirkt sich beim Einkontaktregler in einem Rückgang der Spannung aus, der infolge der Größe des Regelwiderstandes viel stärker ist als in der schaltungsmäßig gleichen „Unterlage" des Zweikontaktreglers mit kleinem Regelwiderstand. Ein in Oberlage arbeitender Zweikontaktregler läßt bei Erschütterungen die Spannung ansteigen, was aber durch federnde Kontaktanordnung verhütet werden kann, wie bei der Beschreibung der praktischen Ausführung erläutert werden wird. Die Regler nach den Bildern 124 bis 128 haben derart gefederte Kontakte.

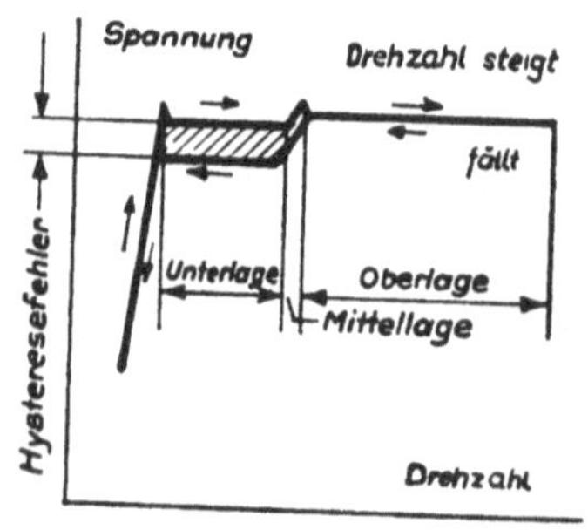

Bild 97.
Regelspannung des Zweikontaktreglers bei steigender und fallender Drehzahl

Der Zweikontaktregler erscheint nach Vorstehendem dem Einkontaktregler überlegen, und er ist es bei 6- und 12-Volt-Anlagen in Fahrzeugen auch wirklich. Bei höheren Spannungen kann er aber den Einkontaktregler nicht ersetzen, denn dort besteht die Gefahr von Lichtbogenkurzschlüssen über alle vier Kontakte, die einen Abstand von weniger als einem halben Millimeter haben. Auch ist der Einkontaktregler da unentbehrlich, wo es auf große Genauigkeit ankommt, denn der Zweikontaktregler erhält durch die Änderung des Luftspaltes beim Übergang von der oberen in die untere Kontaktlage eine die geregelte Spannung fälschende Magnetisierung infolge der Hysterese des Eisens (vergleiche Bild 97, in dem die Spannung der besseren Verständlichkeit wegen mit unterdrücktem Nullpunkt gezeichnet ist). Der Einkontaktregler arbeitet mit praktisch konstantem Luftspalt und zeigt den Hysteresefehler in viel kleinerem

Ausmaß. Für sehr genaue Regler verwendet man aber auch hier noch besondere Weicheisensorten oder Eisenlegierungen mit kleiner Koerzitivkraft.

Der in Bild 97 dargestellte Spannungsunterschied zwischen Unterlage und Oberlage bei steigender Drehzahl hängt mit dem später besprochenen Verlauf von Feder- und Magnetkraft zusammen. Er kann bei sorgfältiger Einstellung des Reglers klein gemacht werden, beträgt aber wegen der unvermeidlichen Herstellungstoleranzen bis zu 4%. Der Hysteresefehler beträgt ebenfalls bis zu 4% der Regelspannung.

Ein- und Zweikontaktregler haben ihre Vor- und Nachteile, die j e d e r B a u a r t e i n e i g e n e s A r b e i t s f e l d zuweisen. Den Einkontaktregler findet man in Anlagen mit höherer Spannung, bei denen man Wert auf gute Genauigkeit legt. Er ist meist von der Maschine getrennt an einem Platz eingebaut, wo er keinen Schwingungen ausgesetzt ist. Der Zweikontaktregler beherrscht das Feld der kleineren Wagenlichtmaschinen bei 6 und 12 Volt, weil er hohe Erregerleistungen steuert und dadurch erlaubt, die Lichtmaschine klein und billig zu bauen. Außerdem wirkt sich seine Unempfindlichkeit gegen die Schwingungen, die den Zusammenbau mit der Maschine ermöglicht, besonders günstig auf den Preis aus. Die weniger gute Genauigkeit wird in Kauf genommen. Selbstverständlich überschneiden sich die Anwendungsbereiche. Zum Beispiel laufen tschechische Eisenbahnwagen mit Zweikontaktreglern für 24 Volt und modernste amerikanische Lastwagen mit Einkontaktreglern in 6 Volt-Anlagen.

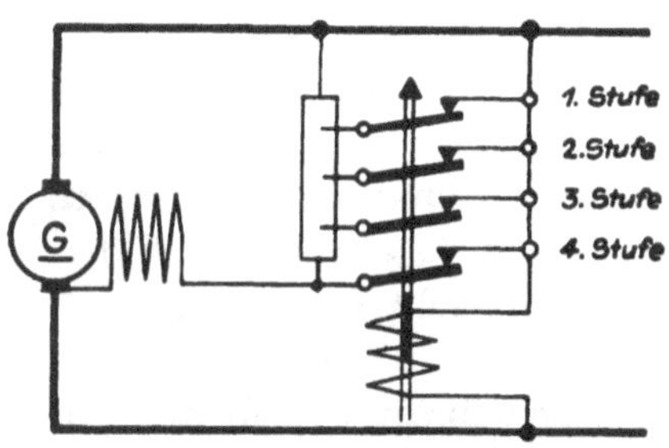

Bild 98.
Schaltbild des Vierkontaktreglers

In der Schaltung des Zweikontaktreglers Bild 96 fällt noch auf, daß die Feldwicklung in der Maschine an die Plusbürste angeschlossen wird, während sie beim Einkontaktregler nach Bild 92 an der Minusbürste liegt. Dieser Unterschied rührt von der zufälligen Konstruktion der ersten Ein- und Zweikontaktregler her und wurde mit Rücksicht auf Austauschbarkeit der einzelnen Entwicklungsstufen beibehalten.

Aus dem Schritt vom Ein- zum Zweikontaktregler ergibt sich

die logische Weiterentwicklung durch Aufteilung der Arbeit auf mehr als zwei Kontaktpaare. Die Schaltung eines Reglers mit vier nacheinander zur Wirkung kommenden Kontaktpaaren zeigt Bild 98.

Die geregelte Spannung weist analog zu Bild 97 hier jedoch vier Stufen auf, auch ist der Hysteresefehler infolge der größeren Luftspaltänderung etwas größer.

Der Vollständigkeit halber sei noch eine Konstruktion erwähnt, die mit 22 Kontaktpaaren arbeitet und für Flugzeug-Generatoren von 29 Volt in Amerika gebaut wird. Dieser „Silverstat"-Regler steuert die bemerkenswerte Erregerleistung von 200 Watt, während ein Einkontaktregler bei derselben Spannung nur 60 Watt beherrscht.

Der Vielkontaktregler leitet zum kontaktlosen Regler über, der mit einer stufenlos veränderlichen Kohlesäule arbeitet und auch kein Tirrillregler mehr ist. Der Kohlesäureregler ist schon alt. Er nützt die Eigenschaft einer aus vielen dünnen Kohlescheiben aufgeschichteten Säule aus, ihren Widerstand zu ändern, wenn sie zusammengedrückt wird. Lose aufeinanderliegende Scheiben berühren sich nur an wenigen Punkten, so daß die Übergangswiderstände von Scheibe zu Scheibe und die Ausbreitungswiderstände in den Scheiben groß sind. Preßt man die Scheiben zusammen, so entstehen mehr Berührungspunkte, die Widerstände sinken. Mit einer Säule aus 40 Scheiben, die 1 Millimeter dick sind und 11 Millimeter Durchmesser haben, erhält man einen Widerstandsbereich von 70 bis 1,5 Ohm durch Verändern der Säulenkraft von 20 g auf 3 kg. Da nun der Widerstand bei Steigerung der Kraft anfangs sehr rasch, später aber sehr langsam abnimmt und außerdem die Längenänderung der Säule hierbei nur 0,3 Millimeter beträgt, stehen der Konstruktion des Kohlereglers beträchtliche getriebemäßige Schwierigkeiten entgegen. Das Magnetsystem muß — im Gegensatz zum Tirrillregler — hier ein nennenswertes Arbeitsvermögen aufweisen, wird deshalb wesentlich größer und erfordert besonders legiertes Eisen mit kleiner Hysterese für den Aufbau des Magnetkreises. Die Koerzitivkraft eines solchen Eisens beträgt etwa 0,05 Oersted, während ein Einkontakt-Tirrillregler noch bei 1 Oersted recht gut arbeitet. Der Aufbau des Kohlereglers ist aus diesen Gründen verwickelter, größer und teurer als der eines Tirrillreglers. Deshalb erlangte er nur in Sonderfällen Bedeutung, wo es auf größere Erregerleistung oder auf Vermeidung der Störung von Funkempfangsanlagen durch Kontaktfeuer ankommt. Kohleregler werden in den deutschen Eisenbahn-Lichtanlagen, bei neueren amerikanischen und englischen Flugzeugen und in englischen Omnibussen verwendet. Die Schaltung ist sehr einfach und gleicht im Grunde genommen der nach Bild 90: Kohlesäule im Erregerkreis, Spannungswicklung an der zu regelnden Maschinenspannung. Statt der aus Platten aufgeschichteten Kohlesäule hat man auch schon versucht, Kohlekörner wie in einem Mikrofon zur Regelung zu benützen.

Außer den angeführten Regelprinzipien gibt es noch andere, z. B. mit Wälzkontakten, Quecksilberkontakten, Elektronenröhren und Kippdrosseln, die aber für Kraftfahrzeuge keine Bedeutung erlangen konnten.

b) Das elektrische Verhalten der Tirrillregler

Regelung auf gleichbleibende Spannung

Unter Regler-Kennlinie wird die Kurve verstanden, die die Abhängigkeit der geregelten Spannung vom Belastungsstrom angibt. Die Kennlinie, die natürlich nur für genügend hohe Maschinendrehzahl — oberhalb Regelbeginn — gilt, wird allein vom Regler-Meßglied bestimmt, ist also von den Wicklungen des Magneten abhängig. Die bisher betrachteten Reglerschaltungen zeigten nur Spannungswicklungen, sie regeln deshalb auf eine vom Belastungsstrom unabhängige Spannung nach Bild 99.

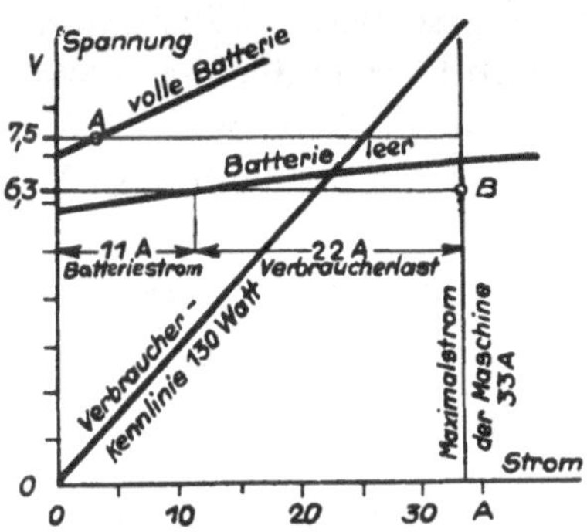

Bild 99. Regler-, Batterie- und Verbraucherkennlinien bei Regelung auf gleichbleibende Spannung

Aus Bild 84 war erkennbar, daß die volle Batterie eine Spannung von etwa 7,5 Volt erhalten soll. Ließe man nun eine Maschine mit einer gleichbleibend auf 7,5 Volt geregelten Spannung auf eine leere Batterie arbeiten, so würde sich ein so hoher Strom ergeben, daß die Maschine in kurzer Zeit durch Überhitzung Schaden leiden könnte. In dem gewählten Beispiel nach

Bild 99 mit einer Batteriekapazität von 75 Ah würde dieser Strom etwa 150 A betragen. Der diesen Strom ergebende Schnittpunkt von Batterie- und Reglerkennlinie ist im Diagramm nicht zu sehen, weil er beim gewählten Maßstab weit außerhalb des Bildes liegt. Tatsächlich können bei entsprechend hoher Drehzahl an einer Wagenlichtmaschine von 130 Watt Nennleistung in diesem Falle 60 A und mehr gemessen werden, während der zulässige Dauerstrom nur 33 A beträgt. Diese Belastbarkeit läßt bei eingeschalteten Verbrauchern, für die nach der früher festgestellten Regel (vgl. Abschn. I, 2, Seite 7) der Nennleistung der Maschine entsprechend etwa 22 A entnommen werden können, nur noch 11 A zur Verfügung für die Batterie. Aus der Batteriekennlinie ist leicht abzulesen, daß die leere Batterie diesen Strom führt, wenn sie eine Ladespannung von 6,3 V erhält. Man müßte also nunmehr den Regler auf eine gleichbleibende Spannung von 6,3 V einstellen. Dieser Wert wäre aber wiederum viel zu niedrig, um die Batterie voll zu laden. Hieraus ist zu erkennen, daß man mit Regelung auf gleichbleibende Spannung im allgemeinen nicht auskommt. Sie hat nur da Bedeutung erlangt, wo die Maschinen große thermische Reserven haben (Lichtanlasser, Schwungradlichtmaschinen mit großer Masse und guter Kühlung) und da, wo große Generatoren kleinen Batterien gegenüberstehen, wie in Flugzeugen. In Anlagen ohne Batterie genügt die Regelung auf konstante Spannung natürlich auch.

Zur Typenverringerung, also aus wirtschaftlichen Erwägungen, wurde in den vergangenen Jahren wiederholt versucht, die Zahl der verschiedenen Maschinengrößen in Kraftfahrzeugen entsprechenden Regler-Leistungsstufen dadurch zu verkleinern, daß man einen Regler mit gleichbleibender Spannung zum Universalregler erklärte. Daß dies unmöglich ist, erhellt ohne weiteres schon daraus, daß dieser Regler eine 75-Watt-Maschine und eine solche von 150 Watt mit gleichem Maximalstrom belasten würde. Dann ist je nach Wahl der Spannungshöhe entweder die eine Maschine nicht ausgenützt, oder die andere wird überlastet und verbrennt.

Aus diesen Gründen hat man die Regler von Anfang an „kompoundiert", d. h. die Kennlinie etwas geneigt, und kam so zur nachgiebigen Regelung.

Regelung auf nachgiebige Spannung

Wenn man außer der Spannungswicklung noch eine vom Maschinenstrom durchflossene Stromwicklung auf den Anker wirken läßt, erhält man eine vom Strom abhängige Regelung (Bilder 100 und 101).

Die Lage der geneigten Kennlinie richtet sich nach dem Höchststrom der Maschine, nach der Verbraucherlast und der Batteriegröße. Wenn die bisher besprochene 130-Watt-Maschine mit der 75-Ah-Batterie weiterhin als Beispiel dienen soll, ist der Punkt A bei 7,5 V und 4 Amp. als der eine bestimmte Punkt der Kennlinie nach dem Vorhergehenden bereits festgelegt. Der zweite Punkt B

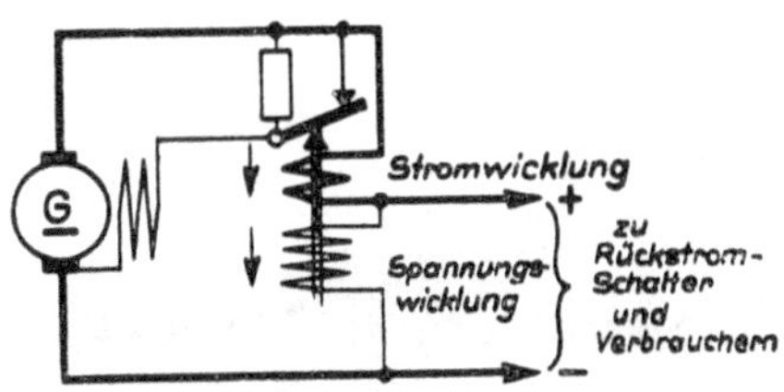

Bild 100.
Regler mit Stromwicklung für Regelung auf nachgiebige Spannung

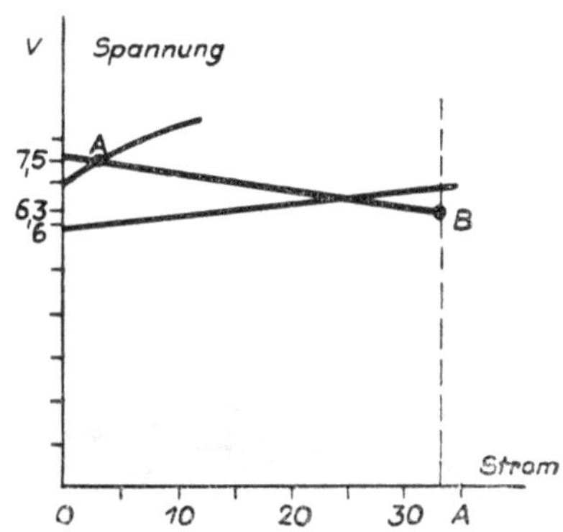

Bild 101.
Die Kennlinien bei Regelung auf nachgiebige Spannung

ist nun so zu wählen, daß sich der zulässige Höchststrom von 33 A aus der Addition von 22 A Verbraucher-Nennlast und 11 A Batteriestrom ergibt. Aus der Batteriekennlinie „leer“ kann man für 11 A eine Ladespannung von 6,3 V ablesen. Dies ist also die Spannung im Punkt B bei einem Strom von 33 A. Vgl. Bild 99!

Je nach Größe der Batterie und der Verbraucher kann Punkt A in waagerechter, Punkt B in senkrechter Richtung wandern. Es sei noch erwähnt, daß die Spannungsabfälle in den Verbindungsleitungen zwischen den Regler-Ausgangsklemmen und der Batterie im Diagramm berücksichtigt sind. Sie spielen eine große Rolle, denn sie vergrößern scheinbar die Neigung der Reglerkennlinie und verhindern u. U. das Erreichen der vollen Maschinenleistung.

Die Regelung auf nachgiebige Spannung ergibt — im Gegensatz zur gleichbleibenden Spannung — Schutz vor Überlastung und trotzdem energische Aufladung der Batterie, weil die Spannung mit kleiner werdendem Strom, d. h. steigendem Ladezustand, ansteigt. In Bild 102 ist der Ablauf einer Batterieladung mit nachgiebiger Regelung ohne Verbraucherlast dargestellt. Der Anstieg der Spannung bei kleiner werdendem Strom läßt sich gut erkennen. Die in der Batterie aufgespeicherte Elektrizitätsmenge in Ah wird durch die schraffierte Fläche angezeigt.

Bild 103 zeigt den Ladestromverlauf, wenn Verbraucher mit Nennlast parallel geschaltet sind. Die Ladung dauert hier we-

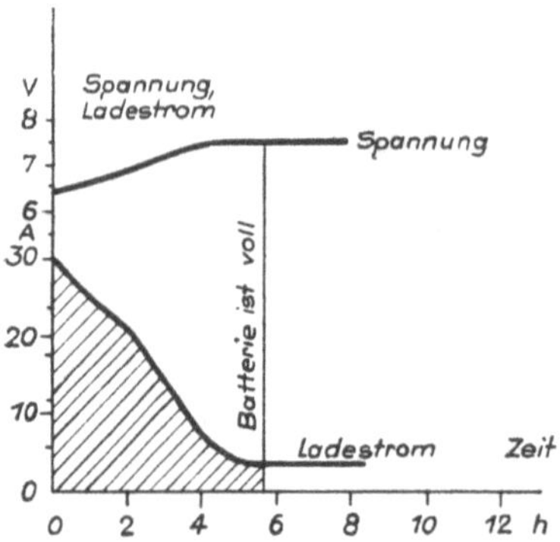

Bild 102.
Batterieladung mit nachgiebiger Regelung bei Tagfahrt

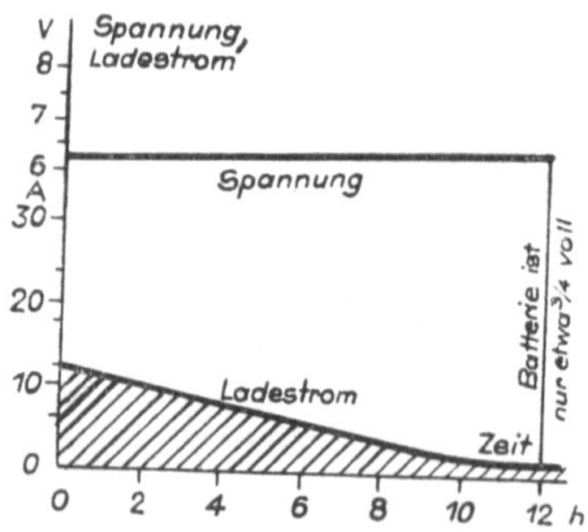

Bild 103.
Batterieladung mit nachgiebiger Regelung bei Nachtfahrt

sentlich länger, weil der für die Batterie zur Verfügung bleibende Anteil an der Maschinenleistung kleiner ist. Die Batterie wird aber nur zu etwa drei Vierteln vollgeladen, weil die Spannung nur bis zu 6,7 Volt ansteigt, d. h. bis zu der Spannung, die nach Bild 101 der Regler bei einer Belastung mit 22 A einstellt. Dieser Nachteil, der bei Nachtfahrt des Kraftwagens in Erscheinung tritt, wird in der Regel nicht fühlbar, weil Tag- und Nachtfahrten abwechseln. Man kann ihn jedoch vermeiden, wenn man die Spannung zwar gegenüber dem Batteriestrom nachgiebig macht, die Verbraucher hingegen vor der Regler-Stromwicklung anschließt, so daß ihr Strom die Spannung nicht beeinflussen kann. Die Spannungslage richtet sich dann nur noch nach dem Ladezustand.

Der Schutz gegen Überlastung der Maschine ist bei Regelung auf nachgiebige Spannung nur bedingt. Bei Zuschalten von mehr Verbrauchern oder Einbau größerer Batterien, wie es für den Betrieb von Holzgas-Fahrzeugen häufig nötig ist, wird der zulässige Höchststrom überschritten. Es hängt dann von der Dauer der Überlastung und von der zufälligen Kühlung sowie den thermischen Reserven der Maschine ab, ob sie standhält, doch hat die Praxis gezeigt, daß dies im allgemeinen zutrifft.

Regelung auf gleichbleibende Spannung mit Überlastschutz

Ein vollkommener Schutz gegen Überlastung wird erzielt, wenn die Abhängigkeit der Regelung vom Strom nicht durch

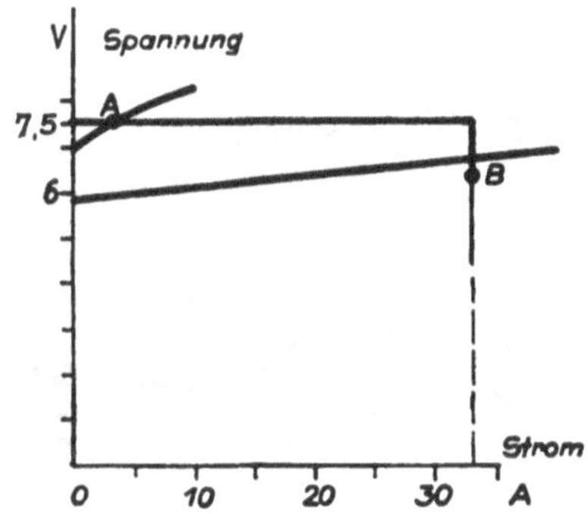

Bild 104.
Die Kennlinien bei Knickregelung

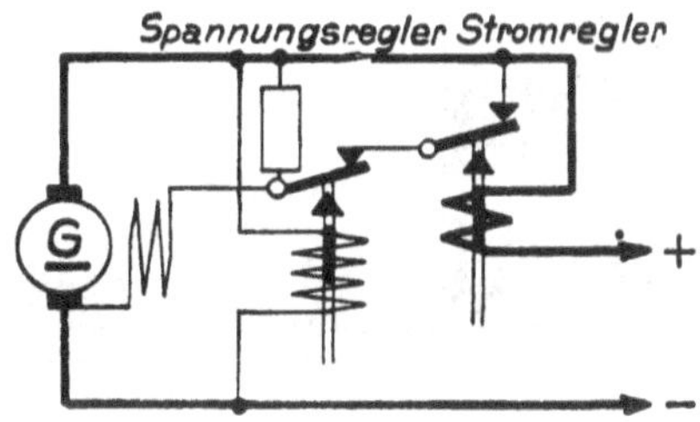

Bild 105.
Schaltbild eines Knickreglers

eine zusätzliche Stromwicklung auf dem Spannungsregler, sondern vielmehr nach Bild 105 durch einen besonderen Stromregler neben dem Spannungsregler bewirkt wird. Ähnlich wie der Spannungsregler die Spannung unter dem Einfluß der Spannungswicklung gleichhält, so verhindert der durch eine vom Maschinenstrom durchflossene Stromwicklung erregte Stromregler das Ansteigen des Maschinenstromes über einen bestimmten Wert, eben den Höchststrom (Bilder 104 u. 105).

Wie Bild 105 zeigt, liegen die Kontakte des Stromreglers in Reihe mit den Kontakten des Spannungsreglers und arbeiten mit demselben Regelwiderstand. Speist nun die Maschine zum Beispiel eine ziemlich voll geladene Batterie, so tritt nur der Spannungsregler in Tätigkeit und regelt die Spannung auf den gleichbleibenden Wert von etwa 7,5 Volt, weil der Höchststrom der Maschine wegen ausreichend hoher Gegenspannung der Batterie nicht erreicht wird. Werden aber außerdem größere Verbraucher eingeschaltet, durch welche die Stromentnahme bei 7,5 Volt über 33 Amp. steigen würde, so setzt der Stromregler ein und vermindert in der gleichen Arbeitsweise wie der Spannungsregler, d. h. durch schnell wiederholtes Aufheben der Überbrückung des Regelwiderstandes, den Erregerstrom und dadurch die Maschinenspannung auf einen solchen Wert, daß der Maschinenstrom nicht über den zulässigen Höchstwert ansteigen kann, in unserem Beispiel nicht über 33 Amp. Auf diese Weise ist die Maschine gegen jede Überlastung geschützt, auch wenn Verbraucher mit großem Anschlußwert oder beliebig große

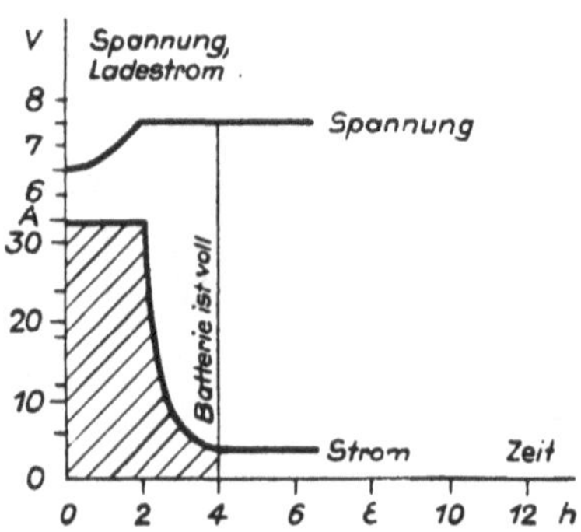

Bild 106. Batterieladung mit Knickregler bei Tagfahrt

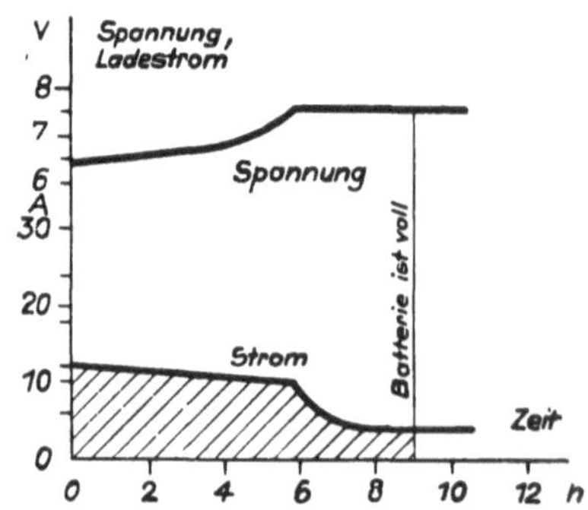

Bild 107. Batterieladung mit Knickregler bei Nachtfahrt

Batterien angeschlossen werden. Arbeitet die Maschine auf eine leere Batterie, so tritt natürlich sofort der Stromregler in Tätigkeit, und die Batterie wird im Stromreglerbereich geladen, bis sie etwa $^{3}/_{4}$ voll ist.

Mit diesem, wegen der geknickten Kennlinienform kurz „Knickregler" genannten Regler wird also die Maschine sehr gut ausgenutzt. Erst, wenn die Batterie $^{3}/_{4}$ voll ist, steigt ihre Gegenspannung so weit an, daß die Ansprechspannung des Spannungsreglers erreicht wird und damit der in die Batterie fließende Strom zurückgeht. Der Verlauf der Ladung bei Tagfahrt ist in Bild 106 dargestellt, während Bild 107 das Verhalten bei Nachtfahrt mit Verbraucher-Nennlast zeigt.

Ein Vergleich mit den Bildern 102 und 103 läßt die Vorteile des Knickreglers erkennen. Auch bei Nacht wird die Batterie unter voller Ausnützung der Maschine gänzlich aufgeladen, was durch das Ansteigen der Spannung auf 7,5 Volt ausgesagt wird.

Die Regler mit Knickkurve erobern sich seit etwa 1935 ein immer größeres Anwendungsgebiet. Ursprünglich nur für Flugzeuge verwendet, fanden sie bald Aufnahme in Triebwagen, Schiffen und größeren Lastkraftwagen, später auch in Personenwagen. Vor allem in den USA ist man von der nachgiebigen Regelung sehr bald zur Knickkurve übergegangen, nachdem man einmal die traditionelle Dreibürstenmaschine verlassen hatte und zur Spannungsregelung gekommen war.

4. Aufbau von Regler und Schalter

a) Der Rückstromschalter

Im Abschnitt 2 (Seite 115) wurde bereits erläutert, wie der Rückstromschalter die Maschine mit Batterie und Netz verbindet, sobald sie zur Stromlieferung bereit ist, und wie bei fallender Drehzahl die Verbindung wieder unterbrochen wird, um eine Entladung der Batterie über die Maschine zu verhindern. Der kurz als „Schalter“ bezeichnete Apparat besteht aus einem Elektromagneten, der eine Spannungs- und eine Stromwicklung trägt und dessen Anker ein Arbeitskontaktpaar betätigt. („Arbeitskontakte“ schließen sich, wenn der Magnet erregt wird, im Gegensatz zu „Ruhekontakten“, die im unerregten Zustand des Magneten geschlossen sind. Der Einkontaktregler hat z. B. Ruhekontakte). Die einfachste Form des Schalters, wie sie in Bild 108 dargestellt ist, findet sich bei Lichtmaschinen mit Stromregelung durch dritte Bürste.

Bild 108. Rückstromschalter für Dreibürstenmaschinen (Firma Maier, Schwenningen)

Der Schalter sitzt auf einem Sockel aus Blech, der auf das Polgehäuse der Lichtmaschine geschraubt wird und so geformt ist, daß er zu verschiedenen Maschinendurchmessern und Abständen der Befestigungsschrauben paßt. Man erkennt das Uförmige Magnetjoch aus gebogenem Blech, das innen den Kern mit den Wicklungen trägt. Rechts ist unter Zwischenlage einer Abstandsplatte die Blattfeder angeschraubt, die der Aufhängung des mit ihrem oberen Ende vernieteten Ankers dient und so vorgespannt ist, daß der Anker genau bei der vorgeschriebenen Einschaltspannung vom Magneten angezogen wird und die links angebrachten Kontakte schließt. Im Ruhezustand legt sich der Anker unter Wirkung der Feder gegen ein Anschlagblech, das links oben sichtbar ist. Der feststehende Kontakt ist mit der linken Anschlußschiene für die abgehende Leitung zur Batterie verbunden, während die an der rechten Schmalseite des Schal-

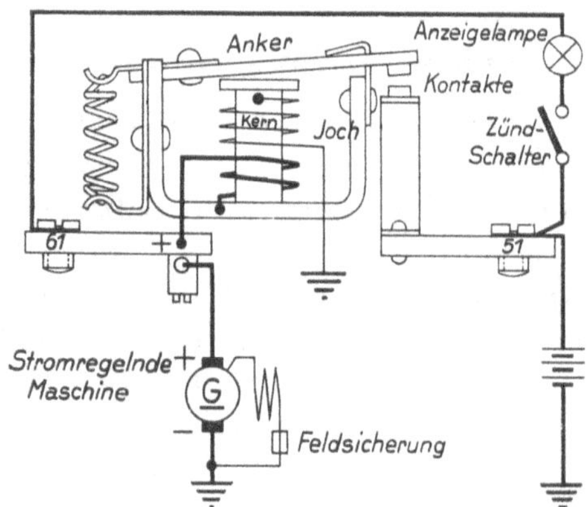

Bild 109. Rückstromschalter für Dreibürstenmaschinen in schematischer Darstellung

ters sichtbare Schiene den Anschlußbolzen für die Leitung zur Ladeanzeigelampe trägt. Bild 109 gibt Aufschluß über die einzelnen Teile der Anlage. Es zeigt den Hauptstromweg, der von der Plusbürste der Lichtmaschine zur Plusklemme am Sockel des Schalters und von da über die Stromspule zum Joch führt. Hier zweigt über den Elektromagnetkern die Spannungswicklung ab. Der Hauptstrom fließt vom Joch weiter über Anker, Kontakte und Batterieanschlußleiste mit Klemme 51 zum Sammler. Die Stromrückleitung läuft über die Fahrzeugmasse, an die auch das freie Ende der Spannungswicklung angeschlossen ist. Die Ladeanzeigelampe liegt einerseits über die Klemme 61 an der Plusbürste und andererseits über den Zündschalter und Klemme 51 an der Batterie-Plusklemme.

Bild 109 zeigt eine von Bild 108 etwas abweichende Gestalt

der Ankeraufhängung und der Meßfeder, die hier auf einfache Weise durch Verbiegen des Bleches eingestellt wird, das ihr unteres Ende festhält. Beim Einstellen der Einschaltspannung wird das Anschlagblech des Ankers derart zurechtgebogen, daß die offenen Kontakte genügend Abstand haben, während der Träger des Gegenkontaktes so gebogen wird, daß der Luftspalt am Magnetkern bei geschlossenen Kontakten einen bestimmten Wert aufweist. Dieser Luftspalt ist für den Rückstrom-Auslösewert maßgebend, und zwar wird der Rückstrom kleiner, wenn man den Luftspalt vergrößert. Gleichzeitig verkleinert man aber auch die Magnetkraft, die die Kontakte zusammendrückt und die man mit Rücksicht auf guten Stromübergang und sichere Kontaktgabe bei Stößen und Vibrationen nicht beliebig klein machen darf. Es gibt deshalb für jede Schalterbauart bestimmte günstigste Einstellwerte, die in den Tabellen der Hersteller und Reparaturwerkstätten festliegen. Besonders bei Schaltern, die mit den Reglern zusammengebaut sind, müssen die Einstellvorschriften genau beachtet werden. Hingegen kann man für die Schalter von stromregelnden Dreibürstenmaschinen hier die allgemeine Angabe machen, daß ihre Einschaltspannung zwischen 6 und 8 Volt (bei 12 Volt-Anlagen zwischen 12 und 15 V) liegen soll und der Rückstrom unabhängig von der Systemspannung 2 bis 6 A beträgt.

Der Aufbau der Rückstromschalter hat sich im Laufe der Entwicklung sehr vereinfacht. Anfangs verwendete man zusammen mit den runden, aus Drehteilen aufgebauten Reglern auch gleichartige geschlossene Rückstromschalter (Bild 120). Die Dreibürstenmaschinen wurden aber schon frühzeitig mit den oben abgebildeten, aus billigen Blechteilen bestehenden offenen Schaltern ausgerüstet. Mit dem Verlassen der runden Reglerbauart wurden auch bei den spannungsgeregelten Lichtmaschinen die runden Schalter aufgegeben. Bei den Schaltern dieser Maschinen sind heute ebenso wie bei den Reglern die Joche und Anker aus Blech, teils zur Erzielung größerer Genauigkeit aus Profileisen hergestellt. Soweit für die Schalter nicht gewisse Teile des Reglers mitbenützt werden, sind sie mindestens mit dem Regler auf derselben Grundplatte vereinigt. Wir beschreiben deshalb diese Schalter zusammen mit den entsprechenden Reglern in den nächsten Abschnitten.

b) Der Tirrillregler

Die Entwicklung, die der Tirrillregler für Kraftfahrzeug-Lichtmaschinen durchlaufen hat, ist gekennzeichnet durch fortschreitende Vereinfachung und Verbilligung in der Reihenfolge: Geschlossener Rundregler aus Drehteilen, offener Regler aus Profileisen, offener Aufbau aus Blechteilen. Für die Gestalt des Reglers ist noch die Zahl der Kontaktpaare wichtig, die sich, wie früher gezeigt, nach Spannung, Erregerstromstärke und verlangter Genauigkeit richtet. Ferner spricht beim Aufbau natürlich die Art der Regelung mit, d. h. ob auf gleichbleibende Spannung mit Strombegrenzung oder nur auf nachgiebige Spannung

Bild 110. Einkontaktregler einfacher Art mit Rückstromschalter (Typ H der Robert Bosch G. m. b. H.)

geregelt wird. Hier sollen in den nächsten Abschnitten die Bauarten der Regler, nach der Zahl der Kontaktpaare unterschieden, behandelt werden.

Einkontaktregler

Der Einkontaktregler ist in seiner einfachen Bauform nach Bild 110 häufig anzutreffen, vor allem in Omnibussen und größeren Lastwagen. Er wird eingehender beschrieben als die folgenden Typen, weil alles weitere sich auf die gleichen Grundelemente stützt. Dieser richtunggebenden Bauart von Bosch sind einige Regler der gleichen Herstellerfirma und des Auslandes sehr ähnlich, z. B. die der Firma Lucas in England. Sie unterscheiden sich meist nur in der Größe und untergeordneten Einzelheiten der Gestaltung.

Im Bild erkennt man links den Rückstromschalter, rechts den Regler. Aus Festigkeitsgründen wurden die beiden Joche zu einem gemeinsamen Winkeleisen zusammengezogen.

Die Anker bestehen aus Profileisen, das sich entsprechend der Flußdichte nach den Enden zu verjüngt, um die bei Erschütterungen schädliche Ankermasse klein zu halten. Die Anker sind an kurzen Blattfedern aufgehängt, die vorgespannt sind und den größten Teil der Meßkraft aufbringen. Die Restkraft wird von der langen, senkrechten Einstellfeder ausgeübt, die ebenfalls am Anker angenietet ist und in den freien Raum zwischen Spule und Joch hineinragt. Ihr freies Ende legt sich gegen die im Joch sitzende, durch eine Gegenmutter gesicherte Einstellschraube, die das Verändern der Federkraft und damit der Ansprechspannung von Regler oder Schalter erlaubt.

Eine mit der Einstellfeder zusammen am Regleranker angenietete, kürzere „Anschlagfeder", die im Bilde nicht zu sehen ist, kommt zur Wirkung, wenn sich der Anker weiter als bei normalem Arbeiten auf den Kern zu bewegen sollte. Dies tritt ein, wenn die Maschine plötzlich stark entlastet wird. Die Spannung steigt dann trotz sofortiger Kontaktöffnung wegen der magnetischen Trägheit der Maschine einen kurzen Augenblick über den Sollwert, wodurch der Regleranker völlig eingezogen werden würde, wenn ihn die Anschlagfeder nicht daran hinderte. Ihre Anschlagschraube wird so eingestellt, daß sie bei geschlossenen Kontakten von der Feder gerade noch nicht berührt wird. Bei Berührung würde die nachstehend beschriebene Anpassung von Feder- und Magnetkräften gestört sein und der Regler nicht einwandfrei arbeiten.

Der am Regleranker sitzende und sich mit ihm bewegende Kontakt läßt sich mit Hilfe des Gewindes an seinem Schaft gegenüber dem Anker verstellen, wodurch die Lage des Ankers zum Joch und zum Magnetkern verändert wird, weil sich der bewegliche Kontakt ja stets gegen den feststehenden, am Joch isoliert befestigten Kontakt legt. Man stellt auf diese Weise den L u f t s p a l t ein, der bestimmten, für den Ablauf der Ankerbewegungen und die zeitliche Konstanz der Regelung wichtigen Bedingungen genügen muß. Zur Erläuterung ist in Bild 111 das Kraft-Weg-Schaubild eines Reglers dargestellt.

Am Regleranker wirkt die Federkraft nach oben, die Magnetkraft ihr entgegen nach unten. Im Schaubild ist die Magnetkraft ebenfalls nach oben, also negativ, eingezeichnet, damit die Kurvenpunkte der beiden Kräfte im Falle des Gleichgewichtes aufeinander zu liegen kommen.

Legt man bei einem Regler — dessen Magnetkurve sich aus dem räumlichen und stofflichen Aufbau des Magnetkreises sowie der Durchflutung ergibt — einen bestimmten Arbeitsluftspalt fest, so müssen sich Feder- und Magnetkraftkurve im Arbeitspunkt A tangieren, damit kleine Änderungen des Luftspaltes keine nennenswerten Änderungen der Regelspannung hervorrufen. Es leuchtet ein, daß bei einer Vergrößerung des Luftspaltes durch Kontaktabbrand die Federkraft entsprechend der

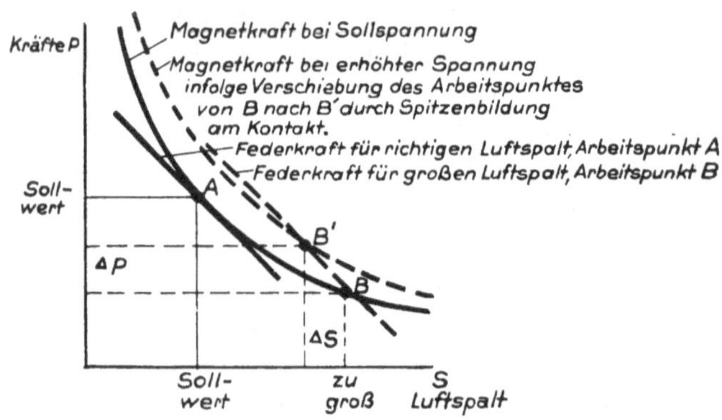

Bild 111. Die Einstellung des Luftspaltes beim Einkontaktregler

Federkonstante um einen bestimmten Betrag kleiner wird. Da aber die Neigung der Magnetkraftkurve im Tangierungspunkt gleich der der Federkurve ist, sinkt die Magnetkraft um den gleichen Betrag ab, so daß der Regler weiterhin auf dem gleichen Sollwert arbeitet. Voraussetzung ist natürlich, daß die Luftspaltänderung klein bleibt. Ebenso wenig stört eine kleine Luftspaltverringerung durch Spitzenbildung, wie sie im Abschnitt über Kontakte näher beschrieben wird. (Seite 167).

In das Schaubild 111 ist gestrichelt eingezeichnet, wie sich eine falsche Einstellung des Luftspaltes auswirken würde. Im Arbeitspunkt B ist die Neigung der Magnetkraftkurve viel flacher, als die der Federkraftkurve, so daß bei einer Luftspaltänderung um den eingezeichneten Betrag $\triangle$s eine Änderung der Magnetkraft um $\triangle$P zum neuen Arbeitspunkt B' erfolgen muß, um das Gleichgewicht wiederherzustellen. Der neuen Magnetkraft entspricht eine neue Regelspannung, die bei den erfahrungsgemäß auftretenden Luftspaltänderungen vom Sollwert beträchtlich abweicht, was nicht zulässig ist. Aus diesem Grunde ist die Einstellung des richtigen Luftspaltes wesentlich, wozu bei dem Regler nach Bild 110 die erwähnte Kontaktschraube dient. Andere Reglerbauarten werden durch Verbiegen des zweckmäßig gestalteten Kontaktträgers eingestellt.

In Bild 110 findet man am Schalteranker einen großen Hauptkontakt und einen an einer Feder sitzenden, kleineren Vorkontakt. Der Vorkontakt, der nur bei Schaltern für Ströme über 30 A angewandt wird und beim Öffnen des Schalters erst nach dem Hauptkontakt abhebt, nimmt damit den Abschaltlichtbogen auf und verhütet Ver-

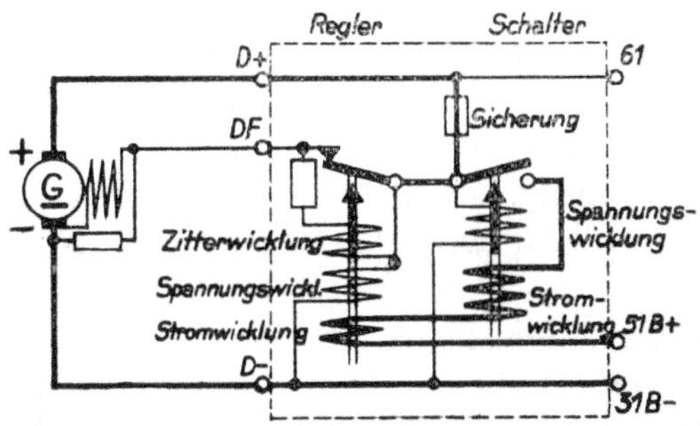

Bild 112.
Schaltbild des Reglers und Schalters von Bild 110

änderung der Oberfläche des Hauptkontaktes durch Schmelzperlen und Abbrand, die sich in Luftspaltänderung und Veränderung des Rückstrom-Auslösewertes auswirken würde. Hauptkontaktpaar aus Reinsilber und Vorkontaktpaar aus einer abbrandfesteren Silber-Kupfer-Legierung sind durch Schrauben einstellbar. Im Ruhezustand legt sich der Schalteranker gegen ein Anschlagblech.

Die Wicklungen von Regler und Schalter sind in Bild 112 dargestellt.

Der Schalter trägt die bereits bekannten Wicklungen für Spannung und Strom, der Regler neben der Spannungswicklung noch die Stromwicklung, die die Kennlinie nachgiebig macht und je nach Maschinenleistung eine andere Windungszahl aufweist. Außerdem besitzt der Regler eine Zitterwicklung, die hier in Reihe mit dem Regelwiderstand liegt.

Die beiden Spannungswicklungen bestehen aus einer großen

Anzahl von Kupferdraht-Windungen und einer „Abgleichung" von wenigen Windungen Nickelindraht, die aber den drei- bis vierfachen elektrischen Widerstand der Kupferwicklung besitzt. Der Temperaturbeiwert des Widerstandes einer derart abgeglichenen Wicklung ist nur ein Bruchteil desjenigen einer reinen Kupferwicklung. Dementsprechend ist auch die Widerstandszunahme bei Erwärmung, die in die Meßgenauigkeit unmittelbar eingeht, viel kleiner. Die Notwendigkeit einer Abgleichung ist ohne weiteres einzusehen, wenn man bedenkt, daß der Widerstand der Kupferwicklung um 24% steigt, wenn die Temperatur von 20° auf 80° zunimmt. Die geregelte Spannung würde dann zum Beispiel von 14 V auf den gänzlich untragbaren Wert von 17,5 V steigen. Mit einer Abgleichung im Widerstandsverhältnis Kupfer : Nickelin wie 1 : 4 beträgt der Anstieg der Spannung nur noch 4,8%. Mit diesem Rest gibt man sich zufrieden und berücksichtigt ihn bei der Einstellung des kalten Reglers. Eine weitere Verkleinerung des sogenannten Temperaturfehlers mittels Abgleichung würde unwirtschaftlich viel Kupferaufwand erfordern.

Nicht im Regler eingebaut und doch unmittelbar zu ihm gehörig ist ein der Feldwicklung in der Maschine parallel geschalteter Dämpfungswiderstand. Er verkleinert im Verein mit dem im Reglerkasten eingebauten Regelwiderstand die Induktions-Spannungsspitzen, die bei Öffnen der Reglerkontakte entstehen und Kontaktwanderung sowie Störungen von Funkempfängern hervorrufen.

Die in Nordamerika, dem klassischen Gebiet der reglerlosen Dreibürstenmaschine, erst sehr spät einsetzende Reglerentwicklung führte wegen der dort sofort gewährleisteten großen Produktionsziffern zu Konstruktionen, die auf wirtschaftliche Massenfabrikation zugeschnitten sind. Das Kennzeichen solcher Regler ist hauptsächlich die Anwendung von gestanzten Blechteilen für die Magnetkreise. Einen nach solchen Grundsätzen gebauten deutschen Regler zeigt Bild 113.

Es ist dies ebenfalls ein Einkontaktregler mit auf gleichem Sockel aufgebautem Rückstromschalter. Er hat nachgiebige Spannungsregelung und wird unmittelbar auf die Lichtmaschine aufgeschraubt. Die von der isolierten Bürste und von der Feldwicklung kommenden Kabelenden werden durch das Polgehäuse hindurchgeführt und auf der Sockelunterseite in entsprechenden Anschlußbolzen festgeklemmt, während für die abgehenden Leitungen zur Batterie und zur Kontrollampe zwei außen angebrachte Anschlußschienen vorgesehen sind. Zwischen den Anschlußklemmen im Sockel ist eine Glimmerplatte mit dem aufgewickelten Regelwiderstand untergebracht. Der Widerstand wird auf diese Weise von der durchstreifenden Luft gut gekühlt.

Einen amerikanischen Einkontaktregler zeigt Bild 114.

Er besteht aus drei Magnetkreisen, dem Rückstromschalter rechts, dem Regler für konstante Spannung links und dem

Bild 113.
Einkontaktregler für Aufbau auf Lichtmaschinen
(Garbe-Lahmeyer, Aachen)

Stromregler in der Mitte. Wir haben es hier also mit einem Knickregler zu tun, entsprechend der in Bild 104 dargestellten Kennlinie. Regler mit nachgiebiger Kennlinie, wie sie in Deutschland für Leistungen bis 300 Watt heute noch allgemein üblich sind, wurden in Amerika nur wenige Jahre lang hergestellt. Man ging sehr bald zur Knickregelung über. Das im Bild gezeigte Gerät kann wegen seiner Größe nicht mehr auf die Maschine gebaut werden. Es muß auch an der Spritzwand des Fahrzeuges noch auf federnde Gummipuffer geschraubt werden, weil es als Einkontaktregler mit den dort vorhandenen kleinen Richtkräften gegen die vom Motor ausgehenden Schwingungen sehr empfindlich ist und ohne Federung ungenau arbeiten würde.

Interessant ist an diesem Regler die in amerikanischen Geräten häufig zu findende Art der Unterdrückung des bereits erwähnten Temperaturfehlers der Spannungswicklung. Die Abgleichung, die den Temperaturfehler bis auf einen Restwert herabsetzt, ist beim amerikanischen Regler durch einen magnetischen Nebenschluß zum Luftspalt ersetzt worden. Der Nebenschluß besteht aus einer Nickellegierung, deren magnetische Leitfähigkeit sich mit steigender Temperatur verschlechtert. Da die Zugkraft der Spannungsspule sich ebenfalls verschlechtert, bleibt der den Anker durchsetzende Fluß konstant. Ein Regler mit solcher „Temperatur-Kompensierung“ hat also

Bild 114.
Regler mit geknickter Kennlinie (Ford, USA)

keinen Restfehler mehr, wie der Regler mit Nickelinabgleichung. Man kann sogar die Beeinflussung durch den magnetischen Nebenschluß so stark machen, daß die Spannung bei Erwärmung zurückgeht. Von dieser Möglichkeit ist hier Gebrauch gemacht, um im Winter eine etwas höhere Spannung als im Sommer zu erhalten, was der Batterieladung zugute kommt. Das Maß der Verbesserung ist aber nicht sehr groß, weil man die Spannung im Winter mit Rücksicht auf die Lebensdauer der Glühlampen nicht so hoch treiben kann, wie es die Ladung einer kalten Batterie wirklich erfordert.

In Deutschland ist neben der Abgleichung eine Temperaturkompensierung eingeführt, die mit Hilfe eines Bimetallstreifens arbeitet. Dieser wirkt durch seine beim Erwärmen eintretende Neigung zum Biegen der Reglerfeder entgegen, und es genügt daher die durch den erhöhten Widerstand der Spannungswicklung verminderte Zugkraft des Magneten, um den Anker bei der gleichen Spannung wie vor der Erwärmung anzuziehen. Das Ergebnis ist das gleiche, wie oben. Auch hier ist die Übersteuerung zum Zwecke besserer Batterieladung im Winter oder zum Schutz vor Überladung in heißem Klima möglich. Über die Ladung sehr kalter oder warmer Batterien wird im Abschnitt IV, Seite 204 mehr gesagt.

Bild 115 zeigt einen Regler, wie er in den amerikanischen Armee-Lastwagen eingebaut ist. Er ist

Bild 115.
Regler-Schalter mit geknickter Kennlinie (Auto-Lite, USA)

wegen des rauhen Betriebes und der größeren Stromstärke von 40 Amp. bei 6 Volt sehr kräftig ausgeführt.

Dieser Knickregler hat wie der vorhergehende und auch der nachstehende eine prinzipielle Eigenart gegenüber den Reglern mit nachgiebiger Spannung. Wenn die mit dem Regler zusammenarbeitende Lichtmaschine gegenüber der Batterie umgekehrte Polarität aufweist, so sollte der Rückstromschalter dafür sorgen, daß die Maschine beim ersten Zuschalten umgepolt wird. Es wurde bereits erläutert, daß Rückstromschalter mit zu kleiner Stromwindungszahl dazu nicht in der Lage sind, weil ihre Kontakte nicht genügend lange geschlossen bleiben. Bei Knickreglern wird im Augenblick des ersten Kontaktschlusses durch den großen Stromstoß das Kontaktpaar des Stromreglers geöffnet und dadurch der Regelwiderstand vor die Feldwicklung der Maschine geschaltet. Die Maschine wird rasch entregt, und der Rückstromschalter muß sich öffnen. Die Maschine kann sich deshalb auch bei einwandfreiem Rückstromschalter nicht umpolen. Dieser Tatsache muß beim ersten Einbau und beim Austausch von Maschine oder Batterie Rechnung getragen werden.

In Deutschland liegt das Hauptgebiet des Einkontaktreglers nicht so, wie in USA, beim normalen Kraft-

Bild 116.
Spannungs- und Stromregler mit Schalter für große Leistung (Typ N der Robert Bosch G. m. b. H.)

fahrzeug mit 6 Volt-Anlage, sondern aus bereits erläuterten Gründen bei Anlagen größerer Leistung für 12 und 24 Volt, wie sie in Schiffen, Triebwagen und Omnibussen notwendig sind. Die hierbei verwendeten Regler sind im grundsätzlichen aus dem Gerät nach Bild 110 entwickelt und zweckentsprechend verfeinert worden. So entstanden die Reglertypen J, K, N u. O der Firma Bosch. Ein Regler für größte Lichtmaschinen, bis zu etwa 120 Amp. bei 30 Volt brauchbar, ist in Bild 116 dargestellt. Er enthält einige beachtenswerte Einzelheiten, die an Hand des Schaltbildes Bild 117 näher zu erläutern sind.

Zunächst fällt auf, daß das linke der drei Magnetsysteme zwei

Anker aufweist. Es ist dies der Rückstromschalter mit dem Stromregler. Da beim Schalter die Stromspule im Interesse eines kleinen Rückstrom-Auslösewertes gegenüber der Spannungsspule groß sein muß, kann man einen Teil des Magnetflusses zur Betätigung des Stromregferankers heranziehen. Dadurch entfällt ein eigener Magnetkreis für den Stromregler.

Weiter sieht man statt des bisher gewohnten e i n e n Spannungsreglers deren z w e i. Für die größeren Maschinen genügt

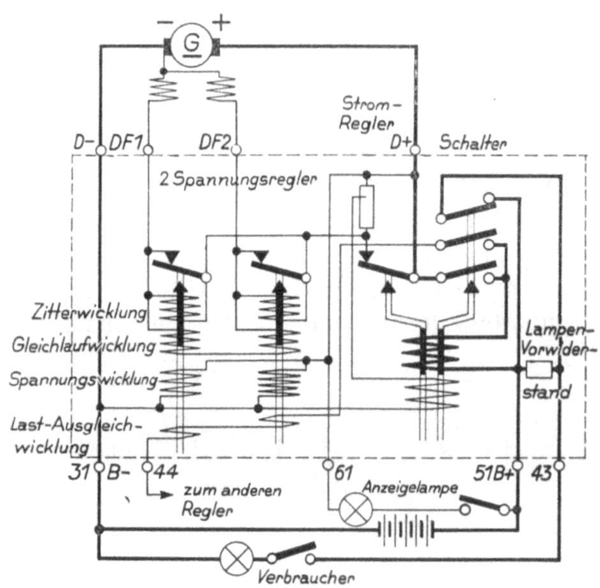

Bild 117. Schaltbild des Reglers von Bild 116

nämlich die Erregerleistung nicht mehr, die vom Kontaktpaar eines Einkontaktreglers beherrscht wird. Die Verwendung zweier getrennter Feldwicklungen, deren jede von einem eigenen Regler bedient wird, stellt einen hier gezeigten Ausweg dar. Damit die beiden Regler gleichzeitig ansprechen, werden sie durch G l e i c h - l a u f w i c k l u n g e n, auch F e l d - A u s g l e i c h w i c k - l u n g e n genannt, synchronisiert. Auf diese Weise sind die beiden Erregerströme trotz der unvermeidlichen Unterschiede in der Einstellung der Einzelregler jederzeit nahezu gleich. Beiläufig sei vermerkt, daß dieses System als „D o p p e l r e g l e r“ bezeichnet wird.

Die R e g e l w i d e r s t ä n d e der S p a n n u n g s r e g l e r sind gleich als Z i t t e r w i c k l u n g e n auf die Reglerspulen gewickelt, während der eigene Regelwiderstand des Stromreglers im Sockel untergebracht ist und zum Teil als Zitterwiderstand verwendet wird.

Eine weitere, bisher noch nicht erwähnte Wicklung findet sich auf den beiden Reglern, die Last-Ausgleichwicklung. Sie dient zur Steuerung der Lastverteilung von 2 oder mehreren Lichtmaschinen, die auf ein gemeinsames Netz arbeiten. Dies kommt in Betracht bei mehrmotorigen Fahrzeugen oder bei einmotorigen, wenn die Leistung nur eines Generators nicht ausreicht. Da die Parallelschaltung von mehreren Maschinen bei großen Anlagen vorkommt, wird sie im Nachfolgenden näher erläutert.

Parallelschaltung geregelter Generatoren

Bei Parallelarbeit mehrerer Stromerzeuger ist zu verlangen, daß sich die Last auf die einzelnen Generatoren gleichmäßig verteilt, wobei kleinere Maschinen einen kleinen Stromanteil, größere einen ihrer Leistungsfähigkeit ent-

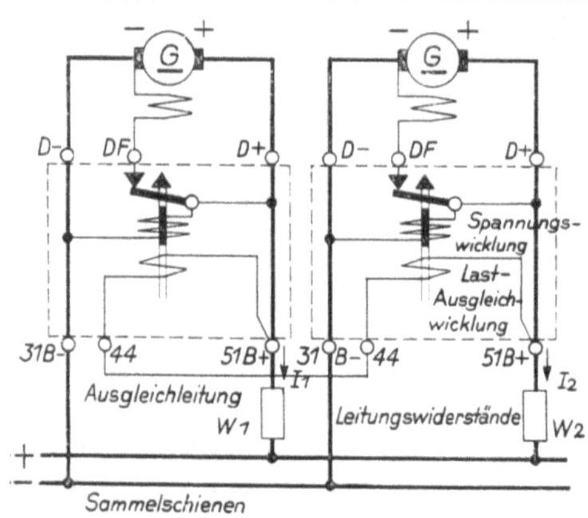

Bild 118. Parallelschaltung zweier Lichtmaschinen mit Last-Ausgleichwicklungen auf den Reglern

sprechenden größeren Teil übernehmen. Nur so sind gleichmäßige Kohlenabnützung und längste Lebensdauer gewährleistet. Auch bei noch so genauer Reglereinstellung kann diese Forderung nicht ohne weiteres erfüllt werden, denn bei den Reglern mit Knickkurve erreicht man dadurch im besten Falle eine labile Stromverteilung und unkontrolliertes Pendeln der Last von einer Maschine zur anderen. Deshalb muß man eine zusätzliche, von der Last abhängige Steuergröße auf die einzelnen Regler wirken lassen. Als Steuergröße wird beim vorliegenden System der Strom über die Ausgleichwicklung verwendet, der von der Lastverteilung unmittelbar abhängt. Aus Schaltbild 118 wird die Wirkungsweise klar. Man erkennt auf den Reglern die Spannungs- und die Ausgleichswicklungen, findet die Sammelschienen und die Zusatzwiderstände in den Plusleitungen zwischen den Reglern und Sammelschiene, die mit W_1 und W_2 bezeichnet sind und zunächst gleiche Größe haben sollen. Bei Gleichheit der Belastungsströme I_1 und I_2 sind die Spannungsabfälle an den Widerständen gleich, folglich auch das Potential an den positiven Ausgangsklemmen 51 B+ der beiden Regler, an die die Ausgleichswicklungen angeschlossen sind. Ein Steuerstrom kommt nicht zustande, ist auch nicht nötig.

Sind dagegen die Ströme I_1 und I_2 infolge verschiedener Reglerspannung nicht gleich, so tritt zwischen den Regler-Plusklemmen eine Differenz der beiden, nunmehr verschiedenen Spannungsabfälle auf. Diese Potentialdifferenz treibt einen Strom über die Ausgleichswicklungen, der den niedrig eingestellten Regler im Sinne einer Spannungserhöhung, den anderen im Sinne einer Spannungserniedrigung beeinflußt. Dadurch verkleinert sich die Differenz der Lastströme bis auf einen geringen Rest. (Der Ausgleich gelingt nicht völlig, kann aber bei entsprechender Auslegung der Wicklungen und Widerstände sehr weit getrieben werden.)

Sind nun die Maschinen nicht gleich groß, dann dürfen die Ströme nicht mehr wie im obigen Beispiel gleich sein, sondern müssen sich den zulässigen Maximalleistungen entsprechend verteilen. Dies erreicht man auf einfache Weise durch eine solche Bemessung der Widerstände W, daß sie sich in ihrem Ohmwert umgekehrt verhalten wie die zugehörigen Maximalströme. Dann steuert der Ausgleich auf Potentialdifferenz Null beim richtigen Verhältnis der Lastströme.

Das Lastverhältnis bestimmt also das Verhältnis der Widerstände. Ihre Größe richtet sich nach den Konstruktionsdaten des Reglers und Schalters und muß vom Hersteller angegeben werden. W_1 und W_2 müssen mindestens so groß sein, daß der bei größtmöglicher Verschiedenheit der Regelspannung von einer Maschine zur anderen fließende Ausgleichstrom den

Rückstromschalter der niedriger geregelten Maschine noch nicht öffnet.

Als Widerstände dienen meist die Kabelleitungen zwischen Reglerkasten und Sammelschiene bei entsprechender Bemessung von Querschnitt und Länge, so daß besondere Widerstandselemente im allgemeinen überflüssig sind.

Im Stromkreis der Ausgleichswicklung liegt je ein Kontaktpaar des Rückstromschalters jeder Maschine. Bei Stillstand einer Maschine unterbricht somit der Rückstromschalter dieser Maschine die Verbindung mit der Wicklung des parallel arbeitenden Reglers. Dies ist nötig, weil sonst die arbeitende Maschine einen Teil ihres Belastungsstromes über die Ausgleichswicklungen und die Hauptstromleitung der stehenden Maschine zur Sammelschiene schicken würde. Dieser Teilstrom würde in der Ausgleichswicklung des arbeitenden Reglers dessen Spannungswicklung unterstützen und so eine zu niedrige Spannungslage herbeiführen. Statt des Zusatz-Kontaktpaares am Rückstromschalter wurde auch schon ein besonderes Relais im Zuge der Ausgleichswicklung verwendet. (Die Zusatzkontakte sind übrigens im Prinzipschaltbild 118 der Übersichtlichkeit halber weggelassen.)[1])

Der Regler nach Bild 116 und 117 wird oft in Anlagen verwandt, die eine alkalische Batterie enthalten. Der große, diesen Batterien eigentümliche Unterschied zwischen Lade- und Entladespannung stört beispielsweise in Eisenbahnwagen sehr, weil die Lichtstärke der Glühlampen dadurch bei Übergang von Fahrt auf Halt stark schwankt. Um gleichmäßiges Licht zu erhalten, baut man regelbare Vorwiderstände (sogenannte Lampenregler) oder Festwiderstände ein, die bei Ladung vor die Lampen geschaltet werden und deren Speisespannung auf den Wert herabsetzen, den sie im Stillstand, also bei Entladung und überbrücktem Vorwiderstand, erhalten. Die Kontakte zum Überbrücken des Vorwiderstandes sind als Ruhekontakte auf dem Anker des Rückstromschalters angeordnet. Dies ergibt natürlich nur für eine bestimmte Lampenlast den richtigen Spannungsabfall. Einen von der Last weitgehend un-

[1]) Eine eingehende Darstellung der Parallelarbeit mit der Berechnung von Strömen und Widerständen ist gegeben in: Hoyer, Die Regelung der Parallelarbeit von Gleichstrommaschinen in Fahrzeugen. Elektrotechn. Ztschr 64. Jahrg. (1943) S. 607 ff.

abhängigen Spannungsabfall weist die Wasser-Zersetzungszelle mit alkalischem Elektrolyt auf, die als „Gegenzelle" bezeichnet wird und äußerlich einer alkalischen Batterie gleicht. Sie wird an die Stelle des Festwiderstandes eingeschaltet und ebenfalls bei Stillstand der Lichtmaschine überbrückt. Da die Zelle kein Energiespeicher ist, kann man das gefahrlos tun. Die Gegenzelle ist in Abschn. IV, Seite 231 näher beschrieben.

Sie ist dort am Platze, wo der in ihrer Arbeitsweise liegende, große Wasserverbrauch regelmäßig ersetzt werden kann und wo die eigentliche Sammlerbatterie ebenfalls alkalisch ist. Beim Nebeneinander von Schwefelsäure-Elektrolyt einer Bleibatterie und dem alkalischen einer Gegenzelle wäre die Gefahr der beiderseitigen Verunreinigung zu groß.

In diesem Zusammenhang sei eine heute nur noch in Einzelfällen verwendete Anordnung erwähnt, die bei dem eben be-

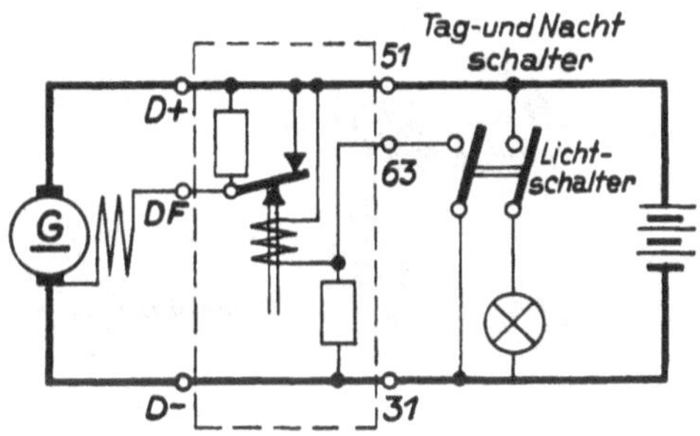

Bild 119. Schaltung für erhöhte Ladespannung bei Tagfahrt

sprochenen Regler und anderen Typen möglich ist. Es ist dies das zeitweilige Erhöhen der Reglerspannung, wenn keine Lampen angeschlossen sind. Die alkalische Batterie — bei Bleibatterien ist eine solche Maßnahme ja unnötig — wird dann bei Tag gut geladen und ihre Volladung überhaupt erst ermöglicht. Bei Nachtfahrt mit eingeschalteten Lampen wird die Reglerspannung auf normaler Höhe gehalten, für die die Lampen ausgelegt sind. Die Schaltung eines solchen Reglers zeigt Bild 119. Der Rückstromschalter ist der Übersichtlichkeit halber nicht eingezeichnet. Mit dem Lichtschalter ist ein Tag-Nacht-Schalter gekuppelt, der nachts die Reglerwicklung unmittelbar an Masse legt und tagsüber einen Vorwiderstand einschaltet, um die Regelspannung zu erhöhen.

Eine ähnliche Schaltung mit einer umlegbaren Klemmschiene findet sich bei Reglern der Firma Scintilla. Im Sommer wird die Schiene so angeklemmt, daß der Vorwiderstand überbrückt, die Spannung normal ist. Bei der Winterstellung der Schiene ist der Widerstand vorgeschaltet, die Spannung etwas höher. Hierbei ist jedoch der Spannungssprung nur so groß, daß die Lampen nicht gefährdet werden. Im Winter wird aber die Batterie doch besser geladen, was sehr wünschenswert ist.

Zweikontaktregler

Die bereits genannten Eigenschaften des Zweikontaktreglers, nämlich weitgehende Unempfindlichkeit gegen Erschütterungen,

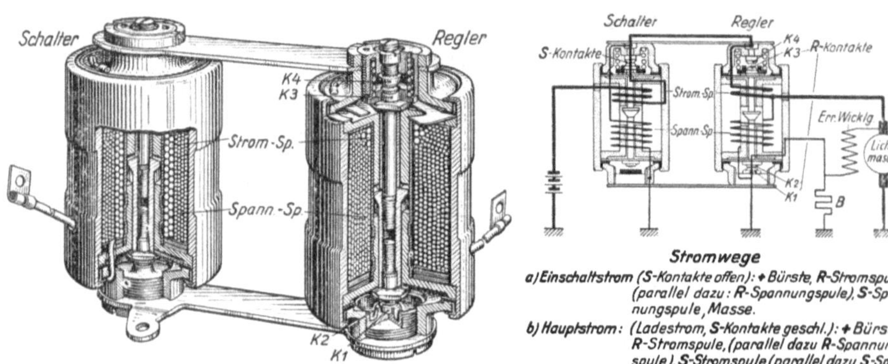

Stromwege

a) Einschaltstrom (S-Kontakte offen): + Bürste, R-Stromspule, (parallel dazu: R-Spannungsspule), S-Spannungsspule, Masse.

b) Hauptstrom: (Ladestrom, S-Kontakte geschl.): + Bürste, R-Stromspule, (parallel dazu R-Spannungspule), S-Stromspule (parallel dazu S-Spannungspule, Batterie, Masse.

c) Erregerstrom 1) (K1/K2 geschl., K3/K4 offen): + Bürste, Erregerwicklung, Kontakte K2/K1, Masse.
2) K1/K2 offen, K3/K4 offen): + Bürste, Erregenwicklung, Widerstand B, Masse.
3) Erregerwicklung ist kurz geschlossen, da Kontakte K2 u. K3 leitend verbunden sind.

Bild 120. Runder Zweikontaktregler mit Schalter (Typ D der Robert Bosch G. m. b. H.)

größere Erregerleistung, geringere Genauigkeit und Beschränkung auf kleine Spannungen geben ihm einen begrenzten Anwendungsbereich für die hochausgenützten Lichtmaschinen kleiner und mittlerer Leistung der Personen- und Lastwagen sowie der Motorräder, sofern diese Gleichstrommaschinen besitzen. Die Möglichkeit des Aufbaues auf die Lichtmaschine wird als besonders wirtschaftlich angesehen und erleichtert Einbau und Prüfung der Einheit Maschine—Regler sehr. In Europa stellen deshalb die Zweikontaktregler den meistverbreiteten Typ dar.

Von Anfang an baute man in Deutschland Zweikontaktregler in der runden Form, die in Bild 120 geschnitten dargestellt ist. Regler und Rückstromschalter sind aus weitgehend gleichen, drehrunden Teilen aufgebaut. Innerhalb des Gehäuses, das als Magnetjoch dient, befinden sich die üblichen Wicklungen für Strom und Spannung. Sie umschließen den an weichen Membranen aufgehängten Anker aus Rundeisen, der seinen Arbeitsluftspalt etwa in der Mitte der Spule hat. Die Reglerfeder bzw. die Feder des Rückstromschalters befindet sich im oberen Teil des Gehäuses und läßt sich von außen einstellen. Sie drückt den Anker nach unten, wo er sich mit dem eingeschraubten Kontakt an den einstellbaren Gegenkontakt legt. Dieses Ruhekontaktpaar entspricht dem der Einkontaktregler. Ihm ist der meist auf der Feldwicklung der Maschine aufgebrachte Regelwiderstand parallel geschaltet.

Beim runden Rückstromschalter wurde dieses Ruhekontaktpaar häufig zur Verriegelung des Anlassers verwendet. Der Stromkreis des Anlaß-Druckknopfes war über diese Kontakte geführt, so daß das versehentliche Einschalten des Anlassers bei laufendem Motor unmöglich war. Der Schutz war jedoch nur unvollständig, weil die Lichtmaschine auch beim Motorleerlauf im allgemeinen noch eine zu niedrige Spannung hat, um die Kontakte zu öffnen und das Betätigen des Anlassers zu sperren.

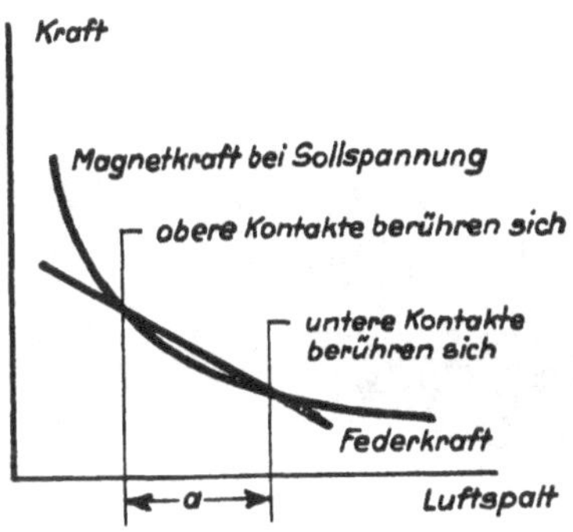

Bild 121. Magnet- und Federkräfte des Zweikontakt-Reglers

Die Arbeitskontakte des Schalters im oberen Gehäuseteil werden vom Anker aus durch einen Stössel betätigt, ebenso die Arbeitskontakte des Reglers, die die Erregerwicklung kurzschließen und „Oberlage" genannt werden. Die Regler-Ruhe-Kontakte heißen im Gegensatz dazu „Unterlage".

Sämtliche Kontakte von Regler und Schalter können zwecks Einstellung des Arbeitsluftspaltes von außen eingestellt werden. Beim Schalter wird — wie schon beim Rückstromschalter für Dreibürstenmaschinen beschrieben — die Größe des Rückstromes beim Abschalten durch den Luftspalt bestimmt. Auch der Regler verlangt seine genaue Einstellung. Der Zweikontaktregler ist in dieser Beziehung wesentlich empfindlicher als der Einkontaktregler, weil sein Luftspalt sich beim Übergang von dem einen auf das andere Kontaktpaar verändert. Um in Unter- und Oberlage die gleiche Ansprechspannung zu ergeben, muß sich die Federkraft beim Übergang im gleichen Maß wie die zunehmende Magnetkraft vergrößern. Da die Magnetkraft in Abhängigkeit vom Luftspalt durch eine konkave Kurve (siehe Bild 121), die Kraft der Feder aber durch eine Gerade dargestellt werden kann, gibt es nur eine einzige Stellung des Luftspaltes in Unterlage, von dem aus die Oberlage bei gleicher Spannung erreicht wird. Dabei ist der Luftspaltunterschied a, das ist der Ankerweg, durch den mechanischen Aufbau des Reglers und aus elektrischen Gründen gegeben und als feste Größe anzusehen.

Bild 122.
Rundregler und -schalter, im Schaltkasten eingebaut (Auto Union-DKW)

Diese Lage des Systems muß bei der Einstellung jedes einzelnen Reglers durch Ausprobieren gefunden werden. Dies geschieht durch Beobachten der Regelspannung bei veränderlicher Drehzahl. Die bei niedriger Drehzahl in Unterlage mit Hilfe der Reglerfeder eingestellte Spannung muß auch bei hoher Drehzahl in Oberlage angezeigt werden. Ist die Spannung in Oberlage zu hoch, so deutet dies auf zu großen Luftspalt. Ist sie zu niedrig, oder schwankt sie infolge von Pendelungen, dann ist der Luftspalt zu klein.

Die Ruheluftspalte der üblichen Regler liegen in der Größenordnung von 1 mm, während der Ankerweg a bei einem Kontaktabstand von weniger als 0,5 mm je nach Reglerbauart zwischen

0,2 und 0,5 mm beträgt. Diese Zahlen werden nur ganz allgemein genannt, um eine ungefähre Vorstellung über die Größenverhältnisse zu geben.

Eine ähnliche Ausführung des runden Reglers und Schalters findet sich im Schaltkasten für die Zündlichtanlage der Zweitaktmotoren der Firma Auto-Union-DKW. (Bild 122.)

Die beiden „Patronen", links Schalter, rechts Regler, können ohne Abklemmen von Kabeln leicht ausgewechselt werden. Diese Anlage hat entsprechend der Verbreitung von DKW-Wagen und Motorrädern große Bedeutung.

In der Schaltung Bild 123 fällt auf, daß die Feldwicklung in der Maschine an die Minusbürste angeschlossen ist, während sie sonst bei Zweikontaktreglern mit der Plusbürste Verbindung hat.

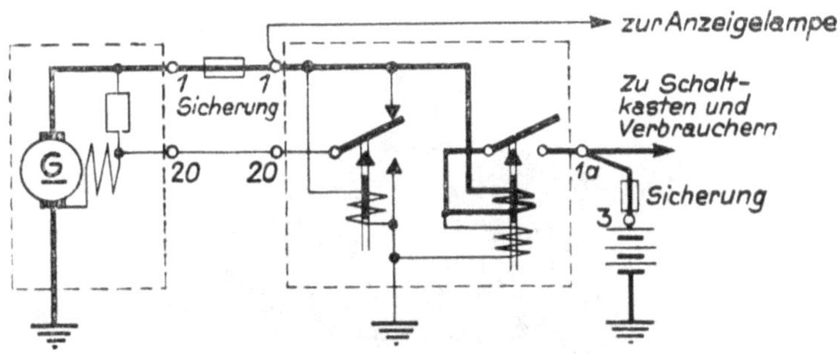

Bild 123. Schaltbild des DKW-Reglers

Bemerkenswert ist auch die Regelung auf von der Last unabhängige Spannung. (Der Regler hat keine Stromspule.) Bei dieser Regelung treten hohe Ladestromstärken auf, die die Maschine gefährden könnten. Die hier verwendete, eigenartige Schwungrad-Lichtmaschine mit 6 Polen und außen umlaufendem Anker hat aber durch ihre große Masse genügend Reserven, um die vorübergehenden Stromspitzen ohne Schaden abzugeben. Im übrigen machen die Spannungsabfälle in der Wicklung des Rückstromschalters und im Leitungszug zwischen Regler und Batterie auch eine von der Last unabhängige Reglerkennlinie der Batterie gegenüber etwas nachgiebig, wodurch der Ladestrom begrenzt wird.

Weitere Bauarten von Rundreglern sind wieder verschwunden, zum Beispiel eine solche von Scintilla, die Regler und Schalter axial zusammengebaut enthielt, oder ein Gerät von Bosch, bei dem durch den Anker nur eines Magnetsystems die Schalter- und Reglerkontakte nacheinander betätigt wurden.

In neuerer Zeit hat sich die offene Bauart, wie wir sie beim Einkontaktregler kennen lernten, durchgesetzt. Dies ist heute auch selbstverständlich, wenn man als Beispiel den sehr einfachen und übersichtlichen Aufbau des Reglers der französischen Firma Ducellier in Bild 124 betrachtet. Wegen seiner leichten Bauweise ist dieser Regler ebenso wie ein ähnliches Gerät der Firma Citroën nur für kleine Stromstärken brauchbar.

Bemerkenswert ist die federnde Anordnung der unteren und oberen Reglerkontakte, durch die die Empfindlichkeit gegen Erschütterungen herabgesetzt wird.

Bild 124.
Regler-Schalter für kleine Lichtmaschinen
(Ducellier, Frankreich)

Im Streben nach kleinsten Abmessungen entwickelten verschiedene Hersteller Regler mit nur einer Magnetwicklung für Regler und Schalter. Diese kombinierten Reglerschalter nehmen in Deutschland den weitaus wichtigsten Platz unter allen Reglern ein, denn sie sind auf fast sämtlichen Lichtmaschinen der Motorräder, Personenwagen und kleineren Lastwagen zu finden. Der nachstehend zuerst beschriebene Typ F der Firma Bosch wurde vor 20 Jahren herausgebracht und in der letzten Zeit durch den neueren Typ GA 2 mehr und mehr ersetzt.

Bild 125 zeigt den F-Regler. Das aus Profileisen aufgebaute Magnetsystem besitzt nur einen Anker, der bei seiner Bewegung aus der Ruhelage zuerst die innenliegenden Schalterkontakte schließt und dann mittels eines durch das Joch hindurchragenden Stößels die Reglerkontakte betätigt, die außen am Rücken des Magnetwinkels auf einer Isolierplatte angebracht sind.

Die beweglichen Schalterkontakte sitzen auf einer Bimetallfeder, die die Kontakte voneinander trennt, wenn sie durch einen Lichtbogen zwischen den Kontakten stark erwärmt wird. Ein Lichtbogen bildet sich bei Kurzschluß im Netz durch rasches Öffnen und Schließen der Kontakte und würde die Kontakte

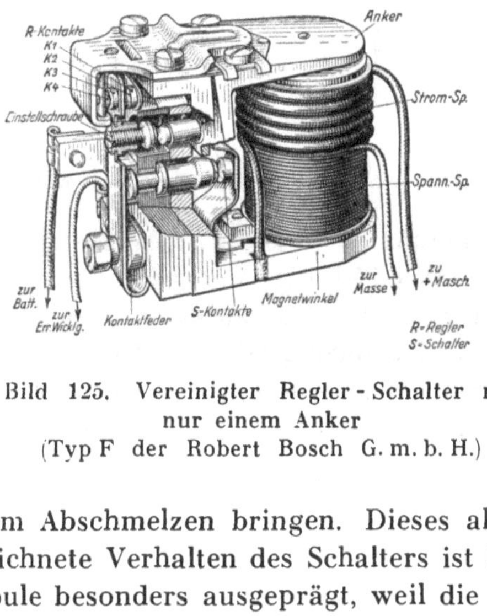

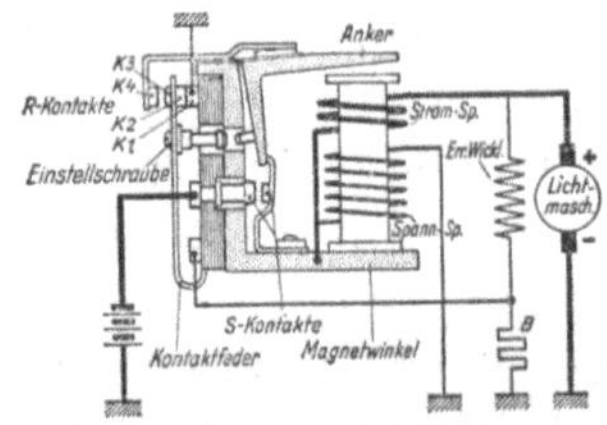

Stromwege

a) Einschaltstrom (S-Kontakte offen): + Bürste, Stromspule, Spannungsspule, Masse.

b) Hauptstrom (Ladestrom, S-Kontakte geschl.): + Bürste, Stromspule, Magnetwinkel, S-Kontakte, Batterie, Masse.

c) Erregerstrom 1) K1/K2 geschl., K3/K4 offen: + Bürste, Erregerwicklung, Kontaktfeder, K1/K2, Masse.
2) K1/K2 und K3/K4 offen: + Bürste, Erregerwicklung, Widerstand B, Masse.
3) K1/K2 offen, K3/K4 geschl., + Bürste, Stromspule, Magnetwinkel, K4/K3, Kontaktfeder, Widerstand B, Masse.

Bild 125. Vereinigter Regler-Schalter mit nur einem Anker (Typ F der Robert Bosch G. m. b. H.)

zum Abschmelzen bringen. Dieses allgemein als „Rattern" bezeichnete Verhalten des Schalters ist bei Geräten mit nur einer Spule besonders ausgeprägt, weil die Stromwicklung nur wenig Windungen aufweist. Die Stromwindungszahl richtet sich hier nämlich nach der Neigung der Reglerkennlinie im Strom-Spannungsdiagramm und ist deshalb kleiner, als bei einem reinen Rückstromschalter. Im Falle eines kombinierten Gerätes benötigt daher der Schalter den Schutz seiner Kontakte vor zu hoher Erwärmung durch das selbstätige Öffnen mittels Bimetallfeder.

Die Vorspannung der Reglerfeder hält die unteren Reglerkontakte zunächst geschlossen. Sie werden bei Überschreiten der einstellbaren Sollspannung vom Anker über Stößel und Luftspalt-Einstellschraube geöffnet, nachdem sich die Schalterkontakte geschlossen haben. Bei hoher Drehzahl treten in bekannter Weise die oberen Reglerkontakte in Tätigkeit. Der Gegenkontakt der

Oberlage ist federnd angebracht, um, ähnlich wie beim Regler nach Bild 124, die Empfindlichkeit der Spannungslage gegen mechanische Schwingungen zu verkleinern.

In Bild 126 ist die Schaltung des F-Reglers dargestellt. Strom- und Spannungswicklung wirken auf den Anker, der sich, nachdem er die Schalterkontakte geschlossen hat, weiterbewegt und die Reglerkontakte betätigt. Im Schaltbild ist die mechanische Trennung der Stößelübertragung angedeutet, ebenso die durch Pfeile versinnbildlichten, getrennten Federn von Schalter und Regler.

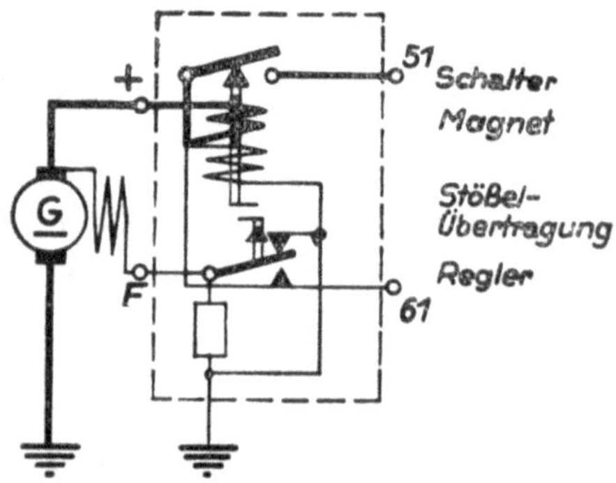

Bild 126.
Schaltbild des Reglers von Bild 125

Das Magnetsystem dieses Reglerschalters wird manchmal ohne eigenes Gehäuse in das Kollektorlagerschild der Maschine eingesetzt, wie in Bild 64 gezeigt ist. Ein solcher Einbauregler ist sehr gut vor Staub, Wasser und Beschädigungen geschützt. Es muß aber durch konstruktive Maßnahmen dafür gesorgt werden, daß der Regler vor schädlicher Über-Erwärmung bewahrt bleibt.

Eine bemerkenswerte Eigenart des F-Reglers ist sein Verhalten bei Parallelschaltung mehrerer Maschinen. Die Anordnung von Regler und Schalter mit ihrer zwangläufig nacheinander erfolgenden Betätigung verhindert auch bei sehr großem Rückstrom ein Öffnen des Schalters, solange der Regler arbeitet, die Maschine also bei Arbeitsdrehzahlen läuft. Man kann deshalb unter Berücksichtigung der stark geneigten Kennlinie bei diesem Reglertyp auf die früher beschriebene Last-Ausgleichswicklung verzichten, was bei anderen Konstruktionen nicht ohne weiteres möglich ist.

Der in Bild 127 dargestellte GA 2 - Reglerschalter ähnelt einem älteren, nicht beschriebenen Einkontaktregler Typ G. Er hat wie dieser je einen Anker für Regler und Rückstromschalter und eine Zusatz-Stromspule für den Schalterkreis allein.

Durch diese Verteilung der Aufgaben auf zwei Anker, deren jeder von den für seine Bedürfnisse notwendigen Wicklungen beeinflußt wird, vermeidet man die mechanische und magnetische Abhängigkeit von Schalter und Regler, so daß sich die Kombination genau so verhält, wie ein Gerät mit völlig getrennten Magnetkreisen.

Die E i n s t e l l o r g a n e, das sind Kontakt- und Ankerträger sowie Anschläge, sind bei diesem Regler z u m B i e g e n e i n g e r i c h t e t. Schrauben werden zum Einstellen nicht verwendet Als T e m p e r a t u r - K o m p e n s i e r u n g wirkt eine Bimetallfeder am Regleranker, die etwas überdimensioniert ist, um bei Kälte durch höhere Spannungslage eine bessere Batterieladung, bei Wärme durch Verringerung des Ladestromes einen gerin-

Bild 127. Vereinigter Regler-Schalter mit zwei Ankern (Typ GA 2 der Robert Bosch G. m. b. H.)

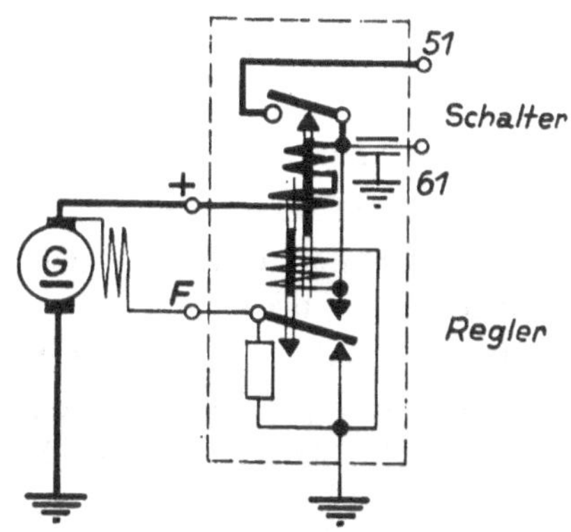

Bild 128. Schaltbild des Regler-Schalters von Bild 127

geren Wasserverbrauch zu ergeben. (Vgl. auch die Beschreibung zu Bild 114, Seite 148.)

Die über der Spannungswicklung angebrachte Stromwicklung erhält je nach Maschinenleistung verschiedene Windungszahlen, so daß die Reglerkennlinie mehr oder weniger nachgiebig wird und entsprechend kleine oder große Maschinenströme ergibt.

Der GA 2-Regler wird bis zu einer Stromstärke von 36 Ampere in Anlagen mit sechs und zwölf Volt Systemspannung verwendet, er genügt also für eine 12 Volt Maschine mit 450 Watt Maximalleistung.

Bild 128 zeigt die Schaltung des GA 2-Reglers. Man erkennt die auf beide Anker wirkende Spannungsspule und die über ihr angebrachte Stromspule, sowie die Zusatz-Stromspule, die nur den Schalteranker beeinflußt. Die beiden Anker sind mechanisch voneinander unabhängig. Zwecks Funkentstörung ist die Leitung 61 zur Kontrollampe durch einen Kondensator durchgeführt.

Bild 129 zeigt einen vereinigten Reglerschalter für Lichtanlasser der österreichischen Siemens-werke. Er hat in der Mitte eine Spule, die Strom- und Spannungswicklung trägt. Deren Enden stehen zwei Anker gegenüber, so daß diese vom gleichen Magnetfluß durchsetzt werden. Der Fluß schließt sich über das Joch. Rechts ist der Schalteranker mit den auf Federn sitzenden Schalterkontakten sichtbar; der linke Anker bedient die unteren und oberen Kontakte des Reglers. Der sehr gedrungene, aktive Teil des Gerätes ist in einem Gehäuse mit Blechdeckel untergebracht, das auch die Anschlußklemmen für die Leitungen zu Maschine und Netz trägt und an die Spritzwand des Fahrzeuges angeschraubt wird.

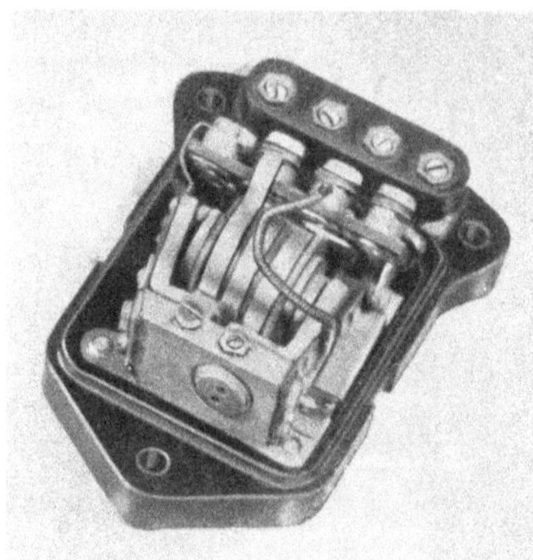

Bild 129. Vereinigter Regler-Schalter mit zwei Ankern (Siemens, Österreich)

Vielkontaktregler

Von den Vielkontaktreglern hat nur die in Bild 130 dargestellte Bauart der Schweizer Firma Scintilla Bedeutung für Kraftfahrzeuge erlangt. Regler und Rückstromschalter sind klein, aber sehr kräftig gebaut und sitzen nebeneinander auf einem Blechsockel. Der Regler arbeitet mit 4 Kontaktpaaren und wird durch sehr feine Einstellorgane auf die richtigen mechanischen Abstände und elektrischen Ansprechwerte gebracht. Die Kontakte müssen sehr sorgfältig eingestellt sein, damit die Luftspaltänderung und der sich daraus ergebende Hysteresefehler klein bleiben. Auch ist bei vielen Kontakten das ausgeglichene Zusammenspiel von Magnet- und Federkräften von noch größerer

Wichtigkeit als beim Zweikontaktregler nach Bild 121, denn nunmehr muß die Federkraftlinie an jeder Kontaktstellung einen Schnittpunkt mit der Magnetkraftkurve für Sollspannung haben, wenn die geregelte Spannung bei allen „Lagen“ gleich sein soll. Die Federkraftkurve ist hier ein gebrochener Linienzug entsprechend der Anzahl nacheinander zur Wirkung kommender Federn. Zu beachten ist auch noch die mit zunehmender Kontaktpaar-Zahl stärker werdende Pendelneigung des Systems, die von den Kraftkurven entscheidend abhängt.

Die 4 Regelwiderstände sind neben den Magnetsystemen angeschraubt und so abgestuft, daß die Beanspruchung aller Kontakte gleich ist. Dem ersten, mit größtem Erregerstrom arbeitenden Kontaktpaar ist ein kleiner Widerstand parallel geschaltet, während dem vierten wegen des kleinen Erregerstromes bei dessen Arbeiten der größte Widerstand zugeordnet ist.

Bild 130.
Vierkontakt-Regler-Schalter
(Scintilla, Schweiz)

Eine Besonderheit ist die Ausbildung von zweierlei Kennlinien der Regelspannung für Batterie- und Verbraucherstrom. Zwecks Ladestrombegrenzung ist die Regelung gegenüber dem Batteriestrom stark nachgiebig, während sie vom Verbraucherstrom nur wenig beeinflußt wird. Dies ermöglicht die Volladung der Batterie auch bei dauernder Nachtfahrt, wozu die sonst üblichen, nachgiebigen Regler nicht in der Lage sind. Dafür ist der Aufwand durch eine zusätzliche Anschlußklemme und eine Kabelverbindung etwas größer.

c) Kontakte

Die bei den Regler-Schaltern notwendigen Kontakte können entsprechend ihrer elektrischen Beanspruchung in zwei Gruppen eingeteilt werden:

Die Schalterkontakte werden betätigt, wenn — allgemein gesagt — das Kraftfahrzeug anfährt oder zum Halten gebracht wird, also verhältnismäßig selten. Batterie und Maschine haben dann nahezu gleiche Spannung, und auch der Strom ist zunächst klein. Er steigt mit der Fahrgeschwindigkeit bis zu gewissen Höchstwerten an, wird aber dabei nicht mehr unterbrochen. Die elektrische Beanspruchung der Schalterkontakte ist also in der Regel gering, wenn von Störungen, wie z. B. Kurzschluß im Netz, abgesehen wird. Als Kontaktwerkstoff wird allgemein Reinsilber verwendet, das keine den Stromübergang erschwerende Oxydschichten bildet; jedoch findet man vereinzelt auch Federpakete aus Kupfer, die aber teuer sind. Die Vorkontakte von Schaltern großer Maschinen und auch die Hauptkontakte von kleinen Schaltern, bei denen Rattergefahr besteht (s. Seite 161), werden aus einer Legierung von Kupfer und Silber hergestellt, die gegen Abbrand weniger empfindlich ist.

Die Schwingkontakte der Regler dagegen werden völlig andersartig beansprucht. Sie betätigen, in rascher Folge öffnend und schließend, bei sehr kleinen Öffnungswegen einen stark induktiven Stromkreis, in dem Induktionsspannungen bis zum Zehnfachen der Bürstenspannung entstehen. Die Folge davon sind Glimmentladungen zwischen den Kontakten, zum Teil sogar mit hohen Frequenzen, und von gewissen Grenzstromstärken ab auch Lichtbögen, welche die Kontaktoberfläche in der verschiedenartigsten Weise angreifen.

Die einfachste Erscheinung, der stromstarke Lichtbogen, ist gekennzeichnet durch eine niedrige Brennspannung von etwa 10 bis 20 Volt sowie durch helles Leuchten infolge seines Gehaltes an verdampftem Metall, das er aus dem Kathodenfleck, seinem flüssigen Fußpunkt auf dem negativen Kontakt, herauszieht. Dieser Metalldampf wird teils auf den kalten Stellen der Kontakte niedergeschlagen, teils oxydiert er sofort und bleibt als Staub zwischen den Kontakten liegen, teils wird er weggeschleudert. Es handelt sich pro Kontaktspiel zwar nur um verschwindend kleine Stoffmengen, doch verliert der Kontakt auf die Dauer durch diesen Abbrand an Substanz. Die Entstehung von Lichtbögen wird durch Beschränken des Erregerstromes auf bestimmte, von der Spannung am Kontakt abhängige Höchstwerte bekämpft oder auch durch Aufteilen des Regelbereiches auf mehrere Kontaktpaare, wie wir gesehen haben.

Damit ist jedoch das Kontaktproblem noch nicht gelöst. Viel unübersichtlicher sind die Erscheinungen und Zusammenhänge bei der Glimmentladung, die durch hohe Brennspannung bei sehr kleinem, die Entladung speisenden Strom gekennzeichnet ist. Gleichzeitig tritt die sehr unangenehme Stoffwanderung von einem Kontakt zum anderen auf, die je nach Stromstärke verschiedene Richtung hat und eine metallische, sehr feste Spitze auf dem einen Kontakt, ein Loch an der gegenüberliegenden Stelle des anderen Kontaktes bildet. Die Spitze kann sich im Loch verhaken, oft haftet sie auch darin durch leichtes Verschweißen, so daß zum Trennen der Kontakte eine erhöhte Anzugskraft am Anker nötig ist, die durch kurzzeitiges Hinaufschnellen der Maschinenspannung beim Ausbleiben der fälligen Kontaktunterbrechung selbsttätig entsteht. Da dies mehrmals in einer Sekunde auftreten kann, wird die geregelte Spannung unruhig, und das Licht angeschlossener Glühlampen flimmert.

Man beobachtet verschiedene Wanderungsarten. Auch im Lichtbogenbereich ist eine solche vorhanden. Beide genannten Erscheinungen, der Abbrand und die Wanderung, ergeben durch die Formveränderung der Kontaktflächen eine Vergrößerung oder Verkleinerung des Luftspaltes. Diese wirken sich bei Reglern mit richtig gewähltem Arbeitspunkt nach Bild 111 nicht merklich aus, solange die Luftspaltänderung klein bleibt. Es ist aber leicht einzusehen, daß größere Änderungen zum Absinken der geregelten Spannung und damit zum Ausfall des Reglers führen. Abbrand und Spitzenbildung müssen deshalb durch geeignete Wahl des Feldwiderstandes in der Maschine und Abstimmung von Regelwiderstand und Dämpfungswiderstand parallel zur Erregerwicklung unter Berücksichtigung der Induktivität des Erregerkreises in solchen Grenzen gehalten werden, daß sie nicht stören. Diese vielseitigen Einflüsse zu erkennen, zu beurteilen und auszuwerten ist die Aufgabe der Kontaktforschung und setzt umfassende Erfahrungen voraus.

Eine weitere Erscheinung ist die an unedlen Kontaktwerkstoffen auftretende Oxydation der Oberfläche. Das Oxyd besitzt einen hohen elektrischen Widerstand und führt deshalb zur Entwicklung von Stromwärme mit beschleunigter Oxydation und der Folge, daß sich die Maschine nicht mehr erregen kann. Oxydation erscheint vor allem bei niedriger Spannung, großer Stromstärke und kleiner Kontaktkraft. Solche Bedingungen sind bei Maschinendrehzahlen kurz unterhalb des Regelbeginnes gegeben (vgl. Bild 83), doch wird dieser gefährliche Bereich bei Kraftfahrzeugen nur während kurzer Zeiten erreicht. Beim darauf folgenden Arbeiten mit höherer Drehzahl reinigt sich der Kontakt meist von selbst wieder. Die Oxydation wird durch Wahl geeigneter Kontaktwerkstoffe bekämpft, über die noch einiges zu sagen ist.

Das für Schalter verwendete Reinsilber findet sich auch bei Reglern dort, wo die an den Kontakten auftretenden Spannungen klein sind, also an Reglern mit mehr als einem Kontaktpaar. Die auf Seite 131 f. genannten Regler mit 4 und 22 Stufen, ferner die „Oberlage" sämtlicher Zweikontaktregler sowie die „Unterlage" der älteren Zweikontaktregler zeigen Silberkontakte.

Bei höheren Kontaktspannungen, wie sie an Einkontaktreglern für mehr als 12 Volt Netzspannung auftreten, hat sich Wolfram auf Grund seines hohen Schmelzpunktes gut bewährt. Wegen seiner Neigung zur Oxydation müssen jedoch Regler und Maschine einander gut angepaßt sein.

Kontakte aus Legierungen verschiedener Edelmetalle, unter denen sich Osmium, Iridium, Gold, Silber und Platin befinden, haben sich wegen ihres hohen Preises, den die möglichen Verbesserungen kaum rechtfertigen, nicht eingebürgert. In USA werden dagegen Kontakte aus einem Edelmetall verwendet, das mit einer Bleiverbindung vermischt ist; auch gibt es in Deutschland Regler mit gesinterten, d. h. unter Druck und Hitze aus Pulver geformten, Silber-Wolfram-Kontakten.

Große Bedeutung haben die gemischten Kontaktpaare für die „Unterlage" von Zweikontaktreglern erlangt, bei denen ein Wolframkontakt einem Reinsilberkontakt gegenübersteht. In dieser Anordnung nützt man den hohen Schmelzpunkt des Wolframs aus, während das Silber die Oxydation verhütet und zwischen den beiden Metallen eine Stoffwanderung nicht oder nur unter sehr ungünstigen Bedingungen zustandekommt. Nur ist man hierbei an eine bestimmte Stromrichtung gebunden. Dieses Kontaktpaar arbeitet nur dann ohne Störung, wenn der Strom vom Silber zum Wolfram fließt. Eine mit solchem Regler ausgerüstete Lichtmaschine darf deshalb nicht längere Zeit mit umgekehrter Polarität betrieben werden. Es sei vermerkt, daß fast alle heute hergestellten Zweikontaktregler gemischte Kontakte haben, daß also die Mehrzahl der europäischen Kraftwagen hiermit ausgerüstet ist. Sie arbeiten sehr zuverlässig, wie im übrigen auch die anderen Kontaktwerkstoffe bei richtiger Auswahl und Anpassung an die Maschine.[1])

d) Kohleregler

In Kraftfahrzeugen ist bisher nur ein Kohlesäulenregler der englischen Firma Stone verwendet worden, der in Bild 131 dargestellt ist. Ein kräftiges Magnetsystem mit in Kugeln gelagertem Drehanker bildet das Kernstück des Reglers, um das herum sich Kohlesäule, Reglerfeder und Luftdämpfung gruppieren. Die Feder greift mittels eines Bandes an einer vom Drehsystem angetriebenen Scheibe an, die Kohlesäule an einem exzentrischen Lagerstift. Die Anzugsflächen des Drehankers haben eine besondere Form. Durch diese Mittel wird erreicht, daß sich bei allen Stellungen des Systems und Sollspannung die Drehmomente der Säule, des Magneten und der Feder die Waage halten. Dies ist für eine astatische Regelung, d. h. eine von der Stellung des Systems unabhängige Spannung, unerläßlich. Wegen der verhältnismäßig großen Masse und großen Bewegung des Reglers ist die Luftdämpfung notwendig, die Pendelungen verhütet.

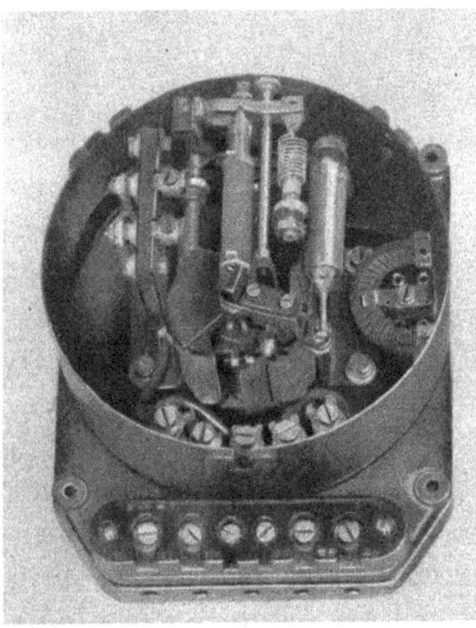

Bild 131. Kohlesäuleregler (ohne Rückstromschalter) (Stone, England)

Das feste Widerlager der Kohlesäule ist einstellbar gestaltet, um den im Laufe kürzerer oder längerer Zeit eintretenden Schwund der Säule ausgleichen zu können. Diese Alterung der Kohlescheiben beruht auf Abrieb, Abbrand und gegenseitigem Einarbeiten der aufeinanderliegenden Flächen und beeinflußt die Regelgenauigkeit. Sie ist durch stoffliche Weiterentwicklung der Kohle in den letzten Jahren bedeutend verringert worden, so daß man nur noch in großen Zeitabständen nachstellen muß.

[1]) Allgemein unterrichten über Kontaktfragen: Dr. Ragnar Holm, Die technische Physik der elektrischen Kontakte, Verlag Springer, Berlin, 1941. Dr. W. Burstyn, Elektrische Kontakte und Schaltvorgänge, Verlag Springer, Berlin, 1950.

Trotzdem wird sich der Kohleregler in dieser Form für normale Kraftfahrzeuge nicht durchsetzen können, weil der Aufwand gegenüber dem Tirrillregler zu groß ist. Zu dem eigentlichen Reglerteil, der in der Ausführung nach Bild 131 in einem Gehäuse für Luftfahrzeuge eingebaut ist, kommt selbstverständlich noch ein normaler Rückstromschalter hinzu.

In neuerer Zeit sind für kompensierte und kompoundierte Generatoren mit Wendepolen in England und den USA sehr einfach gestaltete Kohlesäulenregler mit geradlinigem Antrieb ohne Luftdämpfung gebaut worden. Sie dürften aber nur in Flugzeugen und Sonderfahrzeugen Verwendung finden können, weil ihr Regelbereich für normale Kraftfahrzeuglichtmaschinen nach dem heutigen Entwicklungsstand zu klein ist.

Der erste, in den Anfangsjahren der elektrischen Kraftfahrzeug-Ausrüstung bei Bosch entwickelte Spannungsregler war auch ein Kohleregler. Er hatte zwar keine Kohlescheiben-Säule, arbeitete jedoch auch mit übereinander geschichteten Kohlewiderständen. Sein Widerstandselement war aus Kohlekörnern aufgebaut, ähnlich wie ein Mikrofon. Durch die Reglerfeder wurden die Körner zusammengepreßt, durch den Elektromagneten entlastet und veränderten dadurch ihren Durchgangswiderstand. Dieser Kohlekörnerregler Typ A war der Vorläufer des in Bild 120 dargestellten Zweikontaktreglers Typ D und hatte auch schon die runde Form sowie einen runden Rückstromschalter. Auf seine Beschreibung kann hier verzichtet werden, weil er nur noch historische Bedeutung hat.

5. Einbau, Wartung und Schäden

Einbau und Wartung

Der als Meßgerät arbeitende und auch als solches zu betrachtende Spannungsregler verlangt seiner Natur nach einen Einbauort, der frei sein sollte von Schwingungen, Stößen, schroffen Temperaturwechseln, Staub, Öldämpfen und Spritzwasser. Leider sind alle diese Bedingungen in Kraftfahrzeugen in den seltensten Fällen erfüllt oder auch nur erfüllbar. Deshalb werden die empfindlichen Teile der Geräte in Schutzkästen eingebaut, die sich nach Bedarf abdichten und an schwingungsarmen Stellen des Fahrzeuges — teilweise unter Zwischenlage von Gummipuffern — federnd befestigen lassen. Beispiele für solche Kästen wurden im vorigen Abschnitt abgebildet. Man findet allerdings auch viele Beispiele europäischer Reglerschalter kleiner Leistung unmittelbar auf dem Polgehäuse der Lichtmaschine. Dieser „Aufbau" des Reglers ergibt neben den genannten Nachteilen doch auch gewichtige Vorteile, wie einfache Leitungsführung im Fahrzeug, leichten Ein- und Ausbau der fertig lieferbaren und prüfbaren Maschineneinheit und nicht zuletzt niedrigeren Preis. Dies trifft in erhöhtem Maße für den „Einbau" des Reglers in den Kollektorlagerschild der Maschine zu. In vielen Fällen und allgemein bei größeren Leistungen erfordern aber die thermischen Schwierigkeiten mit Reglern in den heu-

Bild 132. Reglereinbau an der Spritzwand im Fordwagen „V 8". (Die Lichtmaschine liegt zwischen den Zylinderreihen im „V" und wird zusammen mit dem Ventilator durch Keilriemen angetrieben)

tigen hoch ausgenützten Maschinen sowie die bei aufgebauten Reglern störenden Schüttelbeanspruchungen den „Wegbau" des Reglers. In außereuropäischen Ländern werden deshalb auch die Geräte kleiner Leistung fast stets an der Spritzwand befestigt (Bild 132).

Eine W a r t u n g ist beim Kohlesäureregler notwendig und beschränkt sich auf Kontrolle und Nachstellen der Kohlesäulen-Länge, die infolge Abnutzung etwas kleiner wird. Tirrillregler können so gebaut werden, daß eine Wartung unnötig ist. Viele Hersteller plombieren deshalb ihre Geräte. Es ist jedoch vor allem in USA üblich, Anweisungen für das Einstellen bzw. Nachregeln der Schalter und Regler sowie für das Auswechseln von Kontakten herauszugeben.

Schäden und Instandsetzung

Den Ausführungen über die Eigenschaften von Regler und Rückstromschalter, über die Bedingungen der Zusammenarbeit mit Maschine, Batterie und Verbrauchern und der Beschreibung der vielfältigen Bauarten ist ohne weiteres zu entnehmen, daß die Beurteilung und Behebung von Schäden trotz des einfachen Aufbaues mancher Geräte eingehende Sachkenntnis erfordert und ohne geeignete Prüfeinrichtungen und Meßgeräte nur unvollkommen möglich ist. Deshalb ist über die Instandsetzung wenig zu sagen. Sie verläuft meist nach Feststellung und Freilegung der Schadensstelle (Kontakte, Wicklung) in ähnlicher Weise wie die Neufertigung. Dagegen muß man sich über die Fehlerursache, die nicht im Reglerschalter selbst zu liegen braucht, beizeiten klar werden, um weitere Schäden in der Anlage oder am bereits eingebauten Ersatzteil zu verhindern.

Die bei Regler-Schaltern häufigsten Schäden sind verschmorte Kontakte, verbrannte Wicklungen und durch äußere Einflüsse hervorgerufene, mechanische Zerstörungen. Diejenigen Schäden, die auf Grund von schwachen Stellen in den einzelnen Konstruktionen oder durch mechanische Einwirkung von außen entstehen, können hier nicht beschrieben werden, weil das Schadensbild von Fall zu Fall wechselt. Anders ist dies jedoch bei den Schäden, die durch Fehler in Netz oder Maschine verursacht werden.

Die Schalterkontakte nützen sich durch Lichtbogenbildung ab, oder sie kleben durch Verschweißen zusammen, wenn die Einschaltdrehzahl im Motor-Leerlaufbereich liegt und der Schalter durch unrunden Lauf des Motors dauernd zum Öffnen und Schließen gezwungen wird. Der gleiche Schaden zeigt sich bei Schaltern mit kleiner Stromwindungszahl im seltenen Falle lang anhaltenden Kurzschlusses im Netz oder bei batterielosem Betrieb mit großer Last, wobei das im Abschnitt 2 beschriebene Rattern eintritt. Hier sind besonders die Reglerschalter mit nur einer Spule gefährdet, die aus diesem Grunde für Anlagen ohne Batterie mit überbrücktem Schalter ausgeführt werden. Auch beim Versuch, die Maschine umzupolen, können die genannten Schäden auftreten, worauf z. B. bei Reglerschaltern mit Knickkurve in der Betriebsanweisung besonders hingewiesen wird. Umpolen kommt häufiger vor, als im allgemeinen angenommen wird. So muß z. B. eine Maschine, die für Minus-Masseverbindung gepolt ist, beim Einbau in einen Wagen mit an Masse liegendem Pluspol die umgekehrte Polarität erhalten. Häufig aber wird schon eine zur Prüfung aus dem Fahrzeug ausgebaute Maschine während des Probelaufes als Motor oder bei Messung des Feldwiderstandes mit Gleichstrom umgepolt.

Verschweißte Schalterkontakte führen meist zu verbrannten Ankerwicklungen der Maschine, weil sich die Batterie bei Stillstand des Motors über die Maschine entlädt. Oft leidet dabei auch die Schalter-Stromwicklung durch Überhitzung Schaden. Um dies zu verhindern, wurde gelegentlich auch eine Sicherung in die Ladeleitung eingeschaltet, die also nicht den Zweck hat, die Maschine vor Überlastung zu schützen, wie meist vermutet wird. Dafür wäre eine Sicherung zu ungenau.

Reglerkontakte aus Wolfram neigen, wie schon früher erwähnt, zum Oxydieren und verhindern das Erregen der Maschine. Gründe für die Oxydation sind Lagerung in feuchtwarmem Klima oder Dauerbetrieb der Maschine kurz unterhalb oder oberhalb des Regelbeginnes. Der Begriff Regelbeginn wurde bereits im Zusammenhang mit Bild 83 besprochen. Die hierbei auftretende hohe Belastung führt bei den kleinen Kontaktkräften und -wegen zu Oxydation. Sie kann nur durch wechselnde Drehzahl oder bei Betrieb mit konstanter Drehzahl durch andere Bemessung der Antriebsübersetzung vermieden werden. Gegen Dauerbetrieb kurz oberhalb des Regelbeginnes sind aber auch die Kontakte aus anderen Metallen empfindlich, wenn die Anlage nicht für Dauerlauf in diesem Bereiche vorgesehen ist. In diesem Falle erleiden sie starken Abbrand. Es ist deshalb stets günstiger, die Antriebsübersetzung der Maschine genügend hoch zu wählen, um unzulässige Abnützung der Reglerkontakte und nach Obigem auch der Schalterkontakte zu vermeiden. Kontakte sollen ja keine Verschleißteile sein, die man wie Zündkerzen nach einer bestimmten Fahrstrecke auswechselt.

Eines Hinweises bedarf noch die verschiedenartige Innenschaltung der Maschine, die bei Nichtbeachtung zu Störungen Anlaß gibt, wenn der Regler gewechselt wird. Da ist erstens die in der Reglerkonstruktion begründete Verschiedenheit des Feldanschlusses bei Ein- und Zweikontaktreglern, und zweitens die verschiedenen, je nach Baumuster an anderer Stelle angeschlossenen Regel- und Dämpfungswiderstände für den Erregerkreis, die bei Verwendung eines anderen als des ursprünglich vorgesehenen Reglers unter Umständen verschieden angeschlossen oder auch weggelassen werden müssen oder aber auch eine abweichende Größe haben sollen. Es würde hier zu weit führen, alle die bei den einzelnen Herstellerfirmen üblichen Variationen aufzuzählen; der Hinweis auf diese Fehlermöglichkeit soll genügen.

6. Selbstregelnde Lichtmaschinen

Bei der Besprechung der Aufgaben der Regelung (Seite 108) wurde schon darauf hingewiesen, daß früher in großem Umfange auch die sog. selbstregelnden Lichtmaschinen verwendet wurden, bei denen man die erforderliche Regelung durch Vorkehrungen in der Maschine selbst zu erreichen suchte. Zur Erreichung dieses Zieles sind viele Wege beschritten worden. Hier soll zunächst die Dreibürstenmaschine, die in Fahrzeugen sehr weit verbreitet war, ausführlich behandelt werden.[1])

a) Aufbau und Wirkungsweise der Dreibürstenmaschine

Die Dreibürstenmaschine ist eine stromregelnde Maschine, die zur Voraussetzung hat, daß die Spannung durch Parallelschalten einer Batterie in zulässigen Grenzen gehalten wird (vgl. Seite 108). Die grundsätzliche Schaltung einer solchen Drei-

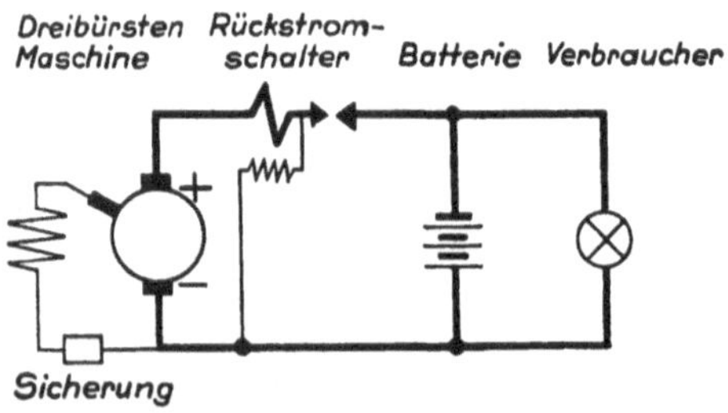

Bild 133.
Schaltung der Dreibürstenmaschine

bürstenmaschine ist in Bild 133 dargestellt. Wie man sieht, ist die Erregerwicklung nicht an den Hauptbürsten, sondern an einer Hauptbürste und einer dritten Bürste angeschlossen, die zwischen den beiden Hauptbürsten liegt. Dadurch wird erreicht,

[1]) Nach einer nicht veröffentlichten Arbeit aus den Versuchsabteilungen der Robert Bosch G. m. b. H. von Dipl.-Ing. Böning u. Dr.-Ing. Callsen.

daß der Maschinenstrom mit steigender Drehzahl nicht stetig zunimmt, wie dies bei der Nebenschlußmaschine der Fall ist, sondern nur bis zu einem Höchstwert, der außer von der Einstellung der dritten Bürste auch vom Ladezustand der Batterie und vom äußeren Widerstand abhängt. Mit weiterer Steigerung der Dreh-

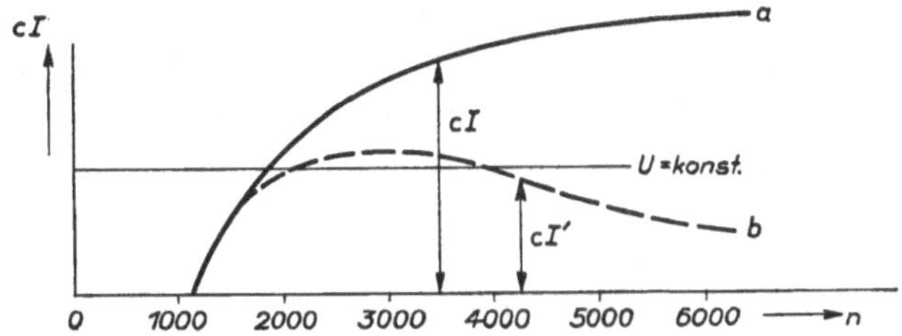

Bild 134. Stromkurven einer Gleichstrommaschine bei Parallelschaltung einer Batterie
a) Nebenschlußmaschine, b) Dreibürstenmaschine

zahl nimmt dann der Maschinenstrom sogar wieder ab. Die entsprechenden Stromkurven sind in Bild 134 für beide Maschinentypen einander gegenübergestellt. Dieses Verhalten rührt daher, daß die Spannung an der dritten Bürste und somit auch der Erregerstrom mit steigender Drehzahl infolge der Feld-

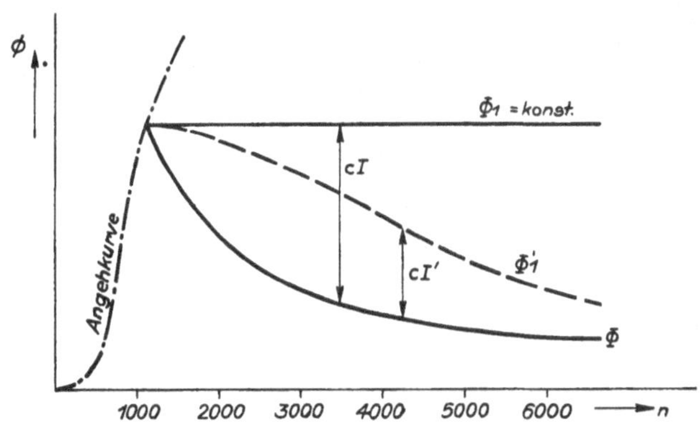

Bild 135. Flußkurven der Nebenschluß- und der Dreibürstenmaschine

verzerrung durch die Ankerrückwirkung (vgl. Seite 51) abnimmt, während bei der Nebenschlußmaschine bei gleichbleibender Klemmenspannung, wie sie durch die parallelgeschaltete Batterie annähernd gegeben ist, auch der Erregerstrom stets gleichbleibt.

Vor Erläuterung der Wirkungsweise der Dreibürstenmaschine ist es zweckmäßig, das Verhalten der reinen Nebenschlußmaschine bei Parallelbetrieb mit einer Batterie und bei veränderlicher Drehzahl zu betrachten. Zur Vereinfachung wird zunächst angenommen, daß die Klemmenspannung U gleichbleibt, wie es bei Parallelschaltung einer Batterie mit brauchbarer Annäherung der Fall ist, und daß der Spannungsabfall in der Maschine vernachlässigt werden kann. Damit würde dann die EMK $E = U$ und somit gleichbleibend sein. In Wirklichkeit ist allerdings der Anstieg der Batteriespannung U sowie der Spannungsabfall $R_a \cdot I_a$ (R_a = Ankerwiderstand und I_a = Ankerstrom, den man unter Vernachlässigung des Erregerstroms gleich dem Nutzstrom setzen kann) bei den hohen Strömen, die bei den Betrachtungen angenommen werden müssen, verhältnismäßig groß, doch wird dadurch das Charakteristische der abgeleiteten Kurven nicht gestört. In $R_a \cdot I_a$ soll auch der Spannungsabfall an den Bürsten, der allerdings vom Strom fast unabhängig ist, einbegriffen sein. In Bild 135 stellt Φ_1 den Erregerfluß dar, der gleichbleibt, da U als gleichbleibend vorausgesetzt wurde[1]). Faßt man nun in der auf Seite 41 für E abgeleiteten Gleichung (6) die festliegenden Größen $\frac{p \cdot z}{a \cdot 60} \cdot 10^{-8}$ zu einer Konstanten zusammen, so kann man ihr die Form

$$\Phi = \text{konst.} \cdot \frac{E}{n}$$

geben. In der Form $\Phi \cdot n = \text{konst.} \cdot E$ entspricht sie der Asymptotengleichung $x \cdot y = \left(\frac{f}{2}\right)^2$ einer Hyperbel, für welche die Koordinatenachsen Asymptoten und $f = 2 \cdot \sqrt{\text{konst} \cdot E}$ die numerische Exzentrizität, d. h. der Abstand der Brennpunkte vom Koordinatennullpunkt, sind. Der für die Erzeugung der EMK maßgebende wirksame Fluß Φ muß also nach der in Bild 135 eingezeichneten Hyperbel verlaufen, wenn E mit wachsender Drehzahl gleichbleiben soll. Nach den Betrachtungen über die Ankerrückwirkung (Seite 52) kann man dieses Absinken des wirksamen Flusses Φ gegenüber dem Erregerfluß Φ_1 auf das Ankerfeld zurückführen. Da der schwächende Ankerfluß dem Ankerstrom proportional ist, wenn man von gewissen Sättigungserscheinungen absieht, so kann man den Abstand zwischen den beiden Kurven Φ_1 und

---

[1]) Die im Bild eingezeichnete „Angehkurve" gibt den Verlauf von Φ_1 im Leerlauf an und gilt bis zur Drehzahl n_0, bei der die Klemmenspannung die Batteriespannung erreicht hat. In diesem Augenblick kann die Verbindung zur Batterie hergestellt werden.

Φ mit $c \cdot I$ als Maß für den Ankerstrom betrachten. Trägt man diese Werte in Abhängigkeit von der Drehzahl auf, so ergibt sich die in Bild 134 dargestellte Stromkurve a der reinen Nebenschlußmaschine.

Dieser auf Grund von theoretischen Erwägungen ermittelte Charakter der Stromkurve wird durch die folgende Auswertung von Messungen bestätigt. In Bild 136 sind die äußeren Kennlinien 1, 2, 3, 4, 5 einer Nebenschlußmaschine bei den Drehzahlen n_1, n_2 . . . n_5 gezeichnet (vgl. Seite 38). Da sie auf Messungen beruhen, kommt in ihnen die Ankerrückwirkung zum Ausdruck. Zeichnet man dazu eine Belastungslinie, im vor-

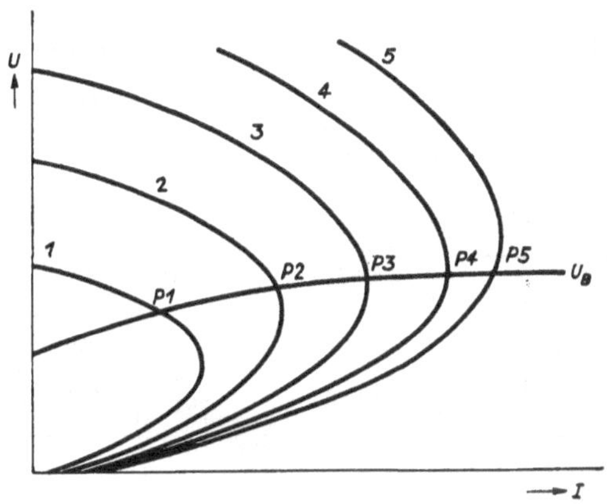

Bild 136.
Äußere Kennlinien der Nebenschlußmaschine und Kennlinie der Batterie-Ladespannung

liegenden Falle also die Ladekennlinie einer Batterie $U_B = f(I)$ ein, so ergeben die Schnittpunkte P_1, P_2 . . . P_5 die Arbeitspunkte der Maschine für die jeweilige Drehzahl. Trägt man die dadurch gewonnenen Werte von U und I in Abhängigkeit von der Drehzahl auf, so ergibt Bild 137 Kennlinien für U und I, die das Verhalten der Nebenschlußmaschine in Zusammenarbeit mit einer Batterie bei wechselnder Drehzahl kennzeichnen. Die Spannung wird durch die Batterie bestimmt und steigt daher nur mäßig an. Der Strom muß bei jeder Drehzahl so groß sein, daß die erzeugte EMK durch die Gegenspannung der Batterie U und den Spannungsabfall in der Maschine $R_a I_a$ ausgeglichen wird, d. h. daß $E - R_a I_a - U = 0$. (In $R_a I_a$ soll wieder der Spannungsabfall an den Bürsten einbegriffen sein.) Dieser Strom müßte bei höheren Drehzahlen sehr groß sein, wegen des geringen Anstiegs von U mit wachsendem Strom und wegen des kleinen Wertes von R_a, wenn E durch den magnetischen Fluß des Erregerfeldes allein bestimmt würde und deshalb sehr groß wäre. In Wirklichkeit veranlaßt aber nach unseren früheren Überlegungen (vgl. Seite 36) der Strom selbst durch die Ankerrückwirkung einen Abfall der EMK gegenüber dem Leerlauf, so daß sich der Ausgleich schon bei merklich geringerem Strom einstellt und dementsprechend die Stromkurve in Bild 137 nach der Abszissenachse zu abbiegt. Diese auf Messungen gegründete Kennlinie entspricht in ihrem Charakter ganz der in Bild 134 nach theoretischen Erwägungen ermittelten. Sie geht nicht durch den Nullpunkt, sondern schneidet schon bei einer gewissen Dreh-

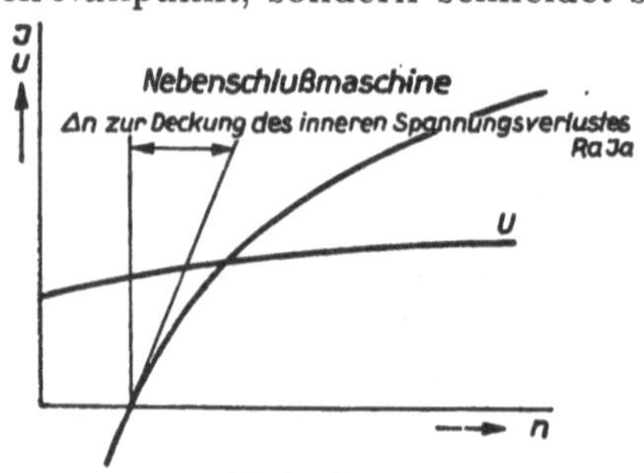

Bild 137.
Strom und Spannung
in Abhängigkeit von der Drehzahl
(nach Bild 136)

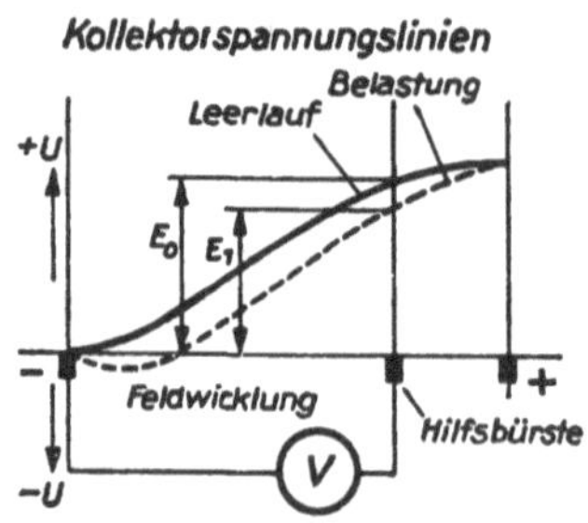

Bild 138.
Aufnahme von Stromwender-
Spannungslinien

zahl die Abszissenachse, weil die Maschine erst die Batteriespannung erreichen muß, bevor Strom von der Maschine durch die Batterie fließen kann. Unterhalb dieser Drehzahl fließt „negativer“ Strom von der Batterie durch die Maschine.

Die Ankerrückwirkung muß also um so stärker in Erscheinung treten, je stärker das Ankerfeld im Verhältnis zum Erregerfeld ist. Praktisch läßt sich mit einem von vornherein schwach bemessenen Erregerfeld aber nicht auskommen. Nützt man jedoch durch die obenerwähnte Einführung der dritten Bürste den Einfluß der Ankerrückwirkung auf die Stromwenderspannung aus, so ergibt sich eine brauchbare Stromkurve. Den Verlauf der Stromwenderspannung erhält man, wenn man nach Bild 138 die Spannung zwischen einer Hauptbürste und einer an verschiedenen Punkten auf den Stromwender gelegten Hilfsbürste mißt und die Werte über dem abgerollten Stromwenderumfang aufträgt. Wie eine Aufnahme dieser Spannungslinie bei Leerlauf und bei Belastung zeigt, wirkt sich die Feldverzerrung in einer Verschiebung der Spannungslinie aus, so daß die Hilfsbürste in der in Bild 138 eingezeichneten Stellung bei Belastung eine kleinere Spannung erhält als im Leerlauf. Natürlich muß sich eine Drehzahlsteigerung bei Parallelbetrieb mit einer Batterie nach den früheren Betrachtungen in gleichem Sinne auswirken.

Einen guten Einblick in die Verhältnisse gibt Bild 139, dessen Feldverteilungslinien nach gemessenen Stromwenderspannungslinien ermittelt wurden. Man erkennt in den Bildern 139 a_1 bis a_5 deutlich das Anwachsen des Ankerfeldes mit steigender Drehzahl, wobei unter der linken Polhälfte mit wachsender Drehzahl ein wachsendes negatives Feld entsteht. Das wirksame Feld, das sich durch Abziehen der negativen Flußfläche von der positiven ergibt, ist durch offenere Schraffur herausgehoben; es wird mit steigender Drehzahl infolge magnetischer Sättigung kleiner. In Bild 139 a_1, b_1, c_1 gleichen sich Maschinenspannung und Batteriespannung gerade aus und es fließt daher noch kein Ankerstrom. Verlängert man in den Bildern a_2 bis a_5 die Ankerfeldlinie bis zum theoretischen Schnittpunkt mit der Ordinatenachse, so ergibt der Schnittpunkt auf der Achse ein Maß für die Größe des Ankerstromes. Würden diese Abschnitte in Abhängigkeit von der Drehzahl aufgetragen, so würde sich ein Stromverlauf wie in Bild 134 und 137 ergeben. Auf Grund der Kurven des wirksamen Feldes kommt man also hinsichtlich Fluß- und Stromverlauf zu dem gleichen Ergebnis wie nach dem Induktionsgesetz.

Aus den gemessenen Stromwenderspannungslinien $b_1 \ldots b_5$ für die Nebenschluß- und für die Dreibürstenmaschine ergibt sich, daß deren Nulldurchgang sich mit steigender Drehzahl entsprechend der wachsenden Feldverzerrung nach der Plusbürste zu verschiebt. Daraus ergibt sich eine einfache Erklärung des Verhaltens der Dreibürstenmaschine:

Bei der Dreibürstenmaschine erhält die Erregerwicklung durch den Anschluß an die dritte Bürste bei den verschiedenen Drehzahlen nach den Bildern 139 $b_1 \ldots b_5$ die Spannungen $E_0 \ldots E_4$, die ein Maß für die Größe des Erregerfeldes Φ_1' der Dreibürstenmaschine sind. Das Erregerfeld der Dreibürstenmaschine fällt also mit wachsender Drehzahl ab. Zeichnet man den so ge-

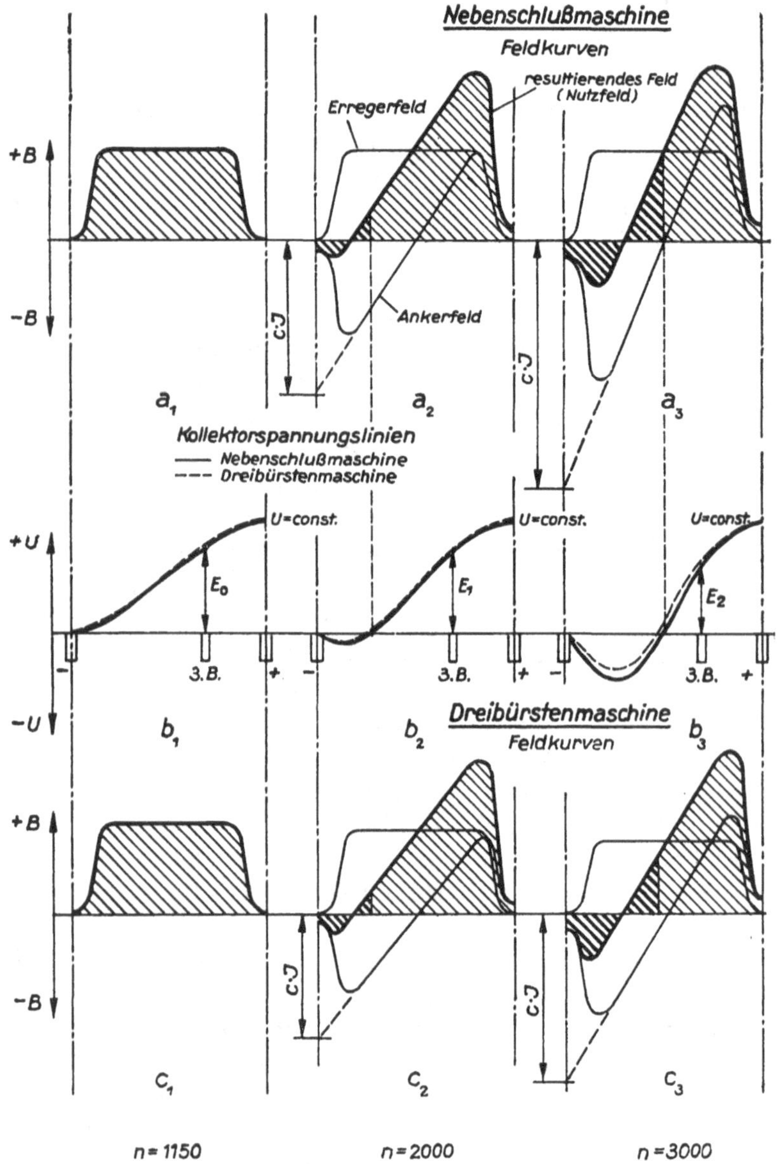

Bild 139. Feldkurven und Stromwender-Spannungslinien für

fundenen Erregerfluß Φ_1' in Abhängigkeit von der Drehzahl in Bild 135 ein, so läßt sich aus diesem Bild die Wirkungsweise der Dreibürstenmaschine bei Batteriebetrieb ableiten. Der Nutz-

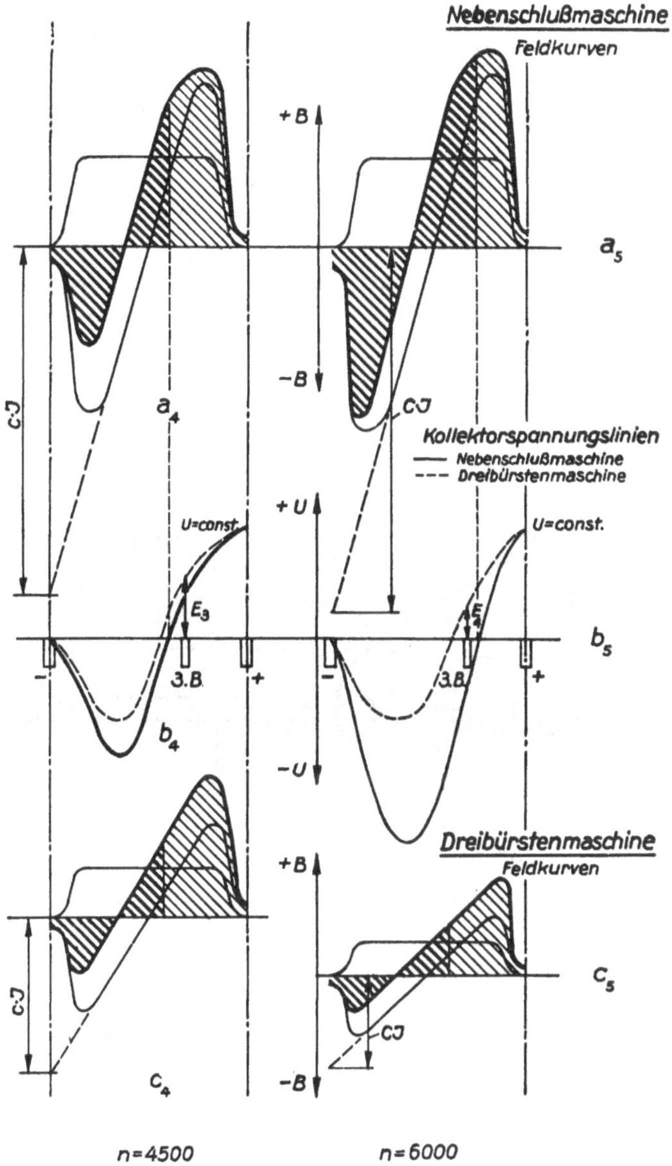

reine Nebenschlußmaschine und für Dreibürstenmaschine

fluß Φ muß bei der Dreibürstenmaschine unter Annahme gleicher Klemmenspannung der gleiche sein wie bei der Nebenschlußmaschine. Der Unterschied $c \cdot I'$ zwischen Erregerfluß und Nutzfluß ist aber ein Maß für das Ankerfeld und damit für den Ankerstrom. So muß also der Ankerstrom, wie Bild 134 zeigt, zunächst den gleichen Anstieg haben wie bei der Nebenschlußmaschine, dann infolge der abfallenden Erregerflußkurve der Dreibürstenmaschine von der Linie der Nebenschlußmaschine abbiegen und schließlich nach Überschreiten eines Höchstwertes bei hohen Drehzahlen abfallen. Damit ergibt sich die charakteristische Stromkennlinie der Dreibürstenmaschine.

Diese entsteht also in gleicher Weise wie bei der Nebenschlußmaschine dadurch, daß das Ankerfeld den Erregerfluß soweit

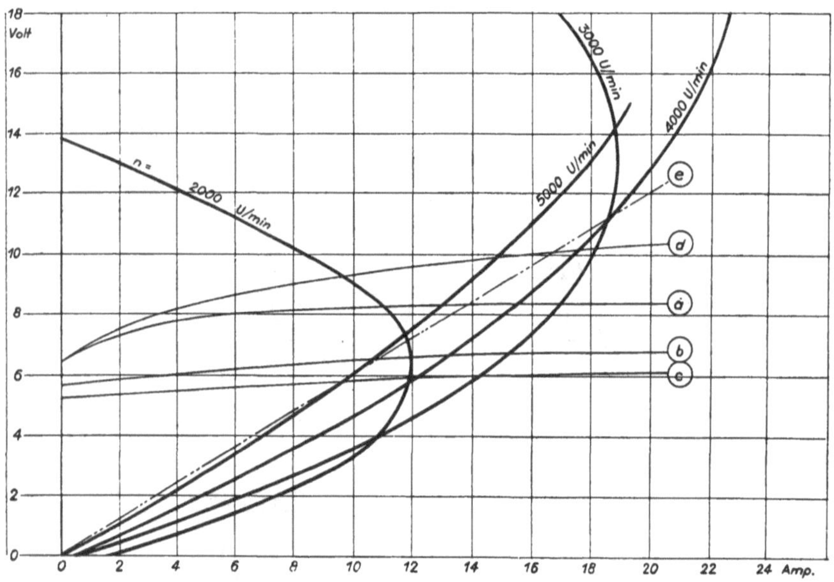

Bild 140.
Äußere Kennlinien und Belastungskennlinien der Dreibürstenmaschine

schwächt, daß bei der durch die Batterie aufgedrückten Klemmenspannung ein Gleichgewichtszustand eintritt. Infolge des kleineren Erregerflusses ist bei der Dreibürstenmaschine die Ankerrückwirkung und damit die Feldverzerrung kleiner. Das ergibt sich auch aus den Feldlinien in den Bildern 139 $c_1 \ldots c_5$.

Wie sieht nun die äußere Charakteristik der Dreibürstenmaschine aus? Nach den Überlegungen, die an Hand der Flußkurven und der daraus abgeleiteten Stromkurve gewonnen wurden, wird der Strom der Dreibürstenmaschine bei steigender Drehzahl wieder kleiner. Daraus folgt, daß die äußere

Kennlinie bei höherer Drehzahl die Kennlinie bei niederer Drehzahl überschneiden muß. Diese Überlegungen werden bestätigt durch die gemessenen äußeren Kennlinien einer Dreibürstenmaschine, die in Bild 140 dargestellt sind. Unter Zugrundelegung dieser äußeren Kennlinien kann man nun das Verhalten der Dreibürstenmaschine bei den verschiedenen Betriebszuständen, z. B. bei Belastung mit vollgeladener oder entladener Batterie, bei ohmscher Belastung usw. klar erkennen.

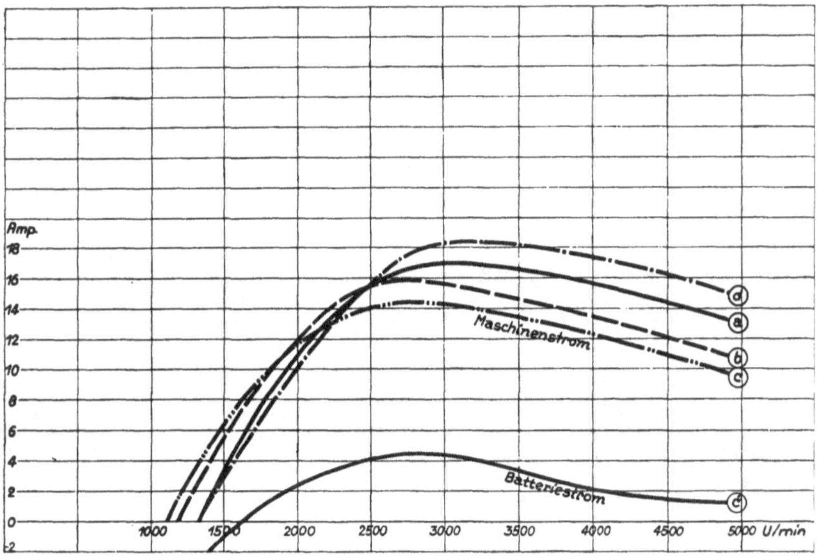

Bild 141.
Stromkurven der Dreibürstenmaschine bei verschiedenen Betriebsverhältnissen

b) Das Verhalten der Dreibürstenmaschine bei verschiedenen Betriebszuständen

Bild 140 zeigt die äußeren Kennlinien einer Dreibürstenmaschine mit den verschiedenen Belastungslinien, anhand der nun für die verschiedenen Betriebsverhältnisse die Stromkurven abgeleitet werden. Zunächst interessiert das Verhalten der Dreibürstenmaschine bei den verschiedenen Ladezuständen der Batterie. Die Kurven a und b zeigen die Ladespannung einer vollen und einer leeren Batterie, abhängig vom Ladestrom. Man sieht aus dem Schnittpunkt dieser Ladekennlinien, daß die Dreibürstenmaschine bei niederen Drehzahlen (1000 bis 2000 U/m) im oberen Teil der äußeren Kennlinie arbeitet, im höheren Drehzahlbereich wird dagegen die Dreibürstenmaschine im abfallenden Teil der äußeren Kennlinie betrieben. Die Auswertung dieser Arbeitspunkte ist in Bild 141 in Form der bekannten Stromkurven dargestellt. Man sieht daraus, daß über den größten Drehzahlbereich der Ladestrom bei voller Batterie größer ist als bei leerer. Es ist dies eine unerwünschte Eigenschaft der Dreibürstenmaschine und zugleich ihr Hauptnachteil gegenüber der Lichtmaschine mit Spannungsregelung.

Die Kurve c in Bild 140 zeigt den Spannungsverlauf der leeren Batterie bei parallelgeschalteten Verbrauchern. Diese

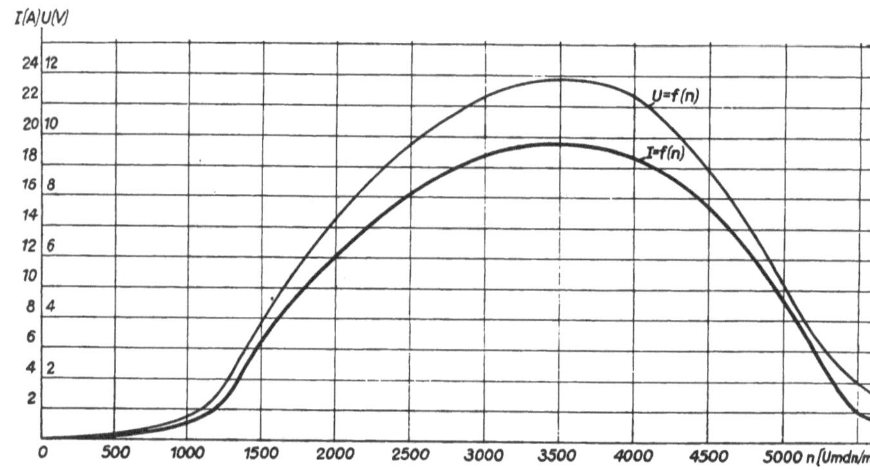

Bild 142.
Strom- und Spannungskurven der Dreibürstenmaschine bei Belastung mit ohmschem Widerstand von 0,6 Ohm ohne Parallelschaltung einer Batterie

Spannungslinie liegt noch niedriger als diejenige der leeren Batterie allein und demzufolge liegt auch der Maschinenstrom niedriger. Die Kurven c und c' in Bild 141 zeigen den Maschinenstrom und den Ladestrom bei leerer Batterie und parallelgeschalteten Verbrauchern. Es ist notwendig, die Einstellung der dritten Bürste — worauf weiter unten noch eingegangen wird — so vorzunehmen, daß im oberen Drehzahlbereich die leere Batterie bei höchster Verbraucherlast noch geladen wird.

Für das Verhalten der Dreibürstenmaschine ist es sehr wichtig, daß im Stromkreis zusätzliche Widerstände vermieden werden, da jede Erhöhung der Spannungskurve eine Vergrößerung des Maschinenstromes ergibt. In Bild 140 ist eine Spannungskurve d eingetragen, die sich aus der Ladespannung der vollen Batterie zuzüglich eines Spannungsabfalles I · R für einen zusätzlichen Widerstand im Ladestromkreis von 0,1 Ohm ergibt. Man sieht aus dieser Kennlinie und der Auswertung in Bild 141 Kurve d, daß schon durch diesen kleinen zusätzlichen Widerstand der höchste Ladestrom um 1 A steigt. Durch solche Übergangswiderstände ist also die Betriebssicherheit der Dreibürstenmaschine gefährdet.

Die Belastung der Dreibürstenmaschine mit Verbrauchern, ohne daß eine Batterie parallel

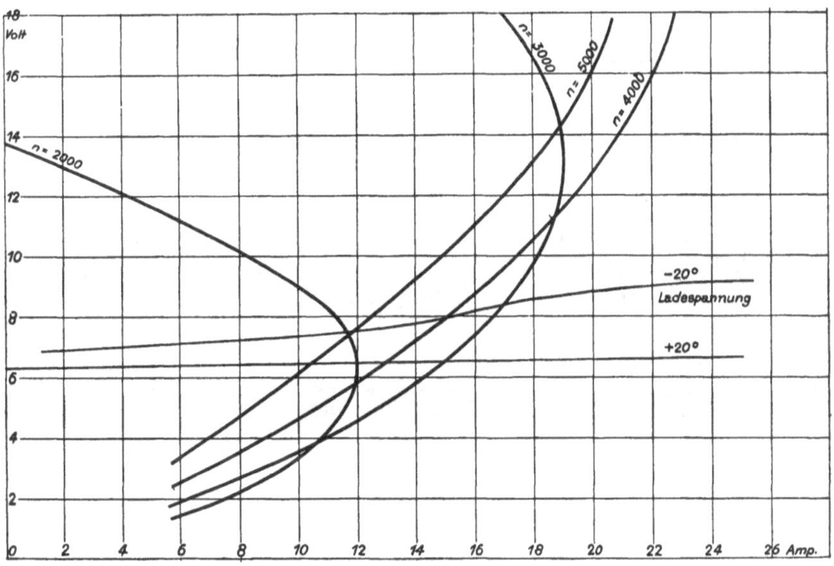

Bild 143. Einfluß der Batterietemperatur auf den Ladestrom bei der Dreibürstenmaschine

geschaltet ist, ist gegeben durch die Widerstandsgerade e in Bild 140. Diese gilt für einen äußeren Widerstand von 0,6 Ohm, entsprechend einer Belastung von 60 W bei 6 V. Die sich aus diesem Betriebszustand ergebenden Strom- und Spannungskurven sind in Bild 142 aufgezeichnet. Die Spannungskurve U = f (n) steigt bis auf nahezu 12 V an, eine Spannung, bei der 6 V-Glühlampen durchbrennnen. Infolge dieses Verhaltens ist ein Arbeiten der Dreibürstenmaschine auf Lampen allein nicht zulässig. Es ist also für den ungestörten Betrieb der Dreibürstenmaschine stets eine Batterie erforderlich.

Das Verhalten der Dreibürstenmaschine bei Kälte wird bestimmt durch die Ladespannung bei kalter Batterie. In Bild 143 sind die Ladespannungskennlinien einer halbvollen Batterie bei verschiedenen Temperaturen dargestellt. Die Schnittpunkte mit den äußeren Kennlinien zeigen, daß infolge der höheren Ladespannung bei der Dreibürstenmaschine der Ladestrom bei kalter Batterie größer ist als bei warmer. Da im Winter ohnehin kaum mit voller Batterie gerechnet werden kann, so ist der höhere Ladestrom bei kalter Batterie als ein Vorteil

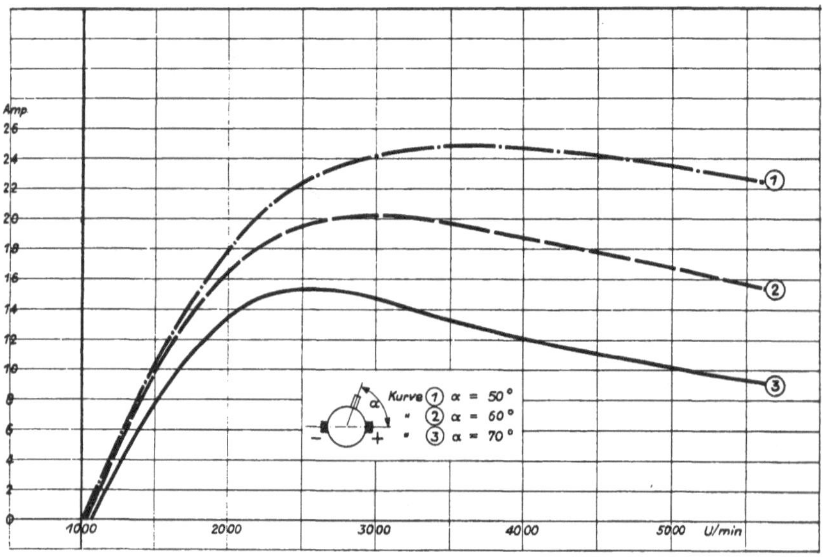

Bild 144. Stromkurven der Dreibürstenmaschine bei verschiedenen Einstellungen der dritten Bürste

der Dreibürstenmaschine anzusehen. Im obigen Beispiel beträgt der Ladestrom bei einer Drehzahl von 3000 U/min, bei einer Batterietemperatur von $+ 20^0$ 15 A und bei $— 20^0$ 17 A. Bei eingeschalteten Verbrauchern ist diese Mehrladung von 2 A schon ganz erheblich.

Die Zusammenarbeit der Dreibürstenmaschine mit der Batterie erfordert einen selbsttätigen Schalter (siehe Bild 133), der die Maschine von der Batterie trennt, wenn die Maschinenspannung bei niedriger Drehzahl oder Stillstand unter die Batteriespannung gesunken ist. Ohne diese Trennung würde Rückstrom aus der Batterie in die Maschine fließen. Dieser Schalter hat grundsätzlich denselben Aufbau wie der auch sonst in der elektrischen Anlage des Kraftfahrzeugs verwendete Rückstromschalter. Er ist auf Seite 139 schon beschrieben. Im Stromkreis der Erregerwicklung ist eine Sicherung eingebaut, um ein Verbrennen der Lichtmaschine bei Unterbrechung der Ladeleitung zu vermeiden.

Die Stromstärke der Dreibürstenmaschine läßt sich durch Verschieben der dritten Bürste auf dem Stromwenderumfang einstellen. Wie die Stromwenderspannungslinien in Bild 139 b_1 . . . b_5 zeigen, steigt die Spannung an der dritten Bürste, wenn sie nach der Plusbürste zu verschoben wird; die Spannung nimmt ab, wenn die Bürste nach der entgegengesetzten Seite verschoben wird. Wie unsere Betrachtungen gezeigt haben, muß sich der Maschinenstrom im gleichen Sinne ändern. In Bild 144 sind die Stromkurven bei drei verschiedenen Einstellungen der dritten Bürste dargestellt.

c) Vor- und Nachteile der Stromregelung

Die Dreibürstenmaschine hat den unbestrittenen Vorzug großer Einfachheit ihrer Regeleinrichtung. Das einzige zusätzliche Bauelement ist eine dritte Bürste, die verdrehbar im Kollektorlager angebracht ist; im übrigen unterscheidet sie sich im Aufbau kaum von einer normalen Nebenschlußmaschine. Das Fehlen verwickelter Regeleinrichtungen mit Kontakten macht die Maschine auch weitgehend gegen Erschütterungen unempfindlich.

Diese Gesichtspunkte haben wohl dazu geführt, daß die Dreibürstenmaschine in großem Umfange Verwendung gefunden hat. Dem stehen aber eine ganze Reihe schwerwiegender Nachteile gegenüber, so daß die Dreibürstenmaschine heute fast völlig der Lichtmaschine mit Spannungsregelung das Feld geräumt hat.

Diese Nachteile lassen sich wie folgt zusammenfassen:

Die vollgeladene Batterie erhält einen größeren Ladestrom als die leere Batterie. Dadurch wird die Batterie überladen, was einen hohen Wasserverbrauch zur Folge hat. Wird die Batterie nicht dauernd überwacht, so kann sie bald darunter Schaden leiden. Man begegnete diesem Übelstand einmal dadurch, daß in Anlagen mit Dreibürstenmaschine größere Batterien verwendet wurden, denen der größere Ladestrom weniger schadete. Auch wurde mitunter durch Einschalten eines Widerstandes in den

Erregerstromkreis bei Tagfahrt oder während des ganzen Sommers der Erregerstrom vermindert und dadurch in gleicher Weise wie durch das früher besprochene Verschieben der dritten Bürste der Maschinenstrom herabgesetzt. Dies erforderte aber einen zusätzlichen Bauteil, und die Umschaltung konnte auch leicht vergessen werden, da dieser Schalter an der Lichtmaschine, also unter der Motorhaube, angebracht war.

Ein weiterer Nachteil der Dreibürstenmaschine ist der schädliche Einfluß zusätzlicher Widerstände in der Leitung zwischen Lichtmaschine und Batterie. Solche Übergangswiderstände, die an Anschluß- oder Abzweigstellen leicht auftreten können, haben bei der Dreibürstenmaschine große nachteilige Folgen. Durch den damit bedingten Anstieg von Strom und Spannung sind sowohl Maschine als auch Stromverbraucher (Glühlampen) gefährdet. Zum Schutze dagegen wurde mitunter ein Thermostat eingebaut, der nach Überschreiten einer bestimmten Temperatur den Maschinenstrom durch selbsttätiges Einschalten eines Widerstandes in den Erregerkreis herabsetzte.

Ein letzter großer Nachteil ist das völlige Ausfallen der Dreibürstenmaschine bei fehlender Batterie. Hier helfen auch alle die Mittel nicht, die man im Laufe der Entwicklung der Dreibürstenmaschine beigegeben hat, um ihre Nachteile, wenn auch nicht ganz zu beheben, so doch wenigstens einigermaßen zu mildern. Neben den bereits geschilderten Hilfsmitteln (Thermostat, Sommer- und Winterschalter) sind hier noch die Anwendung einer Hauptstrom-Gegenwicklung im Batteriestromkreis und ein besonderer Spannungsbegrenzer zu erwähnen.

d) Andere selbstregelnde Lichtmaschinen

Obgleich Lichtmaschinen mit sogenannter Stromregelung sich für die Verwendung im Kraftfahrzeug nicht durchsetzen konnten, so sei hier der Vollständigkeit halber noch kurz auf die sonstigen Möglichkeiten hingewiesen, die es gibt, um eine Selbstregelung der Gleichstrommaschine zu erreichen.

Bei Lichtmaschinen älterer Bauart und mitunter auch bei Lichtanlassern fand man die Regelung mit Hilfe einer Hauptstromgegenwicklung. Diese Wicklung, die vom Maschinenstrom durchflossen wird, wirkt der Nebenschlußwicklung entgegen und arbeitet so auf eine gleichbleibende Stromstärke hin. Ein Betrieb ohne Batterie ist auch hier nicht möglich, da die Spannung bei hoher Drehzahl unzulässig hoch ansteigen kann, wenn kein Strom entnommen wird. Auch wird die Batterie ohne Rücksicht auf ihren Ladezustand immer mit gleich hohem Strom geladen.

Bei der Querfeldmaschine nach Rosenberg schleifen auf dem Stromwender zwei Bürstenpaare (siehe Bild 145). Die Bürsten A und B, die unter der Polmitte liegen, sind auf den äußeren Belastungszweig geschaltet; die Bürsten a und b liegen in den Pollücken und sind kurzgeschlossen. Die Erregerwicklung wird von einer Batterie gespeist. Die Durchflutung der Feldwicklung und diejenige der von dem Belastungsstrom I

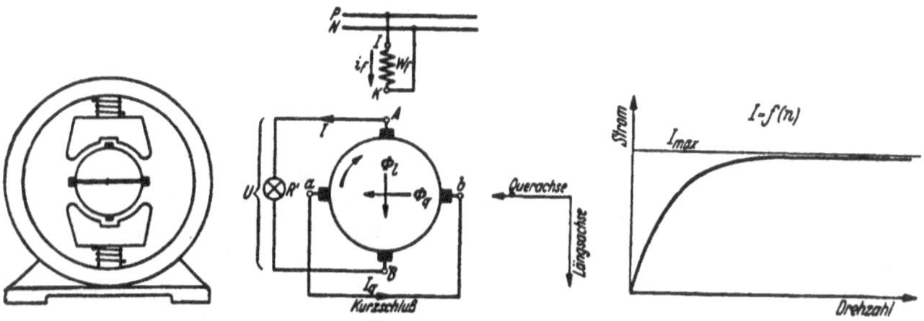

a b c

Bild 145. Rosenbergmaschine
a) schematischer Aufbau b) Schaltung als Lichtmaschine
c) Strom-Drehzahlkennlinie
(Aus „Nürnberg, Die Prüfung elektrischer Maschinen, Verlag Springer, 1948)

durchflossenen Ankerwicklung wirken einander entgegen; ihre Resultierende erzeugt den Längsfluß Φ . Durch die Drehung des Ankers in diesem Längsfeld wird der Strom I_q zwischen den Bürsten a und b induziert, der einen Querfluß Φ_q erregt, welcher sich über die Polschuhe, die besonders stark ausgebildet sind, schließt und den Belastungsstrom I induziert. Durch die Rückwirkung dieses Belastungsstromes auf die Durchflutung des Erregerfeldes wird eine Zunahme des Belastungsstromes mit wachsender Drehzahl verhindert. Die Stromrichtung im Belastungsstromkreis ist unabhängig von der Drehrichtung der Maschine. Sie eignet sich deshalb besonders als Lichtmaschine in Schienenfahrzeugen.

Auf ähnlicher Wirkungsweise wie die Rosenbergmaschine beruhen einige Maschinenbauarten, die als Lichtmaschinen in Kraftfahrzeugen Eingang gefunden haben und deren Schaltbilder in Bild 146 dargestellt sind. Die Lichtmaschine nach Bild a wurde insbesondere als Motorradlichtmaschine von verschiedenen Firmen hergestellt. Bei ihr ist ein Teil der Ankerwicklung über eine Hilfsbürste kurzgeschlossen. Bei einer anderen Maschine von Brown Brothers Ltd nach Bild b sind zu beiden Seiten des Ankers zwei Bürstenpaare, die unter einem kleinen Winkel angeordnet sind, kurzgeschlossen. Diese Maschinen ergeben einen nahezu konstanten Maschinenstrom, sind aber wie die Dreibürstenmaschine vom Vorhandensein einer Batterie abhängig.

Eine unangenehme Erscheinung bei der Dreibürstenmaschine und bei den eben besprochenen Maschinen ist die **starke Funkenbildung an den Hilfsbürsten**, der aber weitgehend durch sorgfältige Auswahl des Bürstenwerkstoffes begegnet wird. Um dieses Übel noch weiter zu mildern, wurde die in Bild 147 im Schema dargestellte Maschine entwickelt. Bei ihr stehen die Hilfsbürsten in einem verhältnismäßig schwachem Feld, das dadurch entsteht, daß die Pole in zwei Teilpole aufgeteilt werden.

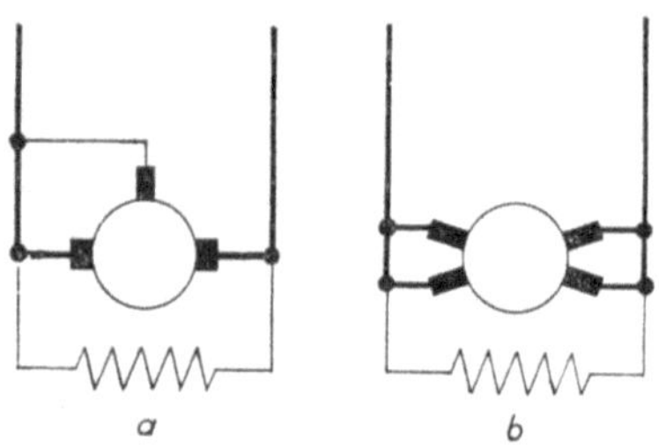

Bild 146. Zwei verschiedene Ausführungen stromregelnder Lichtmaschinen mit kurzgeschlossenen Ankerspulen

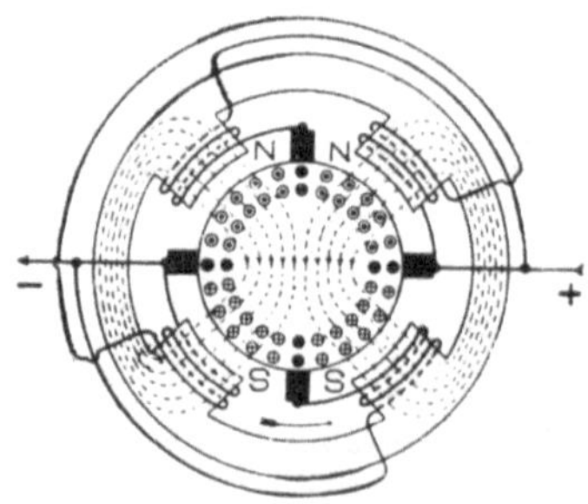

Bild 147. Stromregelnde Lichtmaschine der Midgley Car Lighting Comp., England

Außer diesen verhältnismäßig noch einfach aufgebauten Maschinen wurden noch Maschinen gebaut, die durch **Anordnung von mehreren Magnetfeldern und Ankerwicklungen** eine gleichbleibende Spannung bei veränderlicher Drehzahl ergeben sollen. Diese Maschinen sind aber im Aufbau so verwickelt und in ihrer Herstellung so teuer, daß sie keine Bedeutung erlangt haben und deshalb hier auch nicht mehr besprochen werden sollen.

IV. Die Batterie

1. Die chemischen Vorgänge im Bleisammler

Anwerfen und Standlicht erfordern elektrische Energie bei Stillstand der Lichtmaschine und machen es notwendig, elektrische Energie im Kraftfahrzeug zu speichern. Es ist bis heute nicht gelungen, die Elektrizität als solche zu sammeln in Mengen, die für praktische Zwecke in Betracht kommen. In den besten bis heute bekannten Speichern wird der Umweg über chemische Vorgänge eingeschlagen. Die elektrochemischen Vorrichtungen, die elektrisch erzeugte Energie auf chemischem Wege anzusammeln und zu späterer Zeit wieder zu entnehmen gestatten, nennt man Sammler oder Akkumulatoren. Die kleinste Einheit heißt Zelle. Eine Hintereinanderschaltung einer Anzahl von Zellen nennt man eine Batterie.

Wie die Eigenart des Kraftfahrzeugbetriebs an die elektrischen Maschinen des Kraftfahrzeugs ganz besondere Anforderungen stellt, so müssen auch die Sammlerbatterien im Kraftfahrzeug sehr viel härteren Bedingungen gerecht werden als die ortsfesten Batterien, und die Sammlerindustrie hat, ausgehend von den Erfahrungen beim Bau von ortsfesten und tragbaren Sammlerbatterien erst besondere Typen entwickeln müssen, bevor sich die Sammlerbatterie als brauchbarer Bestandteil der elektrischen Ausrüstung in das Kraftfahrzeug einführen ließ. Heute entspricht die richtig durchgebildete Kraftfahrzeugbatterie bei sachgemäßem Einbau und der bei Sammlerbatterien nun einmal notwendigen Pflege den üblichen Ansprüchen. Sie bleibt aber trotz aller Verbesserungen der empfindlichste Teil der ganzen Anlage, der ohne Pflege leicht eine unangenehme Störungsquelle bildet. Die chemischen Umwandlungen, die im Sammler vor sich gehen, vollziehen sich zwar in einfacher Weise, rufen aber doch durch ihre ständige Wiederholung tiefgehende Veränderungen in den chemisch wirksamen Teilen des Sammlers hervor, die unumgänglich eine besondere Empfindlichkeit des Sammlers mit sich bringen. Dazu kommt, daß Blei, aus dem der meist verwendete Sammler fast ausschließlich aufgebaut ist, ein nur geringe Beanspruchungen ertragender Konstruktionswerkstoff ist.

Es sind eine Reihe von elektrochemischen Vorgängen bekannt, durch die elektrische Energie aufgespeichert werden kann. In der Praxis findet man aber hauptsächlich den Blei-Schwefelsäure-Sammler; neben ihm hat lediglich noch der alkalische Sammler in der Nickel-Eisen oder Nickel-Kadmium-Batterie Bedeutung erlangt. Wir wenden uns zuerst dem Bleisammler zu.

Sowohl der Blei-Schwefelsäure-Sammler als auch der alkalische Sammler sind galvanische Elemente. Das galvanische Element ist gekennzeichnet durch das Vorhandensein von zwei Elektroden, die in den Elektrolyt eintauchen. Die Elektroden bestehen aus Metallen, Metallverbindungen oder Kohle. Der Elektrolyt besteht aus einer Mischung von Wasser und Säure, Lauge oder aus einer Salzlösung.

Beim Blei-Schwefelsäure-Sammler besteht die positive Elektrode aus Bleidioxyd (PbO_2) auf einem Bleigitter und die negative Elektrode aus reinem Blei in schwammiger Form, das ebenfalls von einem festen Bleigitter getragen wird. Die Elektroden haben Plattenform, und zwar sind zur Erzielung großer Oberflächen bei handlichen Abmessungen des Ganzen meist mehrere Platten von jeder Polarität in einem Gefäß, dem Zellengefäß, vereinigt. Als Füllsäure (Elektrolyt) dient mit destilliertem Wasser verdünnte Schwefelsäure ($H_2 SO_4$), die je nach dem Verwendungszweck des Sammlers eine Dichte von 1,20 bis 1,30 haben soll; für Kraftfahrzeugbatterien ist in der gemäßigten Zone eine Dichte von 1,285 im vollgeladenen Zustand genormt.

Zum Einfüllen in die Batterie darf nur Säure und destilliertes Wasser von hoher Reinheit verwendet werden. Verunreinigungen führen zu nicht wieder gutzumachenden Schäden. Hierbei gilt allerdings wieder die Einschränkung, daß es besser ist, mit nicht ganz reinem Wasser nachzufüllen, wenn der Säurespiegel unter die Plattenoberkante abgesunken ist, als einen Teil der Platten unbedeckt zu lassen. Auf keinen Fall darf aber salzhaltiges Wasser eingefüllt werden, wie Mineralwasser oder Meerwasser, und auch nicht metallhaltiges, z. B. eisenhaltiges Quellwasser.

Schließen wir ein so aufgebautes Element über einen äußeren Stromkreis, so fließt ein Strom von der Bleidioxyd-Elektrode durch den äußeren Stromkreis zur Bleischwammelektrode (Entladestrom) und von dort durch die Füllsäure zur Dioxydplatte zurück. Dabei kommt es zu einer Wanderung der im Elektrolyt vorhandenen Ionen (Bild 148). Zu den positiven Platten werden Wasserstoffionen und zu den negativen Säurerestionen SO_4 geführt. Unter Mitwirkung des Wasserstoffes wird dann an der positiven Elektrode das Bleidioxyd durch Einwir-

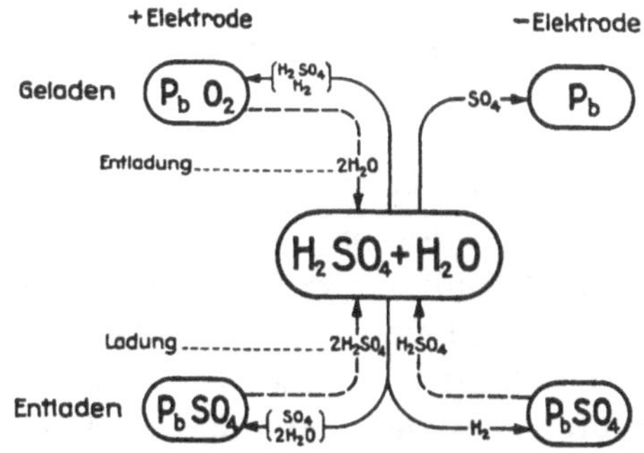

Bild 148. Die chemischen Vorgänge im Bleisammler

kung der Schwefelsäure in Bleisulfat überführt und gleichzeitig Wasser gebildet. An der negativen Elektrode verbinden sich die Säurerestionen SO_4 mit dem Blei zu Bleisulfat. Durch den Säureverbrauch und die Bildung von Wasser tritt mit fortschreitender Entladung eine Verdünnung der Füllsäure ein, die als angenähertes Maß für den Grad der Entladung benutzt werden kann.

Bei der Ladung wird durch die Einwirkung des in den Sammler gesandten Stroms unter Mitwirkung des in der Füllsäure enthaltenen Wassers das Bleisulfat wieder in Bleidioxyd und Bleischwamm verwandelt. Dabei wird die bei der Entladung verbrauchte Schwefelsäure wieder gebildet, so daß die Dichte der Füllsäure mit wachsender Aufladung wieder steigt. Man kann daher wie bei der Entladung die Dichte als ein Maß für den Grad der Aufladung benutzen. Zu beachten ist aber, daß bei der Aufladung die Säure in dem Raum über den Platten, aus dem sie beim Prüfen entnommen wird, längere Zeit leichter bleibt als die Säure zwischen und unter den Platten. Die chemischen Vorgänge spielen sich unmittelbar an den Platten und in den Poren der aktiven Masse ab. Die bei der Aufladung gebildete Schwefelsäure entsteht also unter dem Raum, aus dem die zum Messen benutzte Säure entnommen wird. Wegen ihrer größeren Dichte steigt sie nicht nach oben und mischt sich nur langsam durch Diffusion mit der über den Platten stehenden weniger dichten Säure. Bei der Entladung tritt dagegen unten Verdünnung ein. Infolgedessen sinkt die über den Platten stehende schwerere Säure nach unten, und es entsteht eine Strömung, durch welche die Dichte sich rasch ausgleicht.

Nach der eingehenden Theorie sind die Vorgänge im Bleisammler allerdings erheblich verwickelter als sie hier dargestellt werden. Das für uns allein wichtige Endergebnis läßt sich aber entsprechend der oben gegebenen Darstellung am einfachsten nach Bild 148 darstellen.

Für das Verständnis des Bleisammlers ist wichtig, daß das Volumen der aktiven Masse sich bei den chemischen Umwandlungen verändert. Bleisulfat nimmt einen wesentlich größeren Raum ein als Bleidioxyd und auch als Bleischwamm. Bei der Entladung dehnt sich also die aktive Masse aus und bei der Ladung schrumpft sie wieder. Aus diesem Vorgang folgt, daß die Lebensdauer des Sammlers nur begrenzt sein kann, denn es ist klar, daß durch die dauernden Volumenänderungen die einzelnen Masseteilchen in der aktiven Masse sich lockern.

Es erhebt sich die Frage: Was tritt ein, wenn bei der Ladung alles Bleisulfat umgewandelt ist in Bleidioxyd bzw. Bleischwamm und immer noch weiter geladen wird? Dann kann nur eintreten, was immer eintritt, wenn ein elektrischer Strom durch chemisch nicht ganz reines Wasser fließt: das Wasser wird zerlegt; an der positiven Elektrode entsteht Sauerstoff und an der negativen Wasserstoff. Lebhaftes Gasen an beiden Elektroden ist deshalb ein Zeichen dafür, daß die Ladung beendet ist. Gewisse Einschränkungen dieser Regel werden wir unten noch kennenlernen.

Für die Behandlung des Sammlers ist zu beachten, daß das Bleisulfat der Rückbildung zu Blei und Bleidioxyd einen Widerstand entgegensetzt, und daß diese Rückbildung nur dann ohne besondere Schwierigkeiten vor sich geht, wenn das

Sulfat sich noch in dem sehr fein verteilten Zustande in den Sammlerplatten befindet, in dem es ausgeschieden wird. Der Sammler soll darum möglichst bald nach der Entladung wieder aufgeladen werden. Bei längerem Stehen in entladenem Zustand ballt sich das Bleisulfat zu harten kristallinischen Massen zusammen, die als feste weiße Schichten auf den Platten sichtbar werden und sich nur schwer und unvollkommen aufschließen lassen.

Wesentlich für die Behandlung des Sammlers ist auch die Erscheinung der Selbstentladung. Bei unbenütztem Stehen entlädt sich der Sammler allmählich, auch wenn ihm kein Strom entnommen wird. Schuld daran sind die Lokalelemente, die sich auf den Platten durch Fremdmetalle bilden, die ungewollt in Spuren unter die chemische Masse geraten, oder, wie z. B. das Antimon, absichtlich den gegossenen Bleiteilen zugesetzt werden, um diesen größere Festigkeit zu geben. Selbstentladung tritt auch durch Kriechströme ein, die, begünstigt durch Feuchtigkeit, entlang den Isolierteilen ihren Weg von der positiven zur negativen Elektrode finden. Man rechnet bei normaler Temperatur mit einer Selbstentladung von 1 bis 2% je Tag; nach Ablauf eines Vierteljahres würde eine Batterie also allein durch Selbstentladung ganz entladen sein. Auch als Folge der Selbstentladung bildet sich Sulfat, das durch Aufladen beseitigt werden muß, bevor es verhärtet.

2. Die grundlegenden elektrischen Eigenschaften des Bleisammlers

a) Die Klemmenspannung

Verbindet man die Klemmen des Bleisammlers über einen äußeren Widerstand, so daß ein Entladestrom fließt, und sorgt man dafür, daß dieser Entladestrom bei fortschreitender Entladung auf einen konstanten Wert eingeregelt bleibt, so verändert sich die Klemmenspannung des Sammlers entsprechend Bild 149. Sie ist zunächst lange Zeit gleichbleibend etwa 2 Volt. Erst gegen Ende der Entladung sinkt sie unter diesen Wert. Man bezeichnet den Sammler als entladen, wenn bei Entladung mit einem Strom, dessen Zahlenwert gleich dem 10. Teil des Zahlenwertes der Nennkapazität ist, die Klemmenspannung den Wert von 1,75 Volt/Zelle zu unterschreiten beginnt. Bei weiterer Entladung sinkt die Klemmenspannung sehr rasch auf 0.

Die im Kraftfahrzeug gebräuchlichen Netzspannungen entstehen durch Hintereinanderschalten von 3, 6 oder 12 Zellen. Dadurch entstehen Nennspannungen von 6 V, 12 V oder 24 V. 6 V ist die am meisten verbreitete Spannung. Während des Krieges drängte das Heer in Deutschland auf Normung von 12 V, doch konnte sich die Netzspannung 12 V in Deutschland nicht allgemein durchsetzen, weil eine 12 V Batterie mehr Blei benötigt und deshalb teurer ist als eine 6 V Batterie gleicher Leistung. In einigen Ländern aber, z. B. England und Italien, werden ausschließlich 12 V als Nennspannung gewählt. 24 V kommen nur bei den großen Nutzfahrzeugen vor. (Vgl. hierzu Seite 16.)

Die Eigenart des Kraftfahrzeugbetriebs bringt es mit sich, daß die Nennspannung nur selten auftritt, nämlich nur während

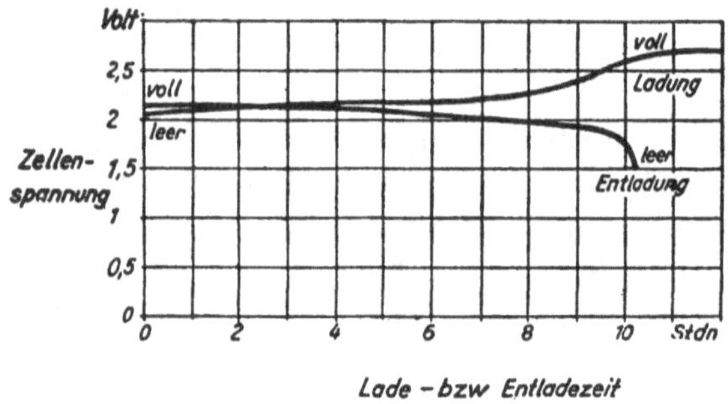

Bild 149. Spannung einer Bleisammlerzelle bei Ladung und Entladung mit gleichbleibendem Strom ($I = 0{,}1\ K_{10}$, wobei K_{10} die durch 10-stündige Entladung bestimmte Kapazität ist)

der Standzeit. Während der Fahrt muß die Batterie geladen werden, wenn sie nicht leer werden soll. Über die Höhe der notwendigen Ladespannung bei gleichbleibendem Ladestrom gibt die obere Kurve in Bild 149 Auskunft. Von leer bis $^4/_5$ voll steigt die Ladespannung leicht an von 2,1 auf etwa 2,3 V/Zelle. Von da an tritt ein erheblicher Spannungsanstieg auf 2,7 V/Zelle ein. Bei 3zelliger Batterie ergibt das eine Spannung von 8,1 V im Netz. Da selbstverständlich die Lichtmaschine imstande sein muß, die Batterie ganz voll zu laden, bedeutet dies, daß die Lichtmaschine für eine Spannung in ähnlicher Höhe bemessen sein muß. Die Spannung muß etwas niedriger gewählt werden als 8,1 V, weil der Ladestrom in die annähernd volle Batterie kleiner sein soll als der 10stündige Strom, der der Kurve von Bild 149 zugrunde gelegt ist (vgl. Seite 203).

Nimmt man die obere Kurve von Bild 149 für verschiedene Ladeströme auf, so erhält man die Kurvenschar von Bild 150. Man sieht, daß der steile Spannungsanstieg mit zunehmendem Ladestrom bei geringerer Aufladung einsetzt. Als Abszissenmaßstab ist in Bild 150 nicht die Ladezeit gewählt, sondern die zugeführte Elektrizitätsmenge, ausgedrückt in Ah, weil sonst die Kurven für die verschiedenen Ströme über ganz verschiedenen Abszissenbereichen liegen würden. Die Spannungswerte gelten für einen 3zelligen Sammler von 75 Ah Nennkapazität; dies ist die am häufigsten vorkommende Sammlergröße.

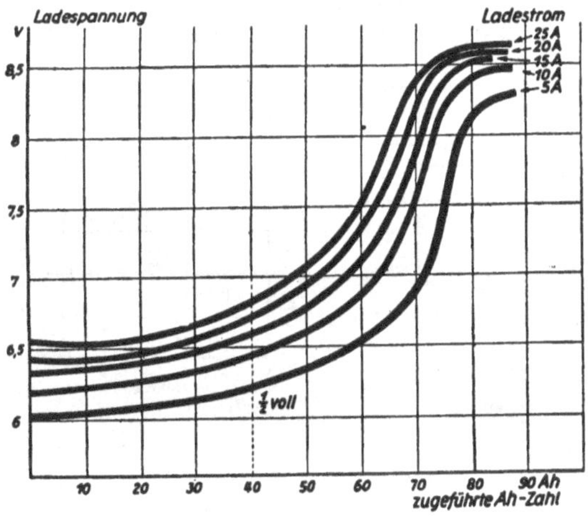

Bild 150. Ladespannung abhängig von der der Batterie zugeführten Ah-Zahl (Batterie 6 V, 75 Ah)

Aus den Kurvenscharen von Bild 150 lassen sich die L a d e - c h a r a k t e r i s t i k e n konstruieren (s. Bild 151), d. h. die Kurven, die für den Ladezustand als Parameter die Ladespannung angeben in Abhängigkeit vom Ladestrom. Diese Kurven sind besonders wichtig bei Untersuchungen über die Parallelarbeit zwischen Batterie und Lichtmaschine. Zweckmäßigerweise werden sie über einem Abszissenmaßstab aufgetragen, der den Ladestrom ins Verhältnis zur Nennkapazität setzt. Die Kurven werden dadurch für Batterien beliebiger Größe gültig. Streng richtig sind die Kurven dann allerdings nur noch für Sammlertypen, die Platten der gleichen Abmessungen verwenden wie der Sammler, an dem die Messungen durchgeführt wurden. Genaue Messungen haben aber gezeigt, daß die durch die Plattenabmessungen bedingten Abweichungen nicht erheblich sind.

Ähnlich wie für die Ladung kann man auch Charakteristiken für die Entladung aufstellen. Auch dabei ist die Auftragung über dem Verhältnis Entladestrom zu Nennkapazität zweckmäßiger als über dem Entladestrom selbst. Im Gegensatz zu den Stromwerten bei der Ladung müssen die Werte bei der Entladung aber ein Mehrfaches der Kapazität betragen, da beim Anlassen der Batterie Ströme entnommen werden, deren Absolutwert 3 bis 5mal so groß ist wie der Absolutwert der Nennkapazität. Man sieht aus den Kurven von Bild 152, daß die Klemmenspannung beträchtlich unter den

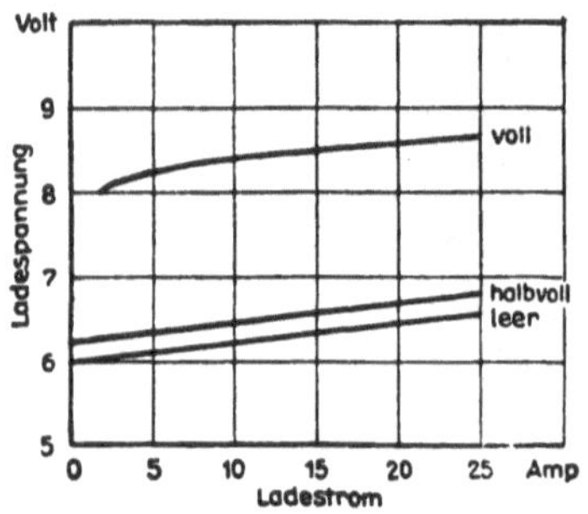

Bild 151. Ladespannung abhängig vom Ladestrom; Temperatur + 20°, Batterie 6 V, 75 Ah

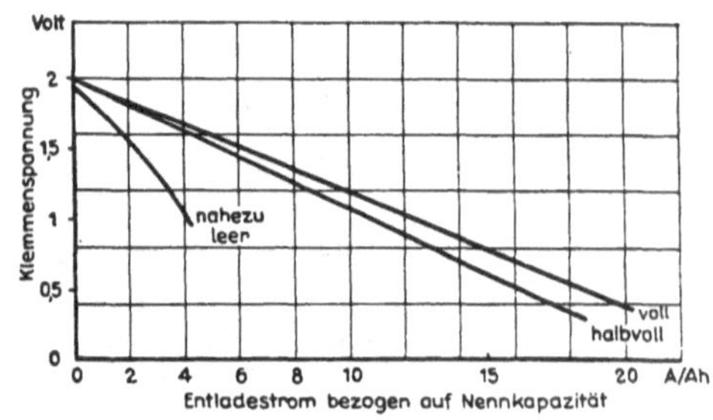

Bild 152. Klemmenspannung abhängig vom Entladestrom bei + 20°

Wert von 2,0 V/Zelle sinkt, den man von der ortsfesten Batterie her gewohnt ist.

Aus den Kurven von Bild 152 läßt sich ein innerer Widerstand des Sammlers berechnen, der auf Werte von ungefähr 1 m Ω/Zelle führt bei einer vollen 75 Ah-Batterie. Dieser Widerstand hat aber nichts mit dem ohmschen Widerstand zu tun, den man mit den Methoden der Meßtechnik, z. B. mit Hilfe von Wechselstrom, für einen Sammler ermitteln kann. Er ist auch zahlenmäßig wesentlich größer als der sogenannte ohmsche Widerstand. Nur das geradlinige Absinken der Klemmenspannung mit zunehmendem Entladestrom ermöglicht es, hier von einem Widerstand zu sprechen; bei den Ladecharakteristiken ist dies nicht möglich, besonders nicht bei denen für vollen Ladezustand.

In Wirklichkeit rührt das Absinken bzw. Ansteigen der Klemmenspannung bei Entladung, bzw. Ladung auch nicht so sehr von ohmschen Spannungsabfällen her als von Konzentrationsveränderungen der Säure während des Stromdurchganges. Die chemischen Umsetzungen bei Ladung und Entladung vollziehen sich in der Hauptsache im Innern der in die Gitter der Platten eingestrichenen wirksamen Masse. Die bei der Ladung freiwerdende Schwefelsäure muß aus der Masse heraus- und der Ersatz für die bei der Entladung verbrauchte Schwefelsäure in die Masse hineindiffundieren. Diese Diffusion geht so langsam vor sich, daß die Konzentration der Säure in der aktiven Masse ganz anders ist als die Konzentration der freien Füllsäure, solange Strom fließt. Für die elektromotorische Kraft des Sammlers ist aber natürlich die in der Masse vorhandene Säurekonzentration maßgebend, und deshalb kann man auf die elektromotorische Kraft nicht aus der Konzentration der freien Füllsäure schließen. Nur beim stromlosen Sammler gleicht sich die Konzentration der Säure in allen Sammlerteilen aus. Der ziemlich plötzliche Spannungsanstieg am Ende der Ladung ist nicht mehr durch die Konzentrationsverschiedenheit der Säure, sondern durch die nunmehr einsetzende Gasentwicklung bedingt.

Je größer die Stromdichte auf den Platten bei Ladung und Entladung ist, desto mehr tritt die besprochene Erscheinung auf, denn umso ungünstiger ist das Verhältnis der chemischen Umwandlungsgeschwindigkeit zur Geschwindigkeit der Säurediffusion. Hauptsächlich bei der Entladung kann der Ersatz der in der Masse verbrauchten Schwefelsäure, die durch Diffusion aus der zwischen den Platten stehenden Füllsäure erfolgen muß, mit dem Verbrauch nur dann Schritt halten, wenn die Umsetzung bei geringer Stromdichte langsam erfolgt. Sobald die Stromdichte, z. B. beim Anlassen, stark ansteigt, tritt im Innern der Platten eine Verarmung der Säure ein und die Spannung sinkt sehr schnell unter das normale Maß. Dieses Absinken der Spannung ist umso größer, je weiter die Batterie entladen ist, denn dann findet die Stromerzeugung immer mehr im Innern der Platte statt. Außerdem ist die Diffusion der Schwefelsäure noch dadurch erschwert, daß durch die chemischen Umwandlungen die Poren in den Platten verengt werden, weil das

Bleisulfat, das sich bei der Stromentnahme bildet, einen größeren Raum einnimmt als das Bleidioxyd oder der Bleischwamm der geladenen Platten.

b) Die Kapazität

Die Aufnahmefähigkeit des Sammlers für elektrische Energie, seine „Kapazität", wird angegeben durch das Produkt Entladestrom mal Entladezeit. Als Entladezeit wird der Norm entsprechend nur die Zeit gemessen, während der die Klemmenspannung größer ist als 1,75 V/Zelle (siehe Bild 149), untere Kurve). Der Entladestrom ist während der Messung konstant zu halten. Entsprechend der Produktbildung Strom mal Zeit wird die Kapazität gemessen in Amperestunden, bezeichnet mit Ah.

Die Entladezeit ist bei ein und demselben Sammler sehr stark abhängig von der Größe des Entladestroms. Bei Zunahme des Entladestroms geht die Entladezeit stärker zurück, als sie zurückgehen müßte, wenn das Produkt Strom mal Zeit konstant bleiben sollte, d. h. mit zu-

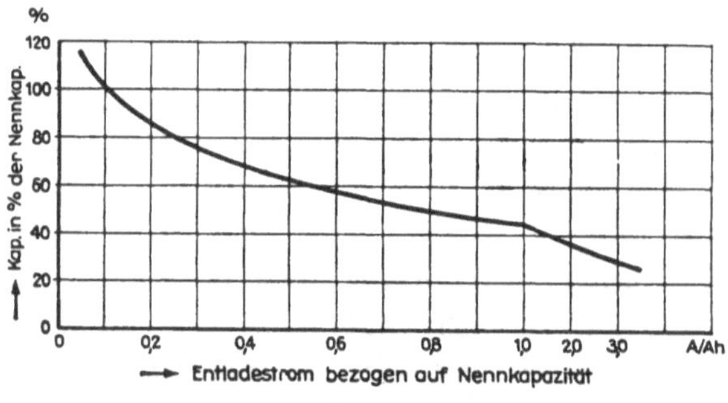

Bild 153. Kapazität abhängig vom Entladestrom (Entladung bis auf 1,33 V/Zelle)

nehmendem Entladestrom geht die Kapazität zurück. Bild 153 zeigt die Kapazität in % der Nennkapazität in Abhängigkeit vom Verhältnis Entladestrom zu Nennkapazität. Bei großen Strömen ist die gemessene Kapazität stark davon abhängig, bis zu welcher Spannung entladen wird. Bei der Kurve von Bild 153 wurde bis zu einer Spannung von 1,33 V/Zelle entladen.

Da die Kapazität sehr veränderlich ist — außer von der Stromstärke ist sie auch noch von anderen Faktoren abhängig — hat man eine Nennkapazität definiert als die Kapazität, die sich ergibt bei Entladung mit einem

Strom, der gleich dem 10. Teil der Nennkapazität ist. Bei Entladung mit diesem Strom muß nach genau 10 Stunden die Klemmenspannung auf 1,75 V/Zelle abgesunken sein. Da die Kapazität vom Strom abhängt, kann man, streng genommen, die genaue Kapazität einer Batterie nur durch wiederholtes Probieren finden. In Wirklichkeit spielen aber kleine Abweichungen des gewählten Stromes vom richtigen Wert keine Rolle; statt in 10 Std. ist die Batterie eben in 9,5 oder in 11 Std. entladen, und die Kapazität ergibt sich genügend genau durch Multiplikation dieser Zeit mit dem Entladestrom. In USA wurde der Bestimmung der Nennkapazität eine Entladung in 20 Stunden zugrunde gelegt. Eine Batterie von 100 Ah Nennkapazität nach amerikanischer Norm besitzt daher nach der deutschen Norm nur eine Nennkapazität von etwa 85 bis 90 Ah.

Bei der Messung der Kapazität ist verschiedenes zu beachten. Zunächst ist wichtig, ob die Batterie fertig formiert ist. Wenn nämlich die Batterie aus der Fabrik kommt, ist meist noch nicht alles für die Aufspeicherung der elektrischen Energie verfügbare Blei in der aufnahmefähigen Form vorhanden, das heißt in den positiven Platten als Bleidioxyd und in den negativen Platten als Bleischwamm. Je nach dem Herstellungsverfahren wird der leistungsfähige Zustand, die fertige Formierung, erst nach eine Reihe von Ladungen und Entladungen erreicht; es können dazu 20 bis 30 Ladungen und Entladungen notwendig sein. Die Norm schreibt vor, daß nach der 3. Entladung die Nennkapazität erreicht sein muß.

Daß vor der Messung der Kapazität genügend voll geladen werden muß, ist selbstverständlich. Man darf die Ladung nicht etwa abbrechen, wenn die Batterie gast oder eine gewisse Klemmenspannung zur Aufrechterhaltung des Ladestroms notwendig geworden ist oder die Säuredichte einen gewissen Wert erreicht hat, sondern es ist notwendig, durch Berechnung des Produktes Ladestrom mal Ladezeit sich zu überzeugen, daß der Batterie eine genügende Zahl von Ah zugeführt worden ist. Hierbei ist zu beachten, daß nicht die ganze Strommenge, die der Batterie bei der Ladung zugeführt wurde, ihr auch wieder entnommen werden kann. Zur Kennzeichnung des Verhältnisses von zugeführter zu wieder entnehmbarer Energie hat man den Begriff Ah-Wirkungsgrad eingeführt. Dieser ist allerdings ziemlich hoch, er kommt auf 90—100% bei einer gut gepflegten

Batterie. Wenn noch die Klemmenspannung bei Ladung und Entladung mitberücksichtigt wird, erhält man den Wattstunden-Wirkungsgrad. Dieser erreicht nur etwa 70%, weil die Ladespannung beträchtlich höher ist als die Entladespannung.

Ferner sind noch Temperatur und Säuredichte von Einfluß auf die Kapazität. Mit zunehmender Temperatur nimmt die Kapazität zu. In Deutschland ist für Abnahmeprüfungen eine Temperatur von + 20°, in USA eine solche von 80° F (+ 27° C) vorgeschrieben. Auch mit zunehmender Säuredichte nimmt die Kapazität zu. In Deutschland ist für vollen Ladezustand eine Dichte von 1,285 vorgeschrieben.[1]) Zu beachten ist, daß längeres Stehenlassen vor der Kapazitätsmessung unzulässig ist wegen der Selbstentladung; besonders mit zunehmender Temperatur wächst die Selbstentladung stark.

c) Die Lebensdauer

Es wurde schon erwähnt, daß die Ausdehnung und Zusammenziehung der aktiven Masse bei Entladung und Ladung dazu führt, daß die aktive Masse sich auflockert und dauernd einzelne Teilchen in den Schlammraum ausfallen. Im Lauf der Zeit wird der Schlammraum so hoch angefüllt, daß die Unterkanten der Platten von der ausgefallenen Masse überbrückt werden. Von diesem Zeitpunkt an ist es mit dem Sammler zu Ende, denn jetzt sind die Platten kurzgeschlossen und der Sammler entlädt sich rasch über den Kurzschlußweg. Man kann damit rechnen, daß bei der normalen Fahrzeugbatterie dieser Zustand nach etwa 100—200 Entladungen erreicht ist, wenn der Sammler jeweils mit dem 10stündigen Strom bis 1,75 Volt/Zelle entladen und darnach wieder vollgeladen wird. Wird weniger weit entladen, so ist eine höhere Zahl von Ladungen möglich; z. B. kommt man bei der Entladung nach den Lebensdauervorschriften der SAE-Normen (siehe Abschnitt 4 c, Seite 211), auf 300—600 Ladungen und Entladungen.

Daraus ergibt sich, daß die Fahrzeugbatterie für den Betrieb z. B. eines Elektrokarrens nicht geeignet ist. Die Batterie eines Elektrokarrens wird jede Nacht aufgeladen und bei Tag weitgehend wieder entladen. Eine Fahrzeugbatterie würde bei diesem

[1]) Früher pflegte man nach Baumé-Graden zu rechnen. Einer Dichte von 1,285 entsprechen 32° Be.

Betrieb nach etwa 150 Tagen, d. h. nach etwa 5 Monaten ausfallen und müßte erneuert werden. Im Kraftfahrzeug ist völlige Entladung der Batterie ziemlich selten. Auch wenn Anlassen schon nicht mehr möglich ist, kann der Batterie bei Entladung mit dem 10stündigen Strom immer noch etwa $^1/_4$ ihrer Kapazität entnommen werden. Im Kraftfahrzeug besteht dagegen die Gefahr, daß die Batterie überladen wird. Auch wenn sie vollgeladen ist, bleibt ihr die Lichtmaschine parallel geschaltet und lädt sie weiter. Es ist eine wichtige Aufgabe des Lichtmaschinenkonstrukteurs, dafür zu sorgen, daß dieser Ladestrom möglichst klein bleibt. (Vgl. Seite 112). Aus diesem Grund darf die Ladespannung nach Erreichen des vollen Zustandes nicht zu hoch gewählt werden. Eine Spannung von etwa 2,5 V/Zelle hat sich in der Praxis bewährt.

Bild 154.
Durch Überladung zerstörte positive Platte

Bei Überladung entsteht Sauerstoff an der positiven Platte, der das Gitter derselben angreift. Es kommt infolgedessen zu einer Auflösung des Gitters, wie sie für einen extremen Fall Bild 154 zeigt, wobei die aktive Masse noch nicht die geringste Abnützung zeigt. Das Gitter, das unter den Bruchstücken der Platte zu sehen ist, ist ein gelochter Separator, auf dem die Plattenreste gesammelt wurden. Es gehört also nicht zur Platte. Man kann damit rechnen, daß bei fortgesetzter Überladung mit dem 10stündigen Ladestrom eine Batterie nach 1200 Stunden zerstört ist.

Demgegenüber ist Aufladung der leeren Batterie mit hohem Strom viel weniger schädlich. Die in jüngster Zeit, hauptsächlich in Amerika, aufkommenden Schnell-Ladegeräte, bei denen die leere Batterie in etwa einer Stunde vollgeladen wird mit Anfangsladeströmen, deren Absolutwert etwa gleich dem Absolutwert der Kapazität ist, bringen durch den hohen Anfangsladestrom zwar auch eine Einbuße an Lebensdauer, diese ist aber unerheblich gegenüber dem Schaden, der bei diesen Geräten dadurch angerichtet wird, daß auch nach

Erreichen des vollen Ladezustandes noch ein viel zu großer Ladestrom fließt. Der Ladestrom in die volle Batterie sollte 5% des Zahlenwertes der 10stündigen Kapazität nicht übersteigen. Dagegen darf der Ladestrom in die leere oder halbvolle Batterie wesentlich größer sein. Auch wenn auf höchste Lebensdauer Wert gelegt wird, darf dieser Strom nahezu die Hälfte des Zahlenwertes der Kapazität erreichen.

3. Das Verhalten des Sammlers bei Änderungen der Temperatur

a) Ladung

Lädt man den Sammler bei Temperaturen unterhalb der normalen Arbeitsraumtemperatur, so erhält man Kurven, wie sie Bild 155 darstellt. Auffallend ist, daß der Spannungsanstieg, der nach Bild 149 bei etwa ³/₄ voller Batterie einsetzt, sich mit abnehmender Temperatur verschiebt nach geringeren Ladezuständen hin. Die Kurve für —25° zeigt sogar eine Abnahme der Klemmenspannung mit zunehmender Aufladung, diese ist aber bedingt durch die zunehmende Erwärmung der Batterie während der Aufladung. In allen Fällen ist der Spannungsanstieg begleitet von Gasentwicklung, wahrscheinlich durch die Gasentwicklung überhaupt erst hervorgerufen. Man sieht daraus, daß bei Kälte die Batterie während der Aufladung zu gasen beginnen kann, ohne vollgeladen zu sein.

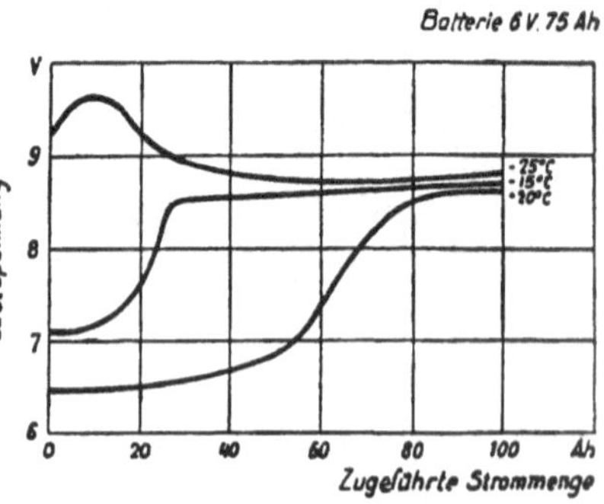

Bild 155.
Ladung mit gleichbleibendem Strom bei verschiedenen Ausgangstemperaturen ($I_L = 20$ A)

Den Änderungen, die Bild 155 für die Klemmenspannung während der Aufladung bei Änderungen der Temperatur zeigt, entspricht eine Veränderung der Ladecharakteristiken; s. Bild 156. Bei Erhöhung der Temperatur über die normale Arbeitsraumtemperatur sinkt die Klemmenspannung. Aus den Kurven folgt, daß eine auf gleichbleibende Spannung eingestellte Lichtmaschine bei höherer Temperatur die Batterie zu stark lädt, bei niedrigerer Temperatur aber zu wenig. Die

Folge ist bei Fahrzeugen in den Tropen überladene Batterie, bei Fahrzeugen in kalten Gebieten leere Batterie.

b) Entladung

Die Klemmenspannung bei Entladung ist nach Bild 157 ebenso stark von der Temperatur abhängig wie die Ladespannung. Mit **abnehmender** Temperatur nimmt die Klemmenspannung ebenfalls ab. Die höchste Leistung, die einer Batterie entnommen werden kann, tritt bei der halben Ruhespannung auf. Diese

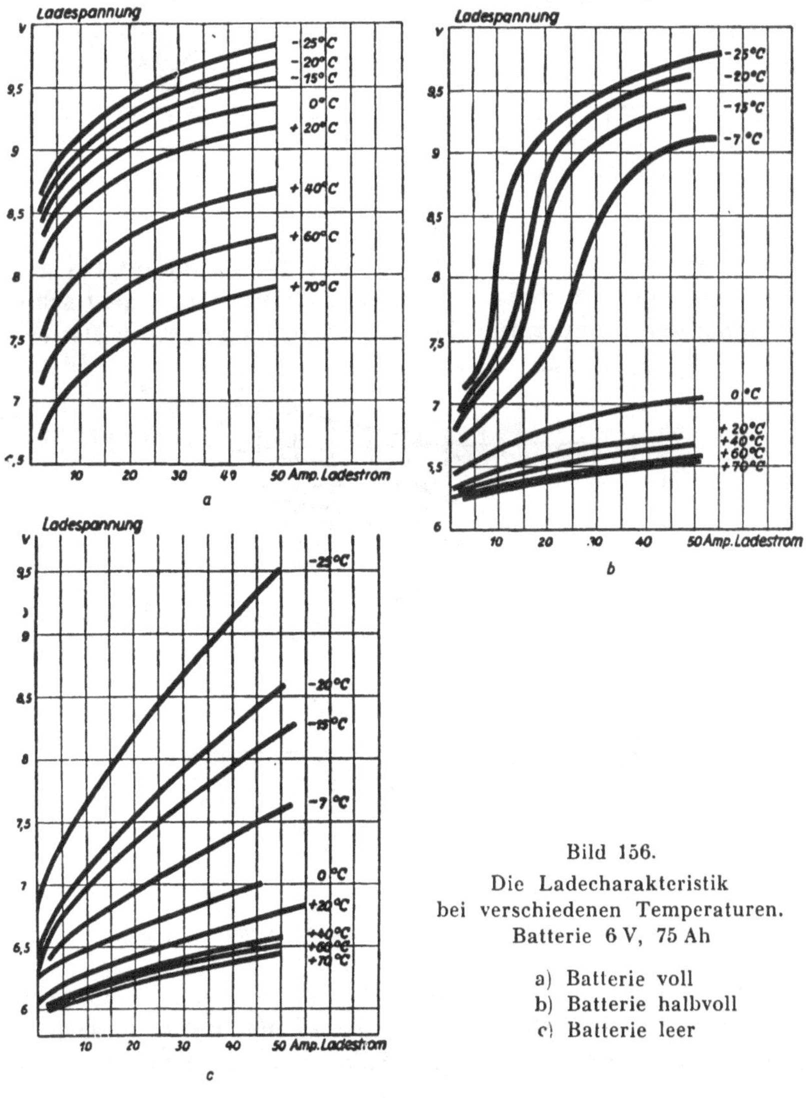

Bild 156.
Die Ladecharakteristik bei verschiedenen Temperaturen. Batterie 6 V, 75 Ah

a) Batterie voll
b) Batterie halbvoll
c) Batterie leer

Höchstleistung nimmt ebenfalls mit abnehmender Temperatur ab. Die Auswirkung auf das Anlassen liegt auf der Hand. Bei Kälte verlangt der Anlasser von der Batterie einen größeren

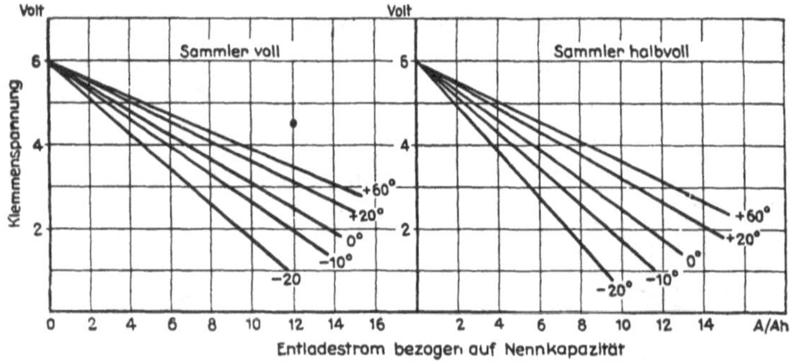

Bild 157. Die Klemmenspannung abhängig vom Entladestrom bei verschiedenen Temperaturen

Strom, weil er zum Anwerfen des Verbrennungsmotors ein größeres Moment aufbringen muß. Bei größerem Strom geht schon bei normaler Temperatur die Klemmenspannung der Batterie

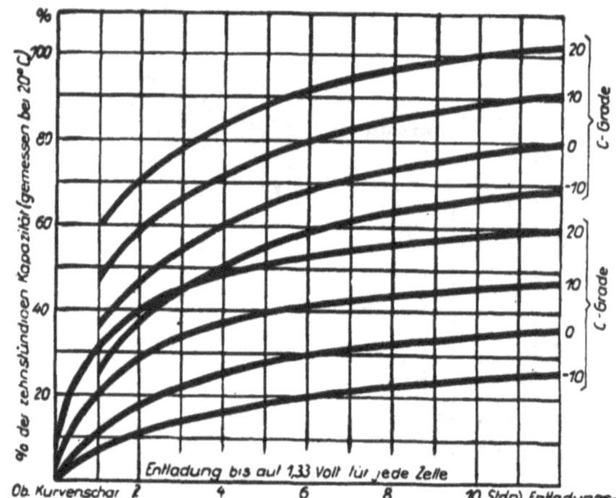

Bild 158. Abhängigkeit der Kapazität von der Entladungsdauer bei verschiedenen Temperaturen. (Nach A. V. Burgoine, Elektr. Licht- und Anlasserausrüstungen, The Automobile Engineer, Febr. 1924, S. 59)

zurück, nun aber doppelt, weil zudem noch die Temperatur niedriger geworden ist. Die Folge der kleineren Klemmenspannung ist geringere Drehzahl des Anlassers. Von einer gewissen

Temperatur ab wird die zum Anlassen notwendige Mindestzahl nicht mehr erreicht. Es muß auf andere Weise angelassen werden. Umgekehrt wird bei zunehmender Temperatur das Anlassen immer leichter.

c) Kapazität

Das Absinken der Klemmenspannung mit abnehmender Temperatur läßt schon darauf schließen, daß auch die Kapazität mit abnehmender Temperatur abnimmt und mit zunehmender Temperatur zunimmt. Bild 158 zeigt, daß dies der Fall ist. Für die Verhältnisse im Kraftfahrzeug ist das Absinken der Kapazität mit abnehmender Temperatur bei kleinen Strömen ohne Bedeutung; es hat zur Folge, daß in Standzeiten die Batterie das Standlicht weniger lang speisen kann als bei normaler Temperatur. Von Wichtigkeit ist aber das Absinken der Kapazität bei hohen Entladeströmen, denn es hat zur Folge, daß die Batterie beim Anlassen früher erschöpft ist als bei Normaltemperatur. Auch aus diesem Grunde wird von einer gewissen Temperatur ab das Anlassen mit Hilfe von elektrischem Anlasser und Batterie unmöglich.

d) Zulässige Temperaturgrenzen

Bei Bleisammlern wird im allgemeinen als zulässige Grenze nach oben eine Temperatur von $+45^0$ angegeben. Darüber verkohlen, so wird angegeben, die Holzseparatoren und krümmen sich die Platten. Es ist auch zu befürchten, daß die Elastizität der gewellten Separatoren nachläßt und dadurch der Einbaudruck der Platten in den Zellen zu gering wird. Die Erfahrungen während des Krieges haben aber gezeigt, daß man im Fahrzeug bis zu Temperaturen von 60^0 C gehen kann. Die Lebensdauer sinkt bei dieser Temperatur nicht wesentlich ab, auch wenn die Batterie ihr längere Zeit ausgesetzt ist. Voraussetzung ist aber, daß durch übermäßige Zunahme des Ladestroms in die volle Batterie, die bei gleichbleibender Lichtmaschinenspannung eintreten würde, die Batterie nicht etwa zusätzlich stark erwärmt wird. Besonders bei dem Einbau der Batterie unter der Motorhaube, der sich kurz vor dem Krieg durchgesetzt hat, treten gelegentlich Temperaturen bis zu 60^0 an der Batterie auf. Diese Temperatur stellt allerdings auch wirklich die Höchstgrenze dar; darüber ist mit einer raschen Zerstörung der Batterie zu rechnen.

Nach unten gibt es keine Temperaturgrenze für die Batterie, wenn man davon absieht, daß eben ihre Klemmenspannung und ihre Kapazität so zurückgehen, daß sie ihre Aufgaben nicht mehr erfüllen kann. Sehr gewarnt wird mitunter vor dem Gefrieren des Elektrolyten. Dies tritt, wie Bild 159 zeigt, unter Umständen schon bei einer Temperatur von ewas unter —10° ein. Gefrieren des Elektrolyten ist an sich nicht gefährlich.[1]) Der Elektrolyt wird nicht fest wie gefrorenes Wasser, sondern verdichtet sich zu einer sulzigen Masse. Die chemischen Reaktionen gehen in diesem Zustand des Elektrolyten noch langsamer vor sich, als sie bei Kälte an sich schon verlaufen.

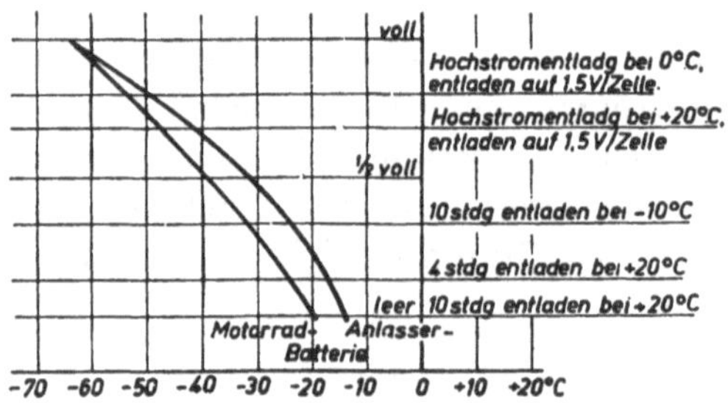

Bild 159. Ladezustand
und Gefriertemperatur der Füllsäure

Die Folge ist noch niedrigere Entladespannung, geringere Kapazität und noch höhere Ladespannung. Beim Laden einer gefrorenen Batterie kommt es auch bald nach Ladebeginn zu Gasbildung. Dann treibt das Gas die Füllsäure zu den Öffnungen der Zellenstöpsel oder bei abgenommenen Zellenstöpseln zu den Zellenöffnungen heraus. Dies muß unter allen Umständen vermieden werden, da die Säure alles zerfrißt, womit sie in Berührung kommt, ausgenommen Blei und Preßstoffteile, die keine Zellulose enthalten. Daß durch das Gefrieren die Batterie ihre Kapazität nicht verliert, noch nicht einmal die Strommenge verloren ist, die sie vor dem Gefrieren gespeichert hatte, beweist Bild 160. Auch nach Abkühlung auf —42° und anschließender Erwärmung konnte der in Bild 160 untersuchten Batterie noch eine ganze Weile Strom entnommen

[1]) S. E. Blaich, Automobiltechnische Zeitschrift 1942, Heft 23.

werden, bis sie erschöpft war, ohne daß sie vorher wieder geladen wurde. Das häufig behauptete Reißen der Kasten durch Einfrieren der Füllsäure scheint nach Laboratoriumsversuchen

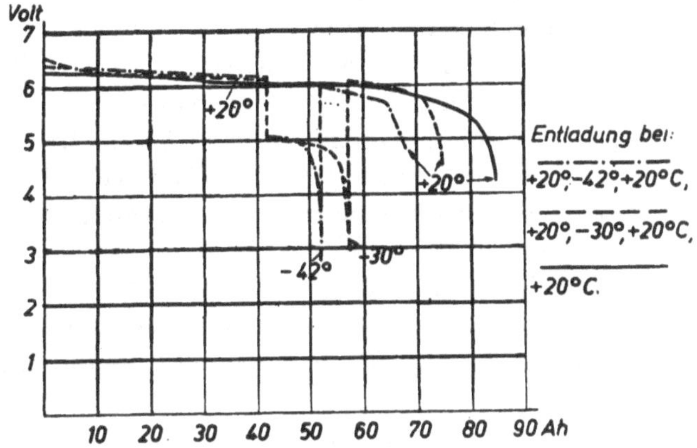

Bild 160.
Durch Abkühlung auf tiefere Temperatur unterbrochene Entladung
Entladestrom 7,5 A; Batterie 6 V, 75 Ah

eher der mit abnehmender Temperatur stark zunehmenden Sprödigkeit des Kastenwerkstoffes zuzuschreiben zu sein als der Sprengkraft der gefrierenden Säure.

4. Die Normung der Batterie

Da die Hersteller von Sammlern ihren Kapazitätsangaben häufig ganz verschiedene Meßverfahren zugrunde legten, gelegentlich auch in unlauterer Absicht, kam es zur Aufstellung von Prüfbedingungen, die hauptsächlich als Abnahmebedingungen des Kunden gedacht sind. In Deutschland entstanden diese Prüfbedingungen in der Hauptsache unter dem Druck staatlicher Stellen. Die Normungsarbeit wurde übernommen und durchgeführt durch den VDE und nach dem Krieg weitergeführt durch den FNE (Fachnormen Ausschuß Elektrotechnik). In Amerika wurden die Prüfbedingungen aufgestellt durch die SAE (Society of Automotive Engineers). Obwohl die Prüfbedingungen im Lauf der Zeit Änderungen unterworfen sind, sind die heute gültigen doch im folgenden wiedergegeben, da sie einen Begriff davon vermitteln, welche Eigenschaften der Batterie für den Betrieb des Fahrzeugs wesentlich sind. Die Prüfungen werden nicht durchgeführt an den einzelnen Zellen, sondern an der ganzen Batterie.

a) Kapazität

Wie schon erwähnt, wird die Nennkapazität nach den zur Zeit noch gültigen*) Vorschriften geprüft durch eine Entladung mit konstant gehaltenem Strom. Dieser ist auf den 10. Teil (nach einer andern wahlweise anwendbaren Vorschrift auf den 6. Teil) der Nennkapazität einzuregeln. Die Klemmenspannung darf dann vor Ablauf von 10 (5) Stunden nicht unter 5,25 Volt bei 3zelligen Batterien, nicht unter 10,5 Volt bei 6zelligen Batterien abgesunken sein. Die Säuredichte ist vor Beginn der Entladung auf 1,285, die Temperatur auf + 20° C einzuregeln.

Daß die SAE-Normen eine Entladung in 20 Std. bei 80° F (+ 27° C) vorsehen, wurde ebenfalls schon erwähnt. Als Endspannungen sehen sie die gleichen Werte vor wie die deutschen Vorschriften.

Wegen des Einflusses der Formierung ist verlangt, daß die Sollwerte erst bei der 3. Entladung erreicht sein müssen.

b) Anlaßeigenschaften

Die deutschen Vorschriften sehen eine Entladung mit hohem Entladestrom $I_e = 3\,K_{10}$ vor (K_{10} = durch 10stündige Entladung ermittelte Kapazität.) Nach einer Minute muß dabei die Klemmenspannung noch höher liegen als 5,1 V bei 6 V-Batterien (bzw. 10,2 V bei 12 V-Batterien), nach sechs Minuten muß sie noch höher liegen als 4,5 V (9,0 V). Da das Anlassen erst in Kälte zum eigentlichen Problem wird, ist auch eine Prüfung bei 0° C vorgesehen. Bei dieser muß bei Belastung mit dem gleichen Strom nach einer Minute die Klemmenspannung noch größer sein als 4,8 V (9,6 V), und nach 3,5 Minuten noch größer als 4,5 V (9,0).

Die SAE-Normen sehen eine Prüfung vor, bei der die Batterien aller Größen mit einem Strom von 300 A zu belasten sind. Dabei ist die Temperatur der Batterie auf 0° F (— 18° C) einzustellen und der Strom von 300 A zu entnehmen, bis die Spannung auf 1,0 V/Zelle abgesunken ist. Verlangt wird, daß die Entladezeit mindestens 3—8 Minuten (je nach Batteriegröße) beträgt,

*) Nach einem neuen Entwurf sollen die deutschen Normen weitgehend an die SAE-Normen angeglichen werden. Er sieht auch die Einführung der 20stündigen Kapazität und der SAE-Lebensdauerprüfung vor. Als einzige Abweichung in wesentlichen Punkten ist vorgesehen, daß bei der Lebensdauerprüfung und bei der Hochstromentladung der Strom nicht konstant gehalten wird wie bei der SAE-Vorschrift, sondern in einem festen Verhältnis zur Kapazität stehen soll.

und die Klemmenspannung 5 sec. nach dem Einschalten 4,1 bis 4,5 V nicht unterschreitet.

c) Lebensdauer

Die deutschen Normen sehen keine besondere Prüfung für die Lebensdauer vor, wohl aber die SAE-Vorschriften. Die Prüfung nach SAE-Norm besteht in einer 4mal täglich wiederholten Ladung und Entladung. Bei jeder 28. Entladung wird die Kapazität gemessen bei Entladestrom 40 A und Entladespannungsgrenze 1,7 V/Zelle. Die Batterie darf erst nach 230—600 Entladungen den weiteren Dienst versagen.

d) Abmessungen

Hauptsächlich durch die Anforderungen der Wehrmacht kam es zu einer weitgehenden Normung der Abmessungen, die es ermöglicht, daß die Erzeugnisse der verschiedenen Hersteller gegeneinander austauschbar sind. Dabei wurden auch die Kapazitätswerte genormt. Nach dieser Norm gibt es für Kraftwagenbatterien mit 6 V Nennspannung nur die Kapazitätswerte 50, 62,5, 75 und 87,5 Ah, bei 12 V Nennspannung die Kapazitätswerte 50, 62,5, 75, 90, 120 und 160 Ah. Für Kraftradbatterien ist nur 6 V Nennspannung bei 7 und 14 Ah Kapazität zugelassen. Daneben ist noch eine kleinere Type für 4 Ah zur Verwendung in Kleinmotorrädern zugelassen. Diese Kapazitätswerte sind freilich dauernden Veränderungen unterworfen je nach den Gesichtspunkten, die beim Bau der Fahrzeuge und der Batterien gerade vorherrschend sind.

5. Der konstruktive Aufbau des Bleisammlers

Die Anforderungen des Kraftfahrzeugbetriebs gaben im Lauf der Zeit der Fahrzeugbatterie ein wesentlich anderes Aussehen als der ortsfesten Batterie. Zunächst muß der Erschütterungen wegen der Sammler so nach allen Seiten geschlossen sein, daß keine Säure aus seinem Innern herausspritzen kann. Um den bei der Ladung entstehenden Gasen den Austritt nach außen zu ermöglichen, sind nur kleine Öffnungen in den Zellenstöpseln vorgesehen, wobei man bestrebt ist, der von den Gasen mitgerissenen Flüssigkeit den Austritt zu verwehren. Diese Bauart erschwert die Instandsetzung. Auf diese wurde im Laufe der Entwicklung aber ganz verzichtet und dafür, wie es auch bei andern Massenerzeugnissen der Fall ist, die Batterie auf geringen Preis entwickelt. Im Schadenfall wird die Batterie durch eine neue ersetzt und die alte als Schrott an die Fabrik zurückgeschickt.

Mit der Größe und dem ziemlich hohen Gewicht des Bleisammlers fand sich die Fahrzeugindustrie ab, weil es nichts Besseres gibt. Besonders schwer zu erreichen war die notwendige Schüttelfestigkeit. Als Konstruktionswerkstoff steht nur Blei zur Verfügung, jedes andere Metall wird von der Schwefelsäure rasch zerfressen. Nur den massiven Bleiteilen wird Antimon zugesetzt, um deren Festigkeit wenigstens etwas über die zu erhöhen, die mit Blei allein zu erreichen ist. Blei wird seiner schlechten mechanischen Eigenschaften wegen in der Technik sonst nirgends mehr als Bauelement verwendet. Es erlaubt kein Verschrauben, kein Vernieten, sondern kann nur verschweißt werden. Diese Eigenschaft des Bleis macht den Bleisammler in mechanischer Hinsicht dem alkalischen Sammler sehr unterlegen, bei dem in üblicher Weise die Teile fest miteinander verschraubt werden können. Die Unmöglichkeit, in der Nähe der Schwefelsäure andere Metalle als Blei zu verwenden, wirkte sich besonders auf die Konstruktion der Anschlüsse, der sog. Polköpfe aus. Im folgenden sind die Bestandteile des Bleisammlers einzeln besprochen.

Bild 161. Gitter für eine Sammlerplatte

a) Die Platten

Bei Stromdurchgang spielen sich die chemischen Vorgänge zunächst an der Oberfläche der Platten ab. Wenn die aktive Masse an der Oberfläche sich umgewandelt hat, verlagern sich die chemischen Vorgänge in die Tiefe der aktiven Masse. Der elektrische Strom ist dadurch gezwungen, in die Poren der aktiven Masse einzudringen. Besonders bei den hohen Anlasserströmen bedeutet dies Spannungsverlust. Man ist deshalb bestrebt, die Poren so kurz wie möglich zu machen. Das bedeutet, daß die aktive Masse auf eine große Oberfläche verteilt wird. Man kommt so zu dünnen Platten. Die Fahrzeugsammler haben dünnere Platten als die für andere Zwecke verwendeten Sammler, weil sie größere Ströme zu liefern haben. Aus dem gleichen Grunde sind auch ausschließlich Gitterplatten verwendet. Großoberflächenplatten oder Kastenplatten, die höhere Lebensdauer besitzen als Gitterplatten, können die hohen Anlasserströme nicht liefern. Es werden in einer Zelle je nach der Kapazität 9 bis 21 Platten eingebaut. Die Zahl ist ungerade, weil stets die Zahl der Minusplatten um 1 größer ist als die Zahl der Plusplatten. Man verwendet nämlich als Endplatten der Sätze nur Minusplatten, weil Plusplatten bei einseitiger Beanspruchung, wie sie bei den Endplatten eintritt, Neigung zu Krümmung zeigen. Dadurch wäre aber die Gefahr eines Schlusses zwischen Plus- und Minusplatten gegeben.

Bild 162. Fertige Gitterplatte

Bild 161 zeigt ein Gitter, wie es für den Aufbau des Bleisammlers Verwendung findet. In dieses Gitter, das durch Gießen aus einer Blei-Antimonlegierung hergestellt ist, wird die aktive Masse eingestrichen. Die fertige Platte zeigt Bild 162. Die positive Masse besteht aus Bleidioxyd, die negative aus fein gemahlenem Blei. Die Masse enthält noch Zusätze zur Steigerung der Porosität. Das genaue Rezept ist Geheimnis der Herstellerfirma. Die Qualität des Sammlers beruht zur Hauptsache auf der Zusammensetzung der aktiven Masse.

An das Gitter angegossen sind die Plattenfahnen und Plattenfüße. Mit den Füßen steht die Platte auf den Schlammrippen des Zellengefäßes (s. Bild 166). Um Kurzschluß zwischen den Platten durch auf die Schlammrippen fallende Masse zu verhüten, sind die Füße der Plus- und Minusplatten gegeneinander versetzt. Die Plattenfahnen dienen der Verbindung der Platten gleicher Polarität miteinander.

b) Der Plattensatz

Durch Verschweißen der einzelnen Plattenfahnen mit der Polbrücke entsteht der Plattensatz (s. Bild 163). Durch die Polbrücken werden alle Platten des gleichen Satzes miteinander parallel geschaltet. Beim Zusammenbau werden der positive und der negative Plattensatz ineinander geschoben und die Platten der beiden Sätze, die ja nicht unmittelbar miteinander in Verbindung stehen dürfen, durch Separatoren getrennt.

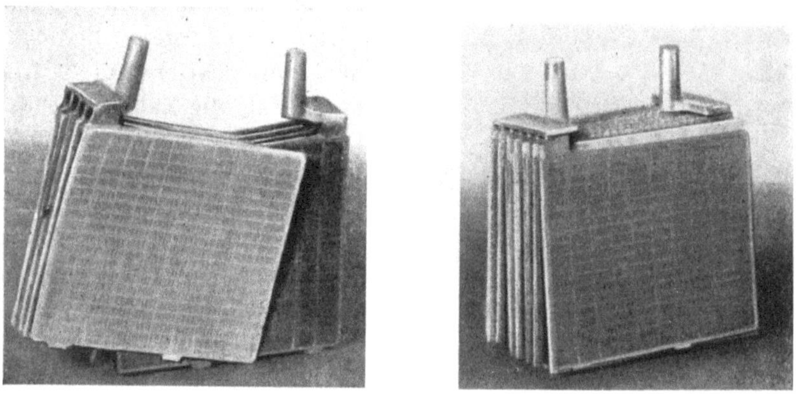

Bild 163. Zusammenfügen des positiven und negativen Plattensatzes

c) Die Separatoren

Die Separatoren haben zunächst die Aufgabe, eine unmittelbare Berührung der Platten der beiden Sätze zu verhindern. Außerdem soll durch sie aber auch ein gewisser Abstand zwischen den Platten gesichert werden, durch den der Säureaustausch möglichst leicht erfolgen kann. Diese Aufgabe erfüllt der gewellte Hartgummiseparator (Bild 164 links). Er ist durchlöchert, um der Säure Durchtritt zu gewähren. Die Wellung bewirkt eine federnde Verspannung der Platten. Dadurch erhält der ganze Satz einen festen Halt im Zellengefäß, was bei den Erschütterungen des Fahrbetriebes sehr wichtig ist. Eine unmittelbare leitende Verbindung zwischen den Platten, die durch ausfallende Plattenmasse durch die Löcher der Hartgummiseparatoren hindurch hergestellt werden könnte, wird durch zusätzliche Einfügung von dünnen Hoszseparatoren (Bild 164 Mitte) verhindert. Diese dürfen nur dünn sein, weil die Füllsäure die Stromüberführung zwischen den Platten durch die engen Poren der Separatoren hindurch vermitteln muß und die dabei auftretenden Widerstände möglichst gering sein sollen.

Statt des gewellten Separators aus Hartgummi wurde während des Krieges ein solcher aus dem Kunststoff Igelit mit bestem Erfolg eingeführt. Weniger gut bewährte sich als Ersatz ein Separator aus Glaswolle. Die aus den Zellen ausfallende Masse blieb nämlich in der Faserung der Glaswolle hängen und bildete im Laufe der Zeit einen Schluß zwischen Plus- und Minusplatte. Die Erscheinung, daß die ausfallende aktive Masse in den Fasern des Glasseparators hängen bleibt, wird in neuerer Zeit von verschiedenen ausländischen Herstellern dazu benützt,

Bild 164. Separatoren für Kraftfahrzeugbatterien

der aktiven Masse in der Plusplatte einen besonderen Halt zu verleihen, indem direkt auf die Plusplatte ein dünner Glasseparator gelegt wird, der zusätzlich zu Holz- und Wellseparator verwendet wird. Mitunter wird statt Holz- und gewelltem Hartgummiseparator ein mit Rippen versehener Holzseparator verwendet (Bild 164 rechts). Auch dieser hat sich gut bewährt. Es werden auch Separatoren aus besonderen Gummimassen gepreßt, die die Wirkung des gewellten Hartgummi und des Holzseparators vereinigen. Als Beispiele erwähnen wir den Separator der Willard Storage Battery Comp., der durch nach besonderem Verfahren eingepreßte Fasern porös gemacht wird, sowie den Miporseparator der Varta. Beachtlich ist auch der Separator der Firma Schneider, Offenbach, aus Polystyrol, der im Spritzverfahren hergestellt wird. Er stellt ein feines Netzwerk von Polystyrolrippen dar und bedarf, wie der Wellseparator aus Hartgummi oder Igelit, zur Verwendung in der Batterie noch eines dünnen Holzbrettchens.

Eine besonders günstige Lagerung der Platte im Zellengefäß ermöglicht die Verwendung von Gummiringen statt Separatoren bei den Motorradbatterien von Bosch (Bild 165). Da hierbei auch keine Holzbrettchen vorgesehen sind, muß ein großer Plattenabstand gewählt werden, um Schluß durch Hängenbleiben von ausfallenden Masseteilchen zu vermeiden.

Damit der Separator die Aufgabe, Schluß durch ausfallende Masseteilchen zu verhindern, wirklich erfüllen kann, muß er vom Plattenfuß bis dicht unter die Polbrücke reichen. Er muß also länger sein als die eigentliche Platte.

Bild 165.
Gummibänder statt Separatoren
(Robert Bosch G. m. b. H.)

d) Der Batteriekasten

Die mit Separatoren versehenen **Plattensätze** werden in das **Zellengefäß** eingepreßt. Dabei ist sehr wichtig, daß der **Einbaudruck nicht zu klein** ist, denn davon hängt weitgehend die Schüttelfestigkeit der ganzen Batterie ab. Wenn sich der Plattensatz bei Erschütterungen im Kasten bewegen kann, sind gebrochene Plattenfahnen die Folge. Der richtige Druck kann durch Zugabe von Separatoren erzielt werden.

Die **Hauptforderung, die an den Kasten** zu stellen ist, ist die, daß er das Innere der Batterie vollkommen nach außen abdichtet. Dieser Forderung wird nur eine Konstruktion gerecht, bei der der Kasten in einem Stück gepreßt und lediglich nach oben offen ist. Auch die Zellenwände sind gleich mit eingepreßt. Nur bei den großen Lastwagenbatterien wurden bis vor kurzem Einzelzellengefäße verwendet, die in einen Holzkasten eingebaut und durch Vergießen mit Asphaltmasse möglichst schüttelsicher gemacht wurden. Die Normung machte aber auch bei diesen Batterien die Anfertigung einer

Preßform wirtschaftlich, bei der der ganze Batteriekasten aus einem Stück besteht.

Einen Schnitt durch einen Sammler zeigt Bild 166. Auf dem Kastenboden sitzen die Schlammrippen, auf denen die Platten mit ihren Füßen aufstehen. Der durch die Schlammrippen gebildete Schlammraum kann eine gewisse Menge aus den Platten ausgefallener aktiver Masse aufnehmen, bevor es zu einem Kurzschluß zwischen den Platten kommt. Über den Platten befindet sich der Säureraum, der einen Säurevorrat enthält, aus dem während der Entladung Ersatz für die in der

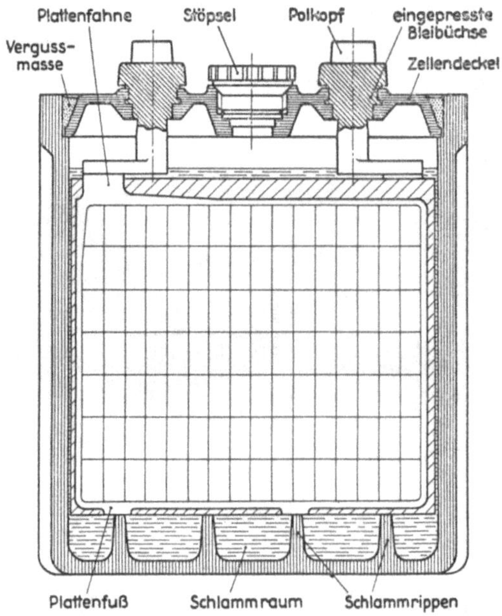

Bild 166.
Schnitt durch eine Zelle einer Kraftfahrzeugbatterie (Bosch)

aktiven Masse gebundene Schwefelsäure nachdiffundieren kann, solange der Vorrat reicht.

Bei der Fahrzeugbatterie hat sich als Kastenwerkstoff nur eine Hartgummimischung durchsetzen können, deren genaues Rezept Herstellergeheimnis ist. Kasten aus Asphalt erwiesen sich als nicht genügend säurefest. Versuche mit Glas, das für ortsfeste Batterien hauptsächlich verwendet wird, scheiterten an der Stoßempfindlichkeit des Glases.

e) Der Zellendeckel

Den Abschluß des Batteriekastens nach oben stellt der Zellendeckel her (s. Bild 166). Die Polköpfe, die mit den Polbrücken in einem Stück gegossen sind, führen durch die Öffnungen des Zellendeckels nach außen. Ein schwieriges Problem bildete früher die Abdichtung der Durchführung gegen den Austritt von Säure. Die Säure hat die Eigenschaft,

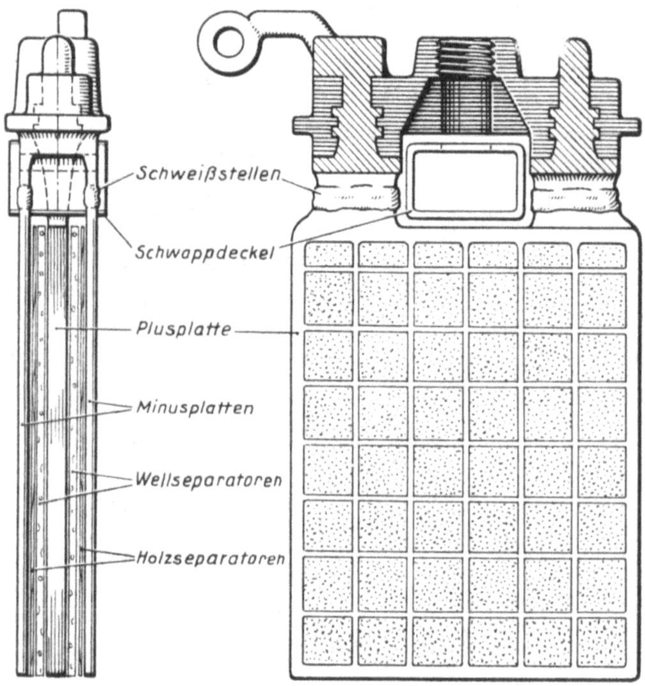

Bild 167. Plattensatz einer Kraftradbatterie (Varta)

auch durch kleinste Undichtheiten hindurch an den Metallteilen entlang zu kriechen. Früher steckte man den Polkopf durch einen Gummiring und verschraubte von oben mit einer Mutter aus Blei. Einen wirklich säuredichten Abschluß erhielt man aber erst, als man dazu überging, in den Zellendeckel eine Büchse aus Blei einzupressen und diese Büchse mit dem Polkopf zu verschweißen.

Einen Schritt weiter geht eine Konstruktion der Varta (Bild 167). Hier ist nicht eine Büchse, sondern die ganze Durchführung in den Zellendeckel eingepreßt. Die Plattenfahnen werden an die Durchführung angeschweißt. Ein Plattensatz entsprechend Bild 163 entsteht bei dieser Konstruktion also nicht. Die Platten werden mit den Bleiteilen des Zellendeckels verschweißt, bevor sie in die Zelle eingeschoben werden, während bei der üblichen Konstruktion erst der Plattensatz in die Zelle geschoben, dann der Zellendeckel darüber gefügt und schließlich verschweißt wird.

Bei der Ausführung eines Zellendeckels für Motorradbatterien der R. Bosch GmbH sind auch die Polbrücken in den Zellendeckel eingepreßt, der für alle 3 Zellen gemeinsam ist (Bild 165). Diese Konstruktion bringt den Vorteil, daß nach oben keine Bleiteile in Erscheinung treten und die Gefahr von Kurzschlüssen dadurch verringert ist.

Gut abgedichtet sein muß die Fuge zwischen Zellendeckel und Kasten. Man erreicht dies durch Vergießen mit einer Asphaltmasse. Um Platz für genügend viel Masse zu schaffen, ist der Zellendeckel abgeschrägt. An die Vergußmasse werden einige Anforderungen gestellt. Sie darf bei der höchsten Gebrauchstemperatur von etwa 60—70° C noch nicht so weich werden, daß sie fließt, z. B. in das Zelleninnere hinein; auf der andern Seite darf sie bei Kälte nicht so spröde werden, daß sie reißt.

Zwischen Zellendeckel und Säurespiegel befindet sich noch ein Luftpolster, das nicht zu klein sein darf, da sonst bei Erschütterungen die Säure gegen die Öffnungen des Zellendeckels gespritzt und durch die austretenden Gase mit nach außen gerissen wird.

f) Der Verschlußstöpsel

Im Zellendeckel ist eine Öffnung nötig, durch die die Säure eingefüllt werden kann. Die Öffnung muß so groß sein, daß durch sie ein Hebersäuremesser zur Kontrolle der Säuredichte gesteckt werden kann. Während der Fahrt muß diese Öffnung durch einen Stöpsel verschlossen sein. Dieser muß Löcher haben, durch die das bei der Ladung entstehende Gas entweichen kann. Man bringt im Innern des Stöpsels noch eine Raumerweiterung an, um die von den Gasen mitgerissene Säure durch Verringerung der Geschwindigkeit der austretenden Gase zum Ablagern und zum Rücklauf in die Zelle zu bringen. Bild 168 zeigt den Schnitt durch solche Stöpsel.

Zum Schutz gegen Heranspritzen der Säure an den Zellenstöpsel werden vielfach Schwappdeckel vor die Zellenöffnung gelegt. Bild 169 zeigt links eine Ausführung der Varta, die beim Zusammenbau der Batterie zwischen die Polköpfe gelegt wird, rechts eine Ausführung von Bosch, die unter den Stöpsel gelegt wird.

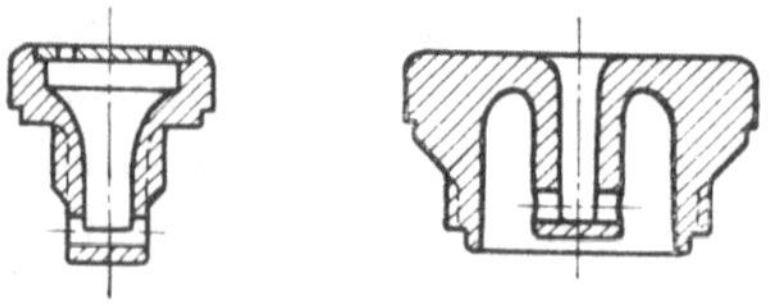

a) Motorradbatterie b) Anlasserbatterie

Bild 168.
Entlüftungsstöpsel im Schnitt

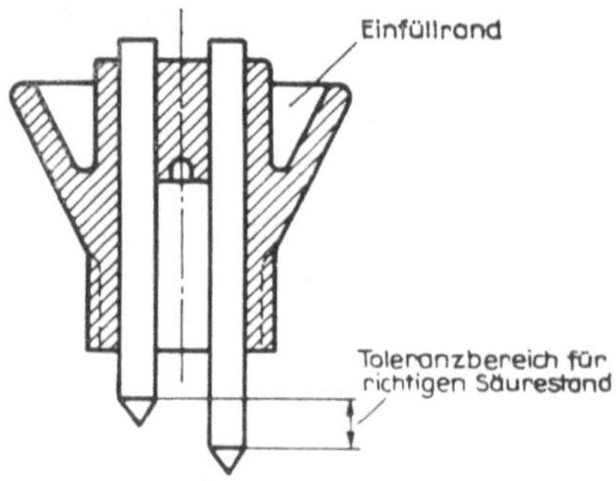

Bild 170.
Stöpsel der Fa. Lucas, England, mit Glasstäben zur Kontrolle des Säurestandes

Wie schon erwähnt, besteht die Gefahr, daß infolge der Gasentwicklung bei der Ladung die Säure zu den Öffnungen des Stöpsels austritt, wenn zu hoch eingefüllt wird. Man hat deshalb schon Stöpsel konstruiert, die eine Überwachung

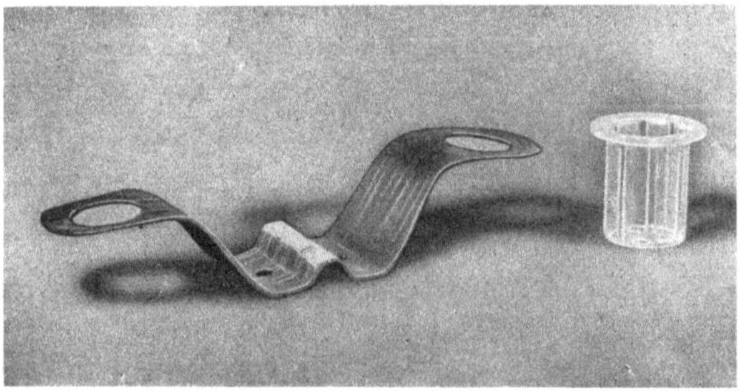

Bild 169. Schwappdeckel, links Ausführung der Varta rechts der Robert Bosch G. m. b. H.

des Säurestandes ermöglichen. Besonders erwähnenswert ist eine Ausführung der Firma Lukas (Bild 170), bei der zwei konisch endende Glasstäbe in das Innere der Zelle eintauchen. Bei Draufsicht erscheint der Glasstab dunkel, dessen Konus in den Säurespiegel eintaucht. Bei richtigem Säurestand erscheint ein Glasstab hell, der andere dunkel.

Die amerikanische Firma Willard versieht ihre Zellendeckel mit zwei Öffnungen (Bild 171). Während der Fahrt verschließt der Zellenstöpsel die Einfüllöffnung in der Mitte des Zellendeckels. Zum Einfüllen von Säure wird er auf die zweite Öff-

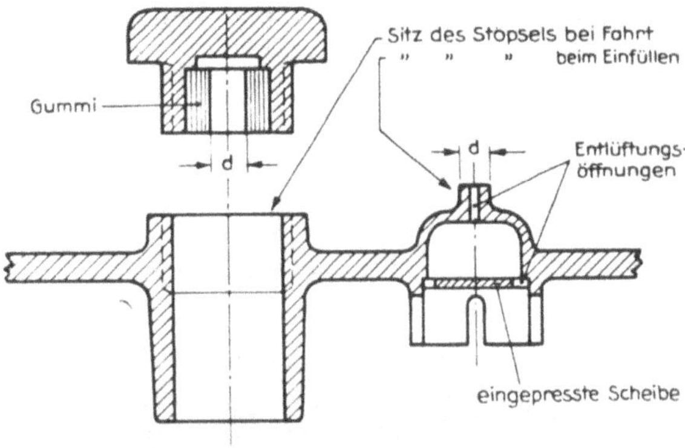

Bild 171.
Zelllendeckel der Wiilard Storage Battery Comp., USA, mit zweiter Öffnung zum Einregeln der Füllsäure auf den richtigen Stand

nung gesetzt. Es kann dann aus folgendem Grunde nur bis zu einer bestimmten Höhe eingefüllt werden: An der Einfüllöffnung ragt ein rohrförmiger Ansatz in die Zelle hinein. Hat der Säurespiegel dessen unteres Ende erreicht, so kann die Luft unter dem Zellendeckel nicht mehr entweichen, weil der umgesetzte

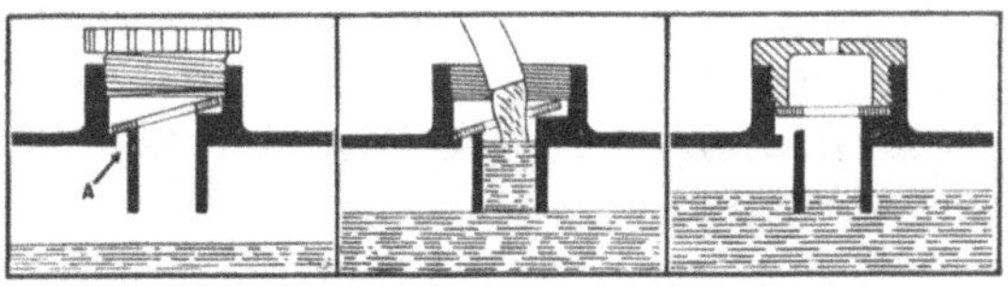

Bild 172. Einfüllvorrichtung von Richardson

Stöpsel die Entlüftungsöffnung verschließt, und die Säure steigt in dem Einfüllrohr bis zum oberen Rand. Daran ist zu erkennen, daß genügend eingefüllt ist. Wird der Stöpsel von der zweiten Öffnung entfernt, so kann die eingeschlossene Luft nach außen entweichen und die in der Einfüllöffnung stehende Säure sinkt ab. Die Entlüftung erfolgt während der Ladung durch die zweite Öffnung.

Es wurden eine ganze Reihe von Konstruktionen für Stöpsel, bzw. Einfüllvorrichtungen bekannt, die nach dem gleichen Prinzip arbeiten wie die eben beschriebene Vorrichtung von Willard und verhindern, daß die Säure zu hoch eingefüllt wird. Herausgegriffen sei die Vorrichtung von Richardson nach Bild 172, bei der ein Bleiring den Luftraum unter dem Zellendeckel abschließt, solange der Stöpsel abgeschraubt ist.

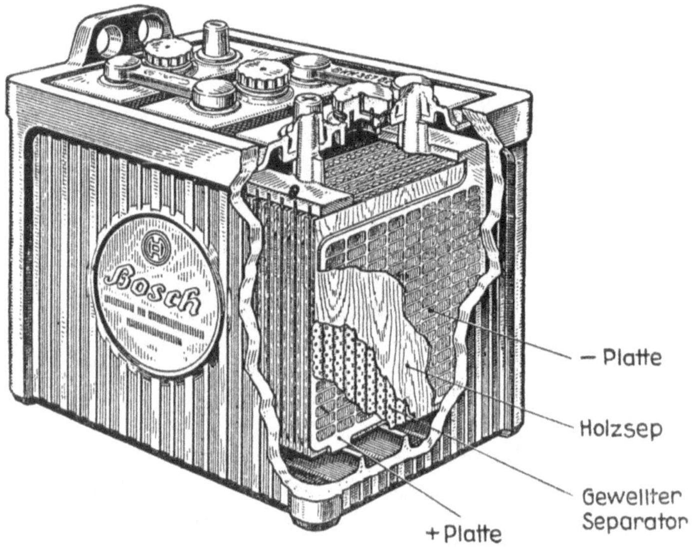

Bild 173. 6 Volt-Blockkastenbatterie

Ein Nachteil dieser automatischen Einfüllvorrichtungen liegt darin, daß bei abgenommenem Stöpsel die beim Laden entstehenden Gase nicht aus der Zelle austreten können, sofern die Säure auf die richtige Höhe eingefüllt ist. Wird in diesem Fall bis zur Gasbildung geladen, so entsteht unter dem Zellendeckel ein Überdruck, der die Füllsäure in der Einfüllöffnung hochdrückt und so viel Säure aus der Zelle austreten läßt, daß der Säurespiegel den unteren Rand der Einfüllöffnung nicht mehr erreicht. Man darf also Batterien, die mit solchen Einfüllvorrichtungen versehen sind, nur laden, wenn der Stöpsel aufgeschraubt ist oder wenn weniger Säure eingefüllt ist als bis zur zulässigen Höhe.

g) Der Zusammenbau der Batterie

Die ineinandergeschachtelten, mit Separatoren versehenen Plattensätze werden in den Kasten gedrückt. Die Polköpfe haben dabei noch eine längliche Form und kleinere Durchmesser als in der fertigen Batterie. Über diese Polköpfe wird der Zellendeckel

a)

b)

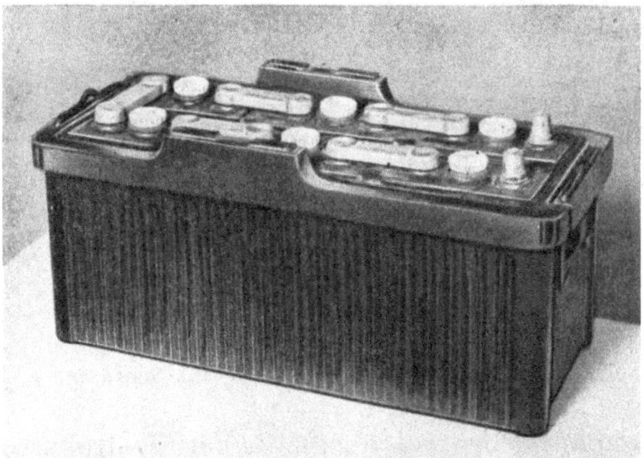

Bild 174. Anordnung der Zellen zur Batterie
a) Ausführung für 6 Volt b) Ausführung für 12 Volt

geschoben. Dann werden die Verbindungsbrücken, die die Polköpfe von Zelle zu Zelle miteinander verbinden, über die Polköpfe auf die Zellendeckel aufgesetzt. Nunmehr wird mit Hilfe besonderer Gießformen unter Zugabe von Blei der Polkopf geschmolzen, so daß er mit den Bleibüchsen, die in die Zellendeckel eingepreßt sind, und mit den Verbindungsbrücken verschweißt.

An den Anschlüssen der Batterie sind keine Verbindungsbrücken; dort erhält der Polkopf eine konische Form, die das Anklemmen der Kabelanschlüsse ermöglicht. Bild 173 zeigt einen Schnitt durch eine zusammengebaute Batterie.

Alle Versuche, wenigstens für die äußeren Verbindungsteile anderes Metall als Blei zu verwenden, schlugen fehl. Weder verbleites Metall noch in die Vergußmasse eingegossenes Metall ist brauchbar; stets findet die Säure einen Weg dahin. Die Folge sind Zerfressungen, äußerlich erkennbar an starken Ausblühungen, von denen besonders auch die Anschlußklemmen

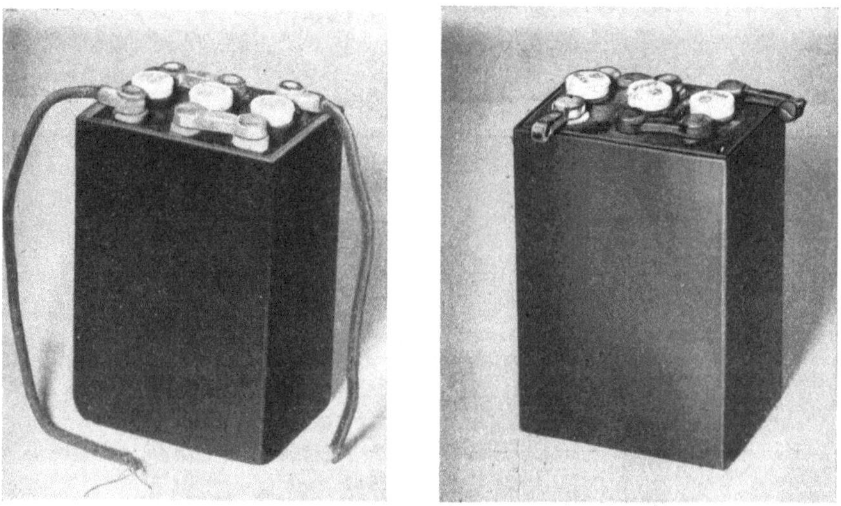

a) b)

Bild 175. Anschlußarten bei Motorradbatterien
a) mit eingegossenen Gummikabeln b) mit Schraubanschlüssen

nicht verschont bleiben. Auch z. B. die bei Elektrokarren übliche Konstruktion der Polköpfe mit eingepreßter Messingmutter hat sich im Fahrzeugsammler nicht bewährt.

Die Zellen werden bei 6 V-Batterien so im Kasten angeordnet, daß die beiden freien Anschlüsse in der Diagonale stehen (Bild 174 a). Bei 12 V-Batterien ist es vielfach üblich, nach Bild 174 b anzuordnen; diese Anordnung bietet den Vorteil, daß die Anschlüsse beieinander sind. Sie wird besonders bei großen Batterien gern angewendet.

Bei Motorradbatterien pflegte man früher statt der

konischen Anschlußpolköpfe eingegossene Anschlußkabel zu verwenden (Bild 175 a). Das Blei des Polkopfes umfaßte noch die ebenfalls säurefeste Gummi-Isolation des Kabels. Diese Konstruktion hat sich gut bewährt. Sie wurde während des Krieges verlassen zugunsten der Ausführung mit Schraubanschlüssen (Bild 175 b), als Gummi für die Isolation der Kabel nicht mehr zur Verfügung gestellt werden konnte. Da die vorstehenden Anschlüsse im Rad häufig stören, ist man neuerdings bestrebt, die Anschlußschrauben durch Bohrungen in den Polköpfen selbst zu stecken. Die Schrauben und Muttern sind dadurch freilich der Korrosion durch die Säuredämpfe noch mehr ausgesetzt als bisher schon.

6. Die alkalische Batterie

Aus unseren Betrachtungen ergibt sich, daß der Bleisammler eine Reihe grundsätzlicher Mängel hat. Im Kraftfahrzeug macht sich vor allem sein großes Gewicht und die Empfindlichkeit gegen unsachgemäße Behandlung unangenehm bemerkbar. Diese Mängel traten aber schon vor Einführung des Sammlers in den Kraftfahrzeugbetrieb auch auf anderen Verwendungsgebieten hervor, und man sucht daher schon seit langem nach günstigeren Vorrichtungen zur Aufspeicherung elektrischer Energie. Praktische Verwendung haben neben den Bleisammlern bisher nur die sogenannten alkalischen Sammler gewonnen, die vor allem durch Edison in Amerika als Nickel-Eisen-Batterie und durch Jungner in Schweden als Nickel-Kadmium-Batterie ausgebildet wurden.

a) Die chemischen Vorgänge

Die beiden Arten unterscheiden sich im wesentlichen nur durch die wirksame Masse der negativen Elektroden. Beim Edison-Sammler enthalten diese in geladenem Zustand hauptsächlich Eisen in fein verteilter Form und beim Jungner-Sammler Eisen und Kadmium, ebenfalls in feiner Verteilung. Die wirksame Masse der geladenen positiven Elektroden besteht bei beiden Arten aus Nickelsuperoxyd. Als Elektrolyt dient Kalilauge. Da es zu weit führen würde, wenn wir die ziemlich verwickelten Vorgänge bei Ladung und Entladung derartiger Zellen hier wiedergeben wollten, begnügen wir uns mit einer vereinfachten Darstellung.[1]) Bei der Herstellung wird die Eisenelektrode mit einem Gemisch von Eisen, das durch Reduktion von feinstverteiltem Eisenoxyd gewonnen wird, und etwas Quecksilberoxyd oder einem durch Elektrolyse hergestellten Gemisch von Eisen und Kadmium gefüllt, während die wirksame Masse der Nickelelektroden als gefälltes, grünes Nickelhydroxyd eingebracht wird, dem zur Verbesserung der ziemlich geringen Leitfähigkeit Graphit oder wohl besser Nickelflitterchen beigemengt werden. Die fertigen Zellen werden dann durch elektrischen Strom formiert, d. h. es werden die in der Eisenelektrode noch vorhandenen Oxyde elektrolytisch zu Eisen und Quecksilber reduziert und das Nickelhydroxyd zu Nickelsuperoxyd oxydiert. Bei der Entladung werden das Eisen und Kadmium sowie das Nickelsuperoxyd in Hydroxyde umgewandelt. Das Quecksilber sowie das häufig der Kalilauge in geringen Mengen zugesetzte Lithiumhydroxyd spielen bei diesen Vorgängen nur eine sekundäre Rolle.

Wichtig ist für die Beurteilung des alkalischen Sammlers, daß im Gegensatz zu der Schwefelsäure des Bleisammlers die Menge des Kaliumhydroxyds im Elektrolyten nicht verändert wird. Es nimmt vielmehr an den stromliefernden Vorgängen nur dadurch teil, daß es den Übergang der Jonen (Hydroxylgruppen) von der Anode zur Kathode vermittelt. Bei der Bildung dieser Hydroxylgruppen wird aber das Wasser des Elektrolyten in Anspruch genommen, so daß dieser bei der Entladung etwas mehr gesättigt, bei der Ladung dagegen wieder verdünnt wird. Für den praktischen Gebrauch sind diese Veränderungen aber unwesentlich; sie wirken sich auch nicht wie beim Bleisammler in merklichen Veränderungen der elektromotorischen Kraft des Sammlers aus. Infolgedessen ist die Kapazität des alkalischen Sammlers erheblich weniger von der Stärke des Entladestroms abhängig als beim Bleisammler. Auch kann der Ladezustand nicht an der Konzentration der Lauge erkannt werden.

Bei der Ladung des alkalischen Sammlers ist die beträchtliche Entwicklung von Wasserstoff und

[1]) Näheres siehe in Vinal, Storage Batteries, New York 1947 — Fr. Foerster, Elektrochemie wässriger Lösungen. Leipzig 1922 S. 265 — R. Graetz, Handbuch der Elektrizität und des Magnetismus, Bd. II. Stationäre Ströme, Leipzig 1921, S. 721.

Sauerstoff zu beachten, die den Ladestromverbrauch erheblich erhöht und häufiges Nachfüllen von destilliertem Wasser erforderlich macht. Etwa einmal jährlich ist der gesamte Elektrolyt zu erneuern.

b) Die Konstruktion

Der hervorstechendste Vorteil des alkalischen Sammlers (Bild 176) gegenüber dem Bleisammler ist seine große mechanische Festigkeit. Diese wird dadurch erreicht, daß bis auf die wirksame Masse zum Aufbau nur vernickeltes Stahlblech und Hartgummi verwendet wird. Die aktive Masse wird in Taschen oder Röhren aus fein durchlöchertem Stahlblech gefüllt (Bild 177), und diese werden dann unter hohem Druck fest in einen Rahmen aus dem gleichen Werkstoff gepreßt, so daß eine äußerst widerstandsfähige Platte entsteht (Bild 178). Die Durchlöcherung der

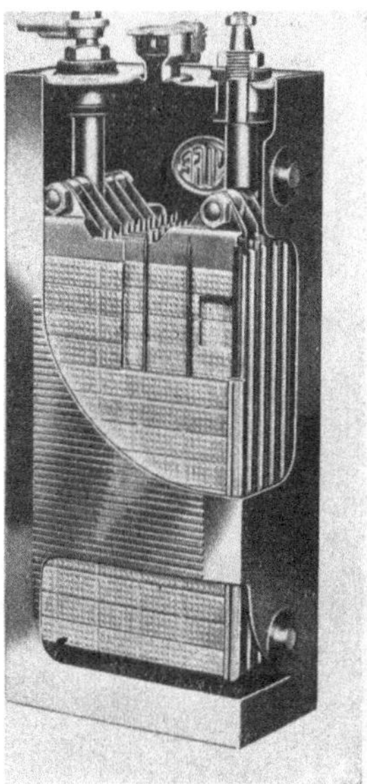

Bild 176. Zelle aus einer Nickel-Eisen-Kadmium-Batterie der Svenska Ackumulator Aktiebolaget Jungner, Stockholm („Nife“)

Taschen oder Röhren ist so fein, daß die eingeschlossene Masse nicht ausfallen und darum der Sammler nicht verschlammen

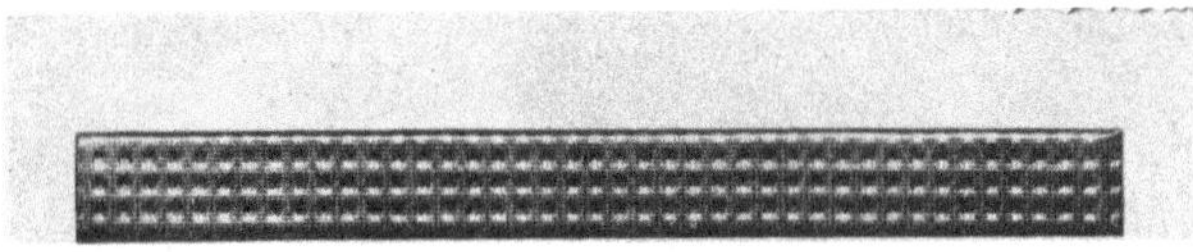

Bild 177. Nife-Elektrodenstreifen

kann. Mehrere Platten gleicher Polarität werden in geeigneten Abständen auf einem Stahlbolzen fest miteinander verschraubt und zwei solche Plattenreihen von verschiedener Polarität zu einem Plattensatz ineinander geschoben (Bild 179). Der ziemlich kleine Abstand zwischen den Platten verschiedener Polarität wird dabei durch eingeschobene Hartgummistäbe gewahrt. Bei anderen Bauarten werden die Platten auch an den Seiten noch in Einschnitten von Hartgummirahmen gehalten. Der geringe Elektrolytraum ist beim alkalischen Sammler nicht von Nachteil, weil die Lauge, wie oben dargelegt, nur vermittelnd an den Umsetzungen teilnimmt. Nur macht sich der verhältnismäßig starke Wasserverbrauch dieser Zellen dadurch etwas mehr bemerkbar. Der Plattensatz wird fest in das aus vernickeltem Stahlblech

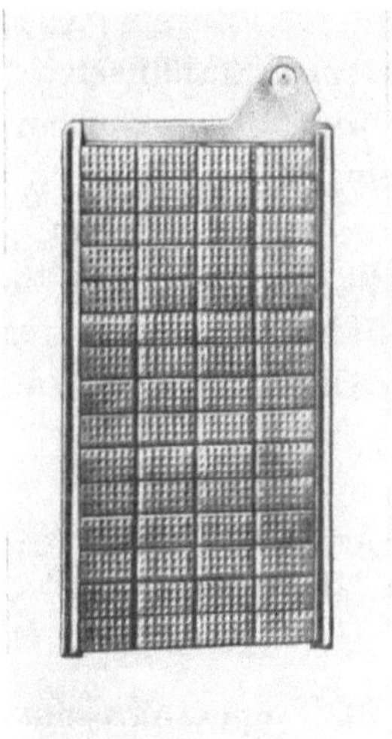

Bild 178.
Nife-Elektrodenplatte

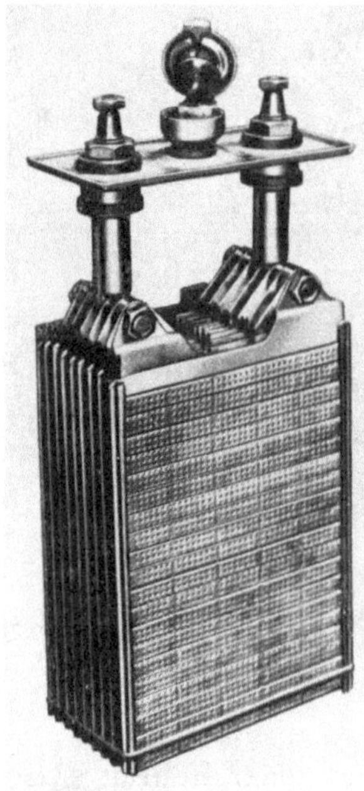

Bild 179.
Nife-Plattensatz

hergestellte Gehäuse eingepaßt, gegen das er wieder durch Hartgummi isoliert wird. Der mit zwei Durchbohrungen für die Stromzuführungen (Polköpfe) und einer Einfüllöffnung für die Lauge versehene Deckel des Gefäßes wird aufgeschweißt. Die Polköpfe werden durch Verschrauben unter Zwischenlage von Hart- und Weichgummi abgedichtet und die Einfüllöffnung durch einen festsitzenden Stöpsel mit Ventil, das den beim Laden frei werdenden Gasen Austritt gewährt, verschlossen. Die so geschaffenen Zellen werden nach Bedarf in Holzgestellen, in denen sie voneinander isoliert aufgehängt werden, zu Batterien vereinigt.

c) Die elektrischen Eigenschaften

Nicht nur in mechanischer, sondern auch in elektrischer Beziehung ist die alkalische Batterie viel weniger empfindlich als die Bleibatterie. Man kann sie mit schwachen Strömen langsam, aber auch mit starken Strömen sehr schnell aufladen, ohne daß sie Schaden nimmt. Weiter kann man sie ohne weiteres monatelang ohne Aufladung stehen lassen und dann nach Belieben nach gehöriger Ladung wieder in Gebrauch nehmen, ohne daß die Kapazität

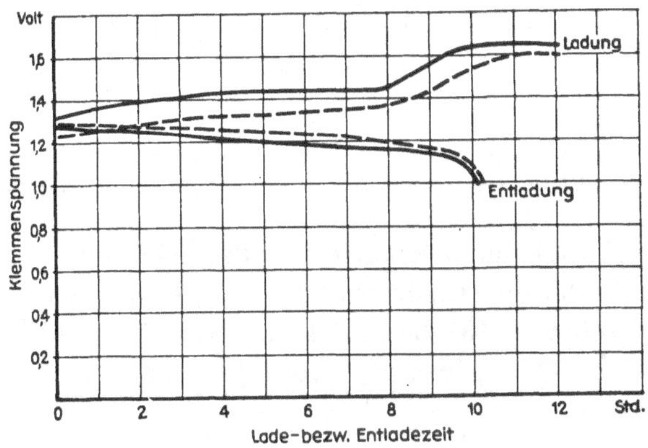

Bild 180. Spannung einer alkalischen Batterie (Nife KV 14 H) bei Ladung und Entladung mit gleichbleibendem Strom (14 A). Zum Vergleich ist gestrichelt der 10. Teil der Spannung einer 6zelligen Bleibatterie mit aufgetragen

nachgelassen hätte. Schädliche Umsetzungen wie die Sulfatierung der Platten in der Bleibatterie treten bei dem alkalischen Sammler nicht auf. Auch eine Entladung mit beliebigen Strömen schadet nichts, ja man kann die Batterie sogar ohne Gefährdung der Platten kurzschließen. Nur soll die Temperatur der Zellen nie über 50° C steigen.

Dies weist uns aber zugleich auf die grundsätzlichen Nachteile der alkalischen Batterie für den Kraftfahrzeugbetrieb hin. Wir dürfen nämlich eine solche Batterie in erster Linie deshalb ohne Schaden kurzschließen, weil der große innere Widerstand die Entstehung von im Verhältnis zur Batteriegröße übermäßig starken Strömen von vornherein verhindert. Gerade der große innere Widerstand wirkt aber bei den hohen, für das Anwerfen erforderlichen Strömen sehr ungünstig auf die Spannungslage. Wählt man alkalische Batterien, die in ihrer Anlaßkapazität der Bleibatterie nahe kommen, so führt dies zu sehr großem Gewicht und Raumbedarf.

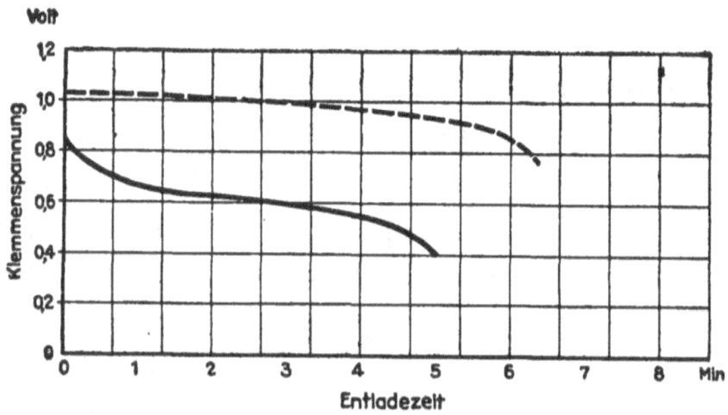

Bild 181. Spannung einer alkalischen Batterie (Nife KV 14 H) bei Hochstromentladung (Entladestrom 420 A = 3 K_{10}). Zum Vergleich ist gestrichelt der 10. Teil der Spannung einer 6zelligen Bleibatterie mit dem Strom I = 3 K_{10} mit aufgetragen

Das Verhalten einer alkalischen Batterie von einer den üblichen Bleibatterien entsprechenden Lichtkapazität wird durch die Bilder 180 und 181 beschrieben. Bild 180 zeigt, daß die al-

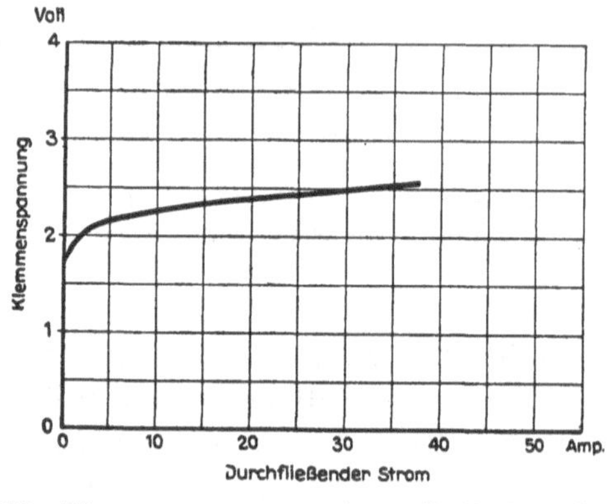

Bild 182. Klemmenspannung einer alkalischen Gegenzelle abhängig vom Strom

kalische Batterie bei Entladung mit normalem Strom nur eine mittlere Spannung von 1,2 V/Zelle hat, so daß für eine Nennspannung von 12 V 10 Zellen erforderlich sind. Bild 180 zeigt weiter, daß bei der Ladung diese 10 Zellen eine nennenswert höhere Spannung erfordern als eine 6zellige Bleibatterie. Infolgedessen muß die Lichtmaschine eine höhere Spannung liefern, wenn in dem Fahrzeug eine alkalische Batterie eingebaut ist. Dies ist wiederum für die mit Glühlampen ausgerüsteten Verbraucher unangenehm, da durch die höhere Spannung die Lebensdauer der Lampen stark absinkt. Man hat deshalb auch schon 9zellige alkalische Batterien in 12 V-Anlagen verwendet und der Lichtmaschine die gleiche Spannung gegeben wie für die 6zelligen Bleibatterien. Wenn die Batterie zum Anlassen nicht benötigt wird, ist dies auch eine befriedigende Lösung. Sobald aber mit der Batterie angelassen werden soll, ist die 9zellige alkalische Batterie von Nachteil, da die Zuverlässigkeit des Anlassens durch die niedrigere Klemmenspannung bei Entladung gefährdet ist.

Ein guter Ausweg aus der Schwierigkeit mit der Ladespannung ist die Verwendung eines Spannungsverbrauchers, der bei Ladung vor die Lampen geschaltet wird. Bei Stillstand des Fahrzeugs wird er kurzgeschlossen. Letzteres kann selbsttätig geschehen durch den Rückstromschalter, der zwischen Lichtmaschine und Batterie eingeschaltet ist. Ein solcher Spannungsverbraucher steht z. B. in der alkalischen Gegenzelle zur Verfügung.[1])

Diese ist eine alkalische Zelle ohne Kapazität. Bei Stromdurchgang tritt an ihren Klemmen ziemlich unabhängig vom Strom eine Spannung von 2,5 V auf (Bild 182), so daß die Spannung an den Verbrauchern um 2,5 V, oder bei Verwendung mehrerer Zellen um ein Mehrfaches von 2,5 V niedriger ist als die Ladespannung. In Anlagen, in denen Teillast nicht vorkommt, sondern die gesamte Belastung gleichzeitig ein- und wieder ausgeschaltet wird, wie es beim Kraftfahrzeug meist der Fall ist, kann man statt der teueren Gegenzelle auch einen ohmschen Widerstand vorsehen, der die Netzspannung um den gewünschten Betrag herabsetzt auf die Spannung der Glühlampe.[2])

Bild 181 zeigt die Klemmenspannung einer alkalischen Batterie bei Hochstromentladung (s. Abschn. 4 b, Seite 210). Man sieht, daß — wie oben schon ausgeführt — bei der Entnahme hoher Ströme die alkalische Batterie bedeutend schlechter abschneidet als die Bleibatterie. Darin liegt mit ein

[1]) DRP 538 306 und 574 673 der DEAC.

[2]) Vgl. auch Abschnitt III, 4 b, Seite 154.

Grund, daß sich die alkalische Batterie trotz ihrer großen Vorzüge bisher nur in ganz geringem Umfang beim Kraftfahrzeug einführen konnte.

Wesentlich schlechter als beim Bleisammler ist beim alkalischen Sammler auch der Nutzeffekt, d. h. das Verhältnis der abgegebenen zu der aufgenommenen Energie. Während man beim sorgsam behandelten Bleisammler mit einem Amperestundenwirkungsgrad, d. h. einem Verhältnis der abgegebenen zu den aufgenommenen Amperestunden, von 95%, und einem Wattstundenwirkungsgrad, d. h. einem Verhältnis der abgegebenen zu der aufgenommenen Wattstundenzahl, von 70% rechnen kann, kommt man beim Nickel-Eisen-Sammler nach Foerster auf einen Amperestundenwirkungsgrad von etwa 72% und auf einen Wattstundenwirkungsgrad von etwa 53%, beim Nickel-Kadmiumsammler auf einen Amperestundenwirkungsgrad von etwa 75% und auf einen Wattstundenwirkungsgrad von etwa 57%.

d) Die Entscheidung zwischen alkalischer Batterie und Bleibatterie

Für die Entscheidung der Frage, ob für einen bestimmten Fall die alkalische Batterie oder die Bleibatterie günstiger ist, spielen weder Ah- noch Wh-Wirkungsgrad eine Rolle. Hierzu ist vielmehr insbesondere die Frage nach Gewicht und Raumbedarf zu beachten. Weil, wie Bild 181 zeigt, die Klemmenspannung bei Belastung mit hohen Strömen viel kleiner ist als beim Bleisammler, muß man bei der alkalischen Batterie die 10stündige Kapazität um etwa 50% höher wählen als bei der Bleibatterie, um auf die gleiche durchschnittliche Anlaßleistung zu kommen. Dadurch kommt man zu merklich höherem Gewicht und vor allem zu bedeutend größerem Raumbedarf als bei der Bleibatterie.

Auch der Preis einer alkalischen Batterie ist ein mehrfaches von dem einer Bleibatterie gleicher elektrischer Leistungsfähigkeit. Allerdings ist dabei zu beachten, daß die Lebensdauer der ersteren schon bei ruhigem Betrieb größer ist als die der letzteren, bei rauhem Betrieb aber auf das Vier- bis Fünffache und höher steigen kann.

Insgesamt ergibt sich, daß die alkalische Batterie zwar widerstandsfähiger als die Bleibatterie gegen rauhe mechanische und elektrische Behandlung, in Bezug auf Arbeitsweise und Leistungsfähigkeit aber im Kraftfahrzeugbetrieb noch kein voller Ersatz für die Bleibatterie ist. Das hindert aber nicht, daß sie in rauhen Betrieben, z. B. in Omnibussen, bei denen genügend Raum zur Verfügung steht und auch die Anlaßleistung hinter der Lichtleistung zurücktritt, oder in schweren Lastwagen, bei denen die mechanischen Beanspruchungen besonders groß sind und ebenfalls genügend Raum für eine große Batterie geschaffen werden kann, mit Vorteil verwendet wird und hier die Bleibatterie mehr und mehr verdrängt.

7. Der Einbau der Batterie

Die Unterbringung der Batterie im Kraftfahrzeug erfordert besondere Beachtung. Man kann durch die Art des Einbaus wesentlich zur Schonung der Batterie und zur Betriebssicherheit der ganzen Anlage beitragen. Zuerst ist die Wahl des richtigen Ortes für die Unterbringung von Wichtigkeit. Die Batterie soll leicht zugänglich und gegen mechanische Beschädigungen und Witterungseinflüsse geschützt sein. Sie soll vor allem den schädlichen Einflüssen sehr hoher und niederer Temperaturen sowie starken Erschütterungen entzogen sein und endlich in der Nähe des Anlassers liegen, damit das starke Kabel zwischen Batterie und Anlasser möglichst kurz wird.

Die heutigen Bauarten der Batterie, deren Zellen in festen Blockkästen vereinigt sind, bedürfen keines besonderen Schutzgehäuses, sondern können mit Hilfe geeigneter Trag- und Befestigungsvorrichtungen unmittelbar in das Fahrzeug eingebaut werden. Allerdings ist es häufig zweckmäßig, bei Motorradbatterien unerläßlich, einen Batteriedeckel vorzusehen, damit schädliche Nebenschlüsse an den Polköpfen infolge von Verschmutzung und Kurzschlüsse durch Metallteile vermieden werden.

Die Befestigung der Batterie muß so beschaffen sein, daß Eigenbewegungen völlig ausgeschlossen sind. Sie erfolgt zumeist durch Verschraubung oder durch Spannband.

Beim Einbau der Batterie in einen geschlossenen Raum ist für genügende Lüftung dieses Raumes zu sorgen. Einmal werden dadurch die durch das Gasen der Batterie entstehenden stark explosiven Gase abgeführt; dann aber wird auch eine Zerstörung der nicht aus Blei bestehenden Metallteile durch Säure vermieden. Wenn auch durch geeignete Stöpsel dafür gesorgt wird, daß Säure weder aus der Batterie herausspritzen noch von den entweichenden Gasen in flüssiger Form mitgerissen werden kann, so ist doch ein Entweichen von allerdings recht geringen Säuremengen in Nebelform nicht zu verhindern. Bei ungenügender Lüftung des Behälters schlagen sich diese Nebel

Bild 183. Einbau der Batterie unter dem Sitz bei einem Personenwagen (Mercedes 1,7 l)

nieder und bewirken ein starkes Rosten aller Eisenteile. Dieser schädliche Vorgang wird schon durch geringe Entlüftung behoben, und zwar bringt man die Öffnung möglichst nahe am Boden des Batterieraumes an, damit etwa eindringendes oder niedergeschlagenes Wasser abfließen kann. Auch sind die Säurenebel schwerer als Luft und sinken deshalb nach unten.

a) Kraftwagenbatterie

Als die Batterie begann, sich einen Platz im Kraftfahrzeug zu erobern, wurde sie meist auf dem Trittbrett eingebaut. Dort ist sie an sich gut zugänglich, jedoch war ein besonderer Schutz gegen mechanische Beschädigungen nötig. Zu diesem Zweck umgab man sie gern mit einem Gehäuse aus Holz oder Metall. Da sie von diesem Gehäuse nach allen Seiten geschützt werden mußte, wurde es trotz der guten Zugänglichkeit umständlich, an die Zellenöffnungen zu gelangen. Dadurch wurde die Wartung erschwert; außerdem war die Lüftung schlecht.

Etwas günstiger ist der spätere Einbau unter einem Sitz, wozu sowohl einer der Vordersitze als auch einer der

Bild 184. Einbau der Batterie unter dem Sitz bei einem Lastwagen (Saurer 4,5 to)

Hintersitze gewählt zu werden pflegte. Ein Beispiel zeigt Bild 183 für einen Personenwagen und Bild 184 für einen Lastwagen. Die Lüftung ist bei diesem Einbau gut, zu wünschen übrig läßt aber der Schutz gegen mechanische Beschädigungen durch fliegende Steine, und ganz schlecht ist der Einbau im Hinblick auf die Wartung. Viele Fahrer wissen noch nicht einmal, wo ihre Batterie überhaupt sitzt.

Der Zwang, Kupfer zu sparen, führte in den Jahren vor dem Krieg zum Einbau unter der Motorhaube (Bild 185). Da für den Spannungsabfall von der Batterie zum Anlasser nur ein bestimmter Wert zugelassen werden kann, bedeutete nicht nur die durch den Einbau unter der Motorhaube sich ergebende Verkürzung des dicken Anlasserkabels eine Ersparnis an Kupfer, sondern gleichzeitig konnte auch der Querschnitt verringert werden, ohne daß der zugelassene Spannungsabfall überschritten wurde. Voraussetzung für den Einbau unter der Motorhaube war allerdings, daß man für die Batterie eine höhere Betriebstemperatur zuließ, als die früher üblichen 45° C, die von der stationären Batterie übernommen waren. Selbstverständlich erfordert in dieser Hinsicht der Einbau unter der Haube besondere Vorsicht. Es wäre verderblich, die Batterie zu nahe an den

Bild 185. Einbau der Batterie unter der Motorhaube bei einem Personenwagen (BMW 2 l)

heißen Motor zu setzen. Gegenüber dem Einbau unter dem Sitz ist unter der Motorhaube die Zugänglichkeit günstiger und außerdem die Lüftung besser.

Günstig ist der Einbau unter der Motorhaube auch im Hinblick auf das Anlassen. Nach den Kurven von Bild 157 sinkt die Klemmenspannung der Batterie mit abnehmender Temperatur stark ab. Das Anlassen wird deshalb umso schwieriger, je kälter die Batterie ist. Um leichtes Anlassen zu erreichen, muß man unter anderem darnach trachten, die Batterie warm zu halten. Gegenüber dem Einbau unter dem Sitz wird die Batterie unter der Motorhaube wenigstens während der Fahrt auf-

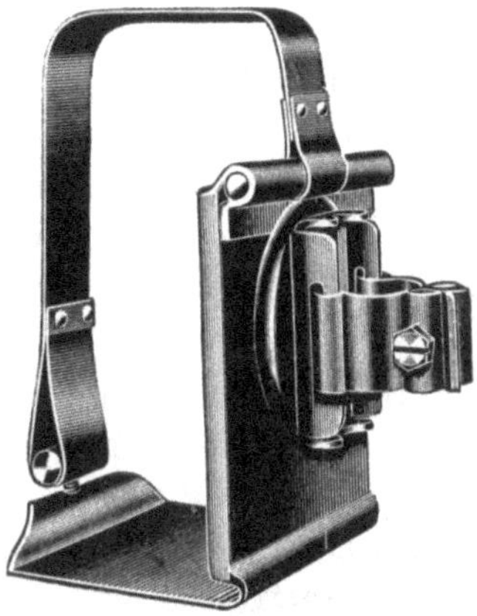

Bild 186.
Spannband zur Befestigung von Motorradbatterien

gewärmt und bleibt nach Stillstand des Fahrzeugs noch für einige Zeit wärmer. Bei langer Standzeit allerdings kühlt sie sich unter der Motorhaube ebenso ab wie unter dem Sitz. Aber immerhin bedeutet für einige Zeit nach Stillstand des Fahrzeugs der Einbau unter der Haube eine Erleichterung für das Anlassen.

b) Kraftradbatterie

Beim Kraftrad hat sich allgemein die Spannbandbefestigung durchgesetzt (Bild 186). Bild 187 zeigt ein Beispiel, bei dem die Batterie am Fahrgestellrahmen untergebracht ist. Von Vorteil ist es, die Batterie in die Nähe des Schwerpunktes des Motorrades zu setzen, weil dort die Erschütterungen am

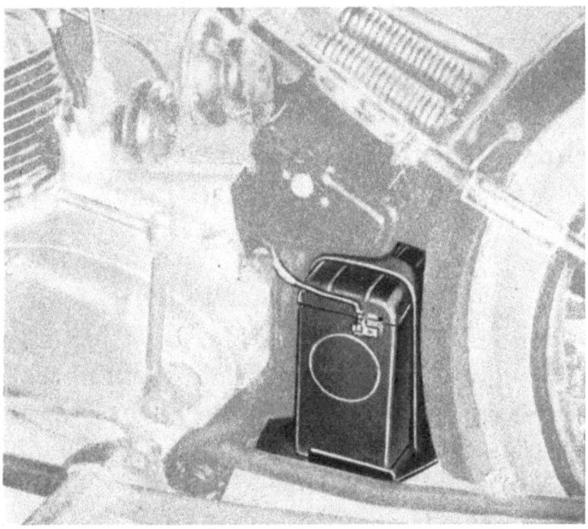

Bild 187.
Einbau einer Motorradbatterie (DKW RT 125)

geringsten sind. Gerade bei der Motorradbatterie hören die Anstände mit durch die heftigen Erschütterungen gebrochenen Bleiteilen nie ganz auf.

c) Anschlußkabel

Wichtig ist bei den größeren Batterien, daß das schwere Anlasserkabel so an der Karosserie befestigt wird, daß der Batteriepolkopf davon ganz entlastet ist. Die Schwingungen, die das Kabel bei Erschütterungen ausführt, lockern andernfalls den Polkopf im Zellendeckel mit der Folge, daß die Abdichtung schlecht wird.

Vielumstritten war lange Zeit die Frage, ob der Plus- oder der Minuspol der Batterie an Masse angeschlossen werden soll. Die Befürworter des Anschlusses des Pluspols an Masse begründeten ihre Ansicht mit der Behauptung, daß bei Plus an Masse die Kabelanschlüsse weniger zerfressen würden. Sie hatten recht, solange die Batterien in Blechkästen eingebaut wurden. Die Kriechströme auf der Oberfläche der Batterie nämlich, die von Plus nach Minus fließen, treiben den Säurerest des zersetzten Säuremoleküls nach dem Pluspol; dort treten deshalb die Anfressungen und Ausblühungen viel stärker auf als am Minuspol. Wenn also bei einer Batterie im Blechkasten der Pluspol an Masse war, konnten die Kriechströme auch an den Blechkasten abfließen. Der Blechkasten nahm deshalb einen Teil der Zerstörungen auf sich, die sonst am Pluspol aufgetreten wären. Bei Batterien der heutigen Ausführung aber ist es ganz gleichgültig, ob der Plus- oder der Minuspol an Masse angeschlossen wird. In der deutschen Norm ist der Einheitlichkeit wegen Anschluß des Minuspols an Masse vorgeschrieben.

8. Die Wartung der Batterie

Die Lebensdauer der Batterie hängt zu einem großen Teil ab von der Pflege, die ihr der Fahrer angedeihen läßt. Meist ist es aber leider so, daß der Fahrer kaum weiß, wo die Batterie sitzt, geschweige denn, daß er einmal nachprüft, ob genügend Säure in der Batterie vorhanden ist oder ob die Säuredichte stimmt. Eine in regelmäßigen Abständen vorzunehmende Prüfung der Batterie auf Säurestand, Säuredichte, Beschaffenheit der Kabelanschlüsse usw. ist aber unentbehrlich. Säurestand und Säuredichte sollten durchweg nur durch Nachfüllen von destilliertem Wasser ausgeglichen werden.

Nachfüllen von Säure ist sehr selten nötig, denn merkliche Säureverluste können nur bei mangelhaften Abdichtungen und zerbrochenen Gefäßen auftreten. Nur beim ersten Füllen muß auch Säure eingefüllt werden. Aber nicht Säure der Dichte 1,285, die im vollen Ladezustand in der Batterie vorhanden sein muß, sondern solche von höherer Dichte. Ein Teil der Säure wird nämlich gleich beim Füllen von der aktiven Masse gebunden. Meist werden die Batterien ungefüllt und geladen geliefert. Es ist dann nach dem ersten Füllen eine nur wenige Stunden dauernde Nachladung mit geringem Strom erforderlich, um die Batterie auf volle Kapazität zu bringen. Zur Not kann aber auf diese Nachladung auch verzichtet und gleich losgefahren werden. Bedingung ist aber in letzterem Fall, daß dabei die Batterie durch die Lichtmaschine auch wirklich ausreichend

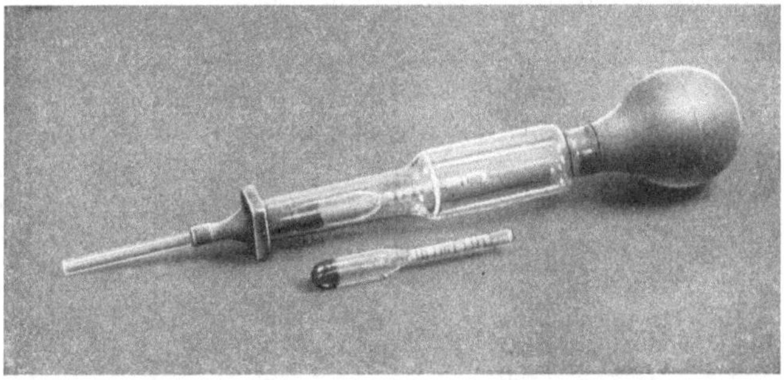

Bild 188. Hebersäuremesser

geladen wird und nicht nach einer kurzen Fahrt tagelang unbenützt im Wagen steht.

Wird die Batterie unmittelbar nach der Ladung vom Netz getrennt, so ist zu beachten, daß gegen Ende der Ladung in den Zellen Knallgas entsteht. Auch über den Zellendeckeln kann es sich in solcher Menge befinden, daß es zu einer Explosion kommt, sobald ein Funke auftritt. Die Explosion setzt sich durch die Zellenöffnungen in das Innere der Zelle hinein fort. Die Folge ist, daß der Zellendeckel zusammen mit einem Teil der Säure hochgeschleudert wird. Dieser Fall tritt in der Praxis gar nicht selten ein dadurch, daß die Ladung beendet wird, indem einfach die Anschlußkabel von den Polen abgerissen werden, oder daß der Ausschalter zu nahe bei der Batterie sich befindet. Meist steht dabei der Bedienende noch unmittelbar vor der Batterie, so daß ihm die Säure in Gesicht und Augen spritzt. Es ist deshalb unbedingt darauf zu achten, daß **vor Lösen der Anschlußkabel der Strom ausgeschaltet wird**, und daß die **Batterie nicht in der Nähe des Schalters steht.**

Die **Säuredichte** wird mit „Hebersäuremessern" nachgeprüft, deren allgemeiner Aufbau aus Bild 188 hervorgeht. Mit diesen wird durch die Saugwirkung des zusammengedrückten und wieder losgelassenen Gummiballs Füllsäure aus der Zelle in ein Glasrohr gehoben, in dem sich ein Aräometer befindet, das in bekannter Weise die Dichte der Säure anzeigt. Die Säure soll bei geladener Batterie eine Dichte von 1,285 haben. Früher wurde die Dichte der Säure vielfach nach Baumégraden gemessen. Es ist daher in Bild 189 eine Tafel für die Umrechnung von Baumégraden in die Dichte beigefügt.

Baumé	Dichte	Baumé	Dichte
0°	1,000	18°	1,143
1°	1,007	19°	1,152
2°	1,014	20°	1,161
3°	1,021	21°	1,171
4°	1,028	22°	1,180
5°	1,036	23°	1,190
6°	1,043	24°	1,200
7°	1,051	25°	1,210
8°	1,058	26°	1,220
9°	1,067	27°	1,230
10°	1,074	28°	1,241
11°	1,082	29°	1,252
12°	1,091	30°	1,263
13°	1,099	31°	1,274
14°	1,107	32°	1,285
15°	1,116	33°	1,297
16°	1.125	34°	1,308
17°	1,134	35°	1,320

Bild 189. Tafel zur Umrechnung von Baumé-Graden in Dichte bei 15° C.

$$\text{Dichte } d = \frac{144{,}3}{144{,}3 - B}.$$

Bei dem in der Säuremeßspritze schwimmenden Aräometer ist zu beachten, daß es bei völlig glatter Ausführung durch Kapillarerscheinungen an der Wand des Heberohres kleben und falsch zeigen kann. Man versieht daher meist das Aräometer mit Warzen, die eine enge Berührung mit dem Heberohr verhindern. Um das leicht zu Irrtümern führende Ablesen von

Zahlen zu vermeiden, ersetzt man häufig das Aräometer durch drei kleine Schwimmer von verschiedener Dichte. Schwimmen drei von diesen oben, so ist die Säure zu dicht, sinkt eines unter, so ist die Säure richtig, sinken zwei oder alle unter, so ist die Säure zu dünn. Nachteilig ist bei diesen Säuremessern, daß man nur eine Dichte messen kann.

Früher wurden den Batterien Säuremesser und destilliertes Wasser beigegeben. Dies hat sich aber nicht gelohnt, da die wenigsten Fahrer davon Gebrauch machten. So ging denn mehr und mehr die Pflege der Batterie auf besondere Batteriehilfen über.

Sehr zu warnen ist vor der Verwendung von gelegentlich angebotenen geheimnisvollen Verbesserungsmitteln für Kraftfahrzeugbatterien. Diese Mittel haben neben anderen Zusätzen oft einen hohen Gehalt an Schwefelsäure und erhöhen dadurch tatsächlich zunächst die Spannungslage der Batterie, führen also anscheinend eine Verbesserung herbei. Die starke Säure bewirkt aber im Verein mit den zugesetzten Salzen sehr schnell eine erhebliche Schädigung. Zudem wird der Verbraucher dieser Mittel meist stark übervorteilt, denn die Selbstkosten liegen zum größten Teil außerordentlich unter dem Verkaufspreis.[1])

Die Pflege der Anschlußklemmen und Polköpfe erstreckt sich auf gelegentliches sorgfältiges Säubern und Einfetten, damit Anfressen durch ausgespritzte oder sonstwie auf die obere Fläche der Batterie gelangte Säure vermieden wird. Wie ein Polkopf aussehen kann, wenn er nicht beachtet wird, zeigt Bild 190. Wird durch derartige Anfressungen der gute Kontakt des Ladekabels gestört, so wird bei Ladung mit spannungsregelnden Maschinen ein genügendes Aufladen verhindert. Bei stromregelnden Maschinen sucht die Maschine den Widerstand, der sich dem Ladestrom entgegenstellt, durch Spannungssteigerung zu überwinden. Dabei werden dann etwa eingeschaltete Glühlampen sowie die Wicklung der Maschine selbst gefährdet. Noch gefährlicher ist der schlechte Kontakt am Polkopf bei Entnahme der hohen Anlasserströme. Die Erwärmung

[1]) Arndt, Geheimmittel für Starterbatterien ETZ 7. 2. 1935, Heft 6, S. 122. P. L. Howard u. G. W. Vinal, Battery Additives, National Bureau of Standards, Circular 504, 1951.

des Polkopfes kann so groß werden, daß das Blei schmilzt und davonläuft; die Batterie ist damit unbrauchbar.

Von Bedeutung für die Erhaltung eines guten Zustandes der Batterie sind schließlich noch die an sie angeschlossenen Kabel. Diese müssen weitgehende Sicherheit bieten gegen Kurzschlüsse, die die Batterie sehr schnell zerstören, und gegen Nebenschlüsse, die eine schleichende Entladung der Batterie herbeiführen. Näheres darüber ergibt sich aus der Besprechung der Leitungs- und Schaltanlage im dritten Teil dieses Werkes.

Die Instandhaltung der Batterien wird zumeist in den von den Lieferfirmen beigegebenen Instandhaltungs- und Behandlungsvorschriften genau festgelegt. Die genaue Befolgung dieser Vorschriften kann nur dringend empfohlen werden, weil diese aus dem großen Erfahrungsschatz der Spezialfabriken hervorgehen und ihre Befolgung am besten vor sehr lästigen Anständen schützt.

Bild 190.
Korrodierter Polkopf

Aus der Besprechung der Regelung der Lichtmaschine geht deutlich hervor, daß bei stromregelnden Anlagen die Pflege der Batterie durch den Fahrer ganz besondere Aufmerksamkeit erfordert. Besonders bei langen Fahrten bewirkt der hohe Ladestrom in die volle Batterie einen hohen Wasserverbrauch, der durch rechtzeitiges Nachfüllen ausgeglichen werden muß. Bild 191 zeigt die Folgen für die Platte, wenn das Nachfüllen versäumt wurde; der weiße Belag auf dem oberen Teil der Platte ist Sulfat und macht diesen Teil unbrauchbar für die chemischen Umsetzungen. Die Kapazität der Batterie ist dadurch auf einen Bruchteil ihres Sollwertes zurückgegangen. Demgegenüber zeigt Bild 192 eine Platte, bei der die Masse allmählich ausgewaschen wurde. Dies ist das Ende der Batterie, wie es sein soll. Auf der andern Seite zeigt Bild 193 ein Lebensende einer Batterie, wie es meist ist. Hier ist nicht nur die Plusmasse ausgefallen, sondern das Plusplattengitter ist völlig zerstört; dies ist eine zweite Folge eines hohen Ladestromes in die volle Batterie.

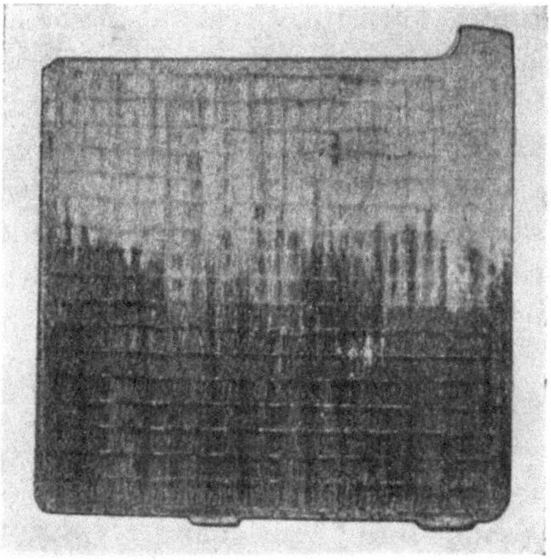

Bild 191. Sulfatierte Platte

Zum Schluß sei noch darauf hingewiesen, daß hauptsächlich beim Anwerfen viel an der Batterie gesündigt wird. Zu schnell hintereinander wiederholte und lang andauernde Anlaßversuche sind häufig zu beobachten. Sie sind nicht nur meist erfolglos, da sie zu immer geringerer Batteriespannung und damit zu immer schlechterem Arbeiten des Anlassers führen, sondern sie schaden der Batterie auch unmittelbar durch die übermäßige Beanspruchung. Läßt sich der Motor schwer anwerfen, so suche man lieber die Ursache und behebe sie, als daß man sich und die Batterie ständig mit diesen Anlaßversuchen quält. Ursachen für schweres Anwerfen sind in Teil I und III dieses Werkes bei der Besprechung der Zündung und des Anlassers ausführlich angegeben.

Bild 192. Ausgewaschene Platte

Insbesondere sollte man bei großer Kälte berücksichtigen, daß nicht nur die kalte Batterie weniger leistungsfähig ist als die normal warme, sondern daß außerdem der Anlasser unter diesen Umständen noch den erhöhten Widerstand des an den Zylinderwänden und Lagerflächen erstarrten Schmieröls zu überwinden hat. Die Drehzahl bleibt infolgedessen niedrig, und die Sauggeschwindigkeit reicht zur Bildung eines guten, zündfähigen Gemisches nicht aus. Es ist aber dabei noch zu beachten, daß der Brennstoff sich bei kaltem Wetter aus dem Gemisch leicht wieder an den Wänden der Saugleitung niederschlägt. Vorwärmen des Motors durch Einfüllen warmen Wassers in den Kühler und hauptsächlich Einspritzen von Benzin in die Ansaugleitung oder die Zylinder sind im Winter wesentliche Erleichterungen für das Anwerfen. Auch das Erwärmen der Ansaugleitung, für das gelegentlich besondere elektrische Heizkörper verwendet werden, ist zweckmäßig.

Bild 193.
Batterie mit verbrauchten Plusplatten

Ist die Batterie aus irgendeinem Grund völlig erschöpft, so ist es zweckmäßig, sie durch Aufladen an einer ortsfesten Ladeanlage wieder in Ordnung zu bringen. Auch die nicht benützte Batterie entlädt sich im Laufe der Zeit und erfordert deshalb Pflege. Batterien von Wagen, die z. B. den ganzen Winter hindurch nicht benutzt werden, sollten entweder von Zeit zu Zeit aufgeladen und ihre Säuredichte geprüft werden, oder aber sollte die Säure ausgeleert und statt derselben destilliertes Wasser eingefüllt werden. Im letzteren Fall ist aber zu beachten, daß auch in den Platten Säure gebunden ist, die heraus muß. Dies kann geschehen, indem nach dem Einfüllen von Wasser nachgeladen und anschließend das Wasser erneuert wird. Dies muß einigemal wiederholt werden. Diese Arbeiten überläßt man am besten einer Spezialwerkstatt.

Sachverzeichnis

ELEKTRIZITÄT im Auto
das ist das Element von BOSCH. Von Anfang an war BOSCH dabei – vom ersten zündenden Funken bis zur heutigen vollendeten elektrischen Ausrüstung des Kraft fahrzeuges. BOSCH fertigt und liefert in einzigartiger Weise die gesamte elektrische Ausrüstung für das Auto.
Bosch
Zündkerzen · Zündspulen, Zündverteiler
Magnetzünder · Lichtmaschinen · Anlasser
Batterien · Schalter · Leuchten · Blinker
Hörner · Scheibenwischer · Wagenheizer
ROBERT BOSCH GMBH STUTTGART

Automobiltechnisches Handbuch

Unter Mitarbeit zahlreicher Fachleute
herausgegeben von
Richard Bussien

16., durchgesehene und erweiterte Auflage
Mit 1800 Abbildungen und Tafeln. Oktav.
XX, 1741 Seiten. 1945. Gebunden DM 56,—

In dem seit Jahrzehnten bekannten AUTOMOBILTECHNISCHEN HANDBUCH wurde besonders Wert darauf gelegt, den Konstrukteuren ein Nachschlagewerk in die Hand zu geben, das sie mittels seiner ausgereiften und erprobten Baubeschreibungen zur Neugestaltung von Kraftfahrzeugen anregen soll. Außerdem will es all' denen, die das Kraftfahrzeug herstellen, vertreiben, pflegen und instandsetzen Aufschluß über die Zusammenarbeit und Aufgabe aller Bestandteile geben. Auf die Prüfung der fertigen Fahrzeuge und ihrer Aggregate sowie der Werkstoffe, Kraftstoffe und Schmiermittel ist besonderer Wert gelegt worden.

Die Unterteilung in Abschnitte ist bei der 16. Auflage des Handbuches weitestgehend durchgeführt. Namhafte Mitarbeiter haben ihre besonderen Fachkenntnisse zur Verfügung gestellt.

„. . . Es ist das Buch für den Konstrukteur sowohl für den Reparateur, der ein gewisses Gebiet der Kraftfahrzeugtechnik bis ins letzte hinein verfolgen will . . . (Rundschreiben Nr. 23/1949 des Verbandes des Kraftfahrzeughandels- und Gewerbes).

TECHNISCHER VERLAG HERBERT CRAM / BERLIN W 35

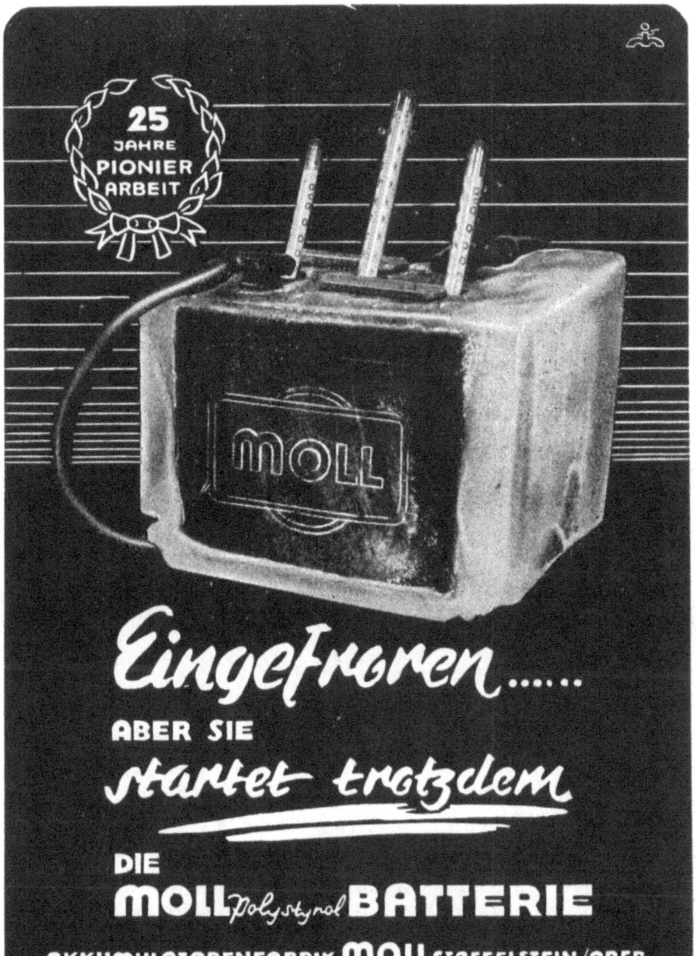
25 JAHRE PIONIER ARBEIT
MOLL
Eingefroren......
ABER SIE
startet trotzdem
DIE
MOLL Polystyrol BATTERIE
AKKUMULATORENFABRIK MOLL STAFFELSTEIN/OBFR.

MIX
Papier | Fördert gute Waldnutzung
FSC® C083411

Zeitfracht Medien GmbH
Ferdinand-Jühlke-Straße 7
99095 Erfurt, Deutschland
produktsicherheit@kolibri360.de